中等职业教育农业农村部“十三五”规划教材

植物与植物生理

ZHIWU YU ZHIWU SHENGLI

李 慧 主编

中国农业出版社
北京

图书在版编目（CIP）数据

植物与植物生理 / 李慧主编．—北京：中国农业出版社，2018.10（2024.6 重印）
全国中等农业职业教育“十三五”规划教材
ISBN 978-7-109-24646-1

Ⅰ.①植…　Ⅱ.①李…　Ⅲ.①植物学-中等专业学校-教材②植物生理学-中等专业学校-教材　Ⅳ.①Q94

中国版本图书馆 CIP 数据核字（2018）第 219961 号

中国农业出版社出版
（北京市朝阳区麦子店街 18 号楼）
（邮政编码 100125）
责任编辑　吴　凯
文字编辑　丁晓六

中农印务有限公司印刷　　新华书店北京发行所发行
2018 年 11 月第 1 版　　2024 年 6 月北京第 4 次印刷

开本：787mm×1092mm　1/16　　印张：15.5　　插页：2
字数：365 千字
定价：44.00 元

编审人员名单

主　编　李　慧　苏州旅游与财经高等职业技术学校

副主编　王永红　长春市农业学校

陈年根　井冈山应用科技学校

李云霞　邢台现代职业学校

参　编　张左悦　淮安生物工程高等职业学校

吕桂云　阳信县职业中专

赵兰叶　隆尧县职业技术教育中心

赵秀娟　忻州市原平农业学校

裴东升　太原生态工程学校

审　稿　李振陆　苏州农业职业技术学院

内容简介

本教材以被子植物为代表，重点介绍了植物的外部形态、解剖结构、高等植物在各种环境条件下的生命活动规律和机理等基本知识，以及显微镜的使用、生物绘图、常见植物的识别、植物标本的采集和制作、植物重要生理性状及测定技术、植物的生长发育及调控技术、植物的抗性提高技术等基本技能。尽量做到以图代文、以表代文，突出实用性、可操作性，体现职业性、实践性、适用性。本书可作为职业院校园艺技术、园林技术等专业的教材，也可作为自学考试、成人教育相关专业的教材，还可供广大农林、园艺类技术人员参考。

前　言

本教材是为了适应农林业发展和课程教学体系改革的需要，在中国农业出版社的精心策划和组织下编写的。根据教学对象及培养目标，教材编写时注重以下几个方面。第一，注重理论联系实际。在兼顾知识的系统性、科学性和实效性的基础上，通过对职业岗位群所需技能和能力、相关课程间知识结构关系的分析，力求阐明基本知识和基本概念，密切联系实际，充分反映本课程的发展动态，体现职业教育的教学体系和特点。第二，重视技能培养。在实践体系上，突出能力为本，强化学生技能和动手能力的培养；在理论上坚持“必需、够用”的原则，突出教材的适用性、应用性。第三，体现“新”和“精”。广泛吸纳编写人员在教学实践中积累的经验和最新的研究成果，内容简洁、图文并茂。第四，适于自学并拓展知识面。教材内容深入浅出，富有启发性，并多用图、表等形式直观形象地表达内容。教材的第一部分是基本知识，每一单元的前面有学习目标，后面有单元小结，便于预习和复习，也便于自学，知识拓展及复习思考题在每单元内容之后，通过二维码扫码阅读，供学生自测等参考。第二部分是基本技能，可供不同专业和不同课时的教学选择使用。附录为植物显微结构图。

植物与植物生理是职业院校园艺、园林及其他植物生产类专业的一门必修的专业基础课，是学习观赏树木、花卉生产技术、蔬菜生产技术、果树生产技术、植物保护等后续专业课的基础。本教材以被子植物为主线，阐述了植物的形态、结构、分类及高等植物在各种环境条件下的生命活动规律和机理，为更好地控制、改造和利用植物，为农业生产实践服务、提高职业能力打下良好的基础。

本教材由李慧任主编，王永红、陈年根、李云霞任副主编。参加本书编写的人员多数为各职业院校长期从事相关课程教学工作的一线骨干教师，编写内容按照编者相对专长的研究领域进行分工，大家结合教学实践，充分研讨课程标准，对编写内容悉心构思和润色，以保证教材具有鲜明的职业教育特色，尽可能充分反映相关领域的最新研究进展，有利于学生对知识和技能的掌握，从而调动学生的学习积极性，提高学习效果。本书分基本知识、基本技能和附录3部分。单元一和单元六由李云霞编写，单元二由王永红编写，单元三和单元九由李慧编写，单元四和单元八由张左悦编写，单元五由陈年根编写，单元七由吕桂云编写，单元十由赵兰叶编写，单元十一由赵秀娟编写，单元十二由裴东升编写，实验实训由承担各单元编写任务的老师编写；附录中图片由李慧拍摄提供。全书由李慧统稿，最后由李振陆教授审定全稿。

在本教材编写过程中，得到了苏州旅游与财经高等职业技术学校、淮安生物工程高等职业学校、井冈山应用科技学校、长春市农业学校、阳信县职业中专、隆尧县职业技术教育中心、邢台现代职业学校、忻州市原平农业学校和太原生态工程学校等单位的大力支持，同时在编写过程中也参阅了有关研究成果和图片等文献资料，谨在此一并表示衷心的感谢。

由于编者水平的限制，加上时间紧、任务重，教材中不妥之处在所难免，恳请各位专家、老师和同学提出宝贵意见，以便进一步修订。

编　者

2018年10月

目　录

第二部分　基本技能

第一部分

基本知识

单元一

丰富多彩的植物界

知识目标

1. 了解植物的多样性。
2. 了解我国丰富的植物资源。
3. 了解植物在自然界和国民经济中的作用。
4. 了解植物与植物生理对农业生产的指导作用和发展趋势。
5. 了解学习植物与植物生理的目标要求与方法。

一、植物的多样性

自然界的植物种类繁多，据统计，现在已知的植物多达50余万种。其中，高等植物约30万种，而可供栽培的植物为6 000～7 000种。它们分布在地球上几乎所有的地方，从热带到寒带以至两极，从海洋、湖泊到陆地，从平地到高山，到处都分布着各种各样的植物。

在形态方面，自然界的植物千姿百态、形形色色。有的植物很小，必须在显微镜下才能看见，如细菌和某些单细胞的藻类。大多数的农作物和树木、花卉等，它们体积大而且结构复杂，有的树木高达百余米，如我国云南地区发现的望天树，株高达50～100 m。在结构方面，最简单的植物是单细胞植物，如小球藻、衣藻等，比较复杂的植物是群体，由许多单细胞粘连而成，各个细胞独立生活，如实球藻、盘藻等，最复杂的是多细胞植物，由数以万计的细胞组成，它们分别由很多细胞组成组织，又由组织组成器官，各器官相互联系、相互制约，共同组成具有生命能力的完整植物体。但所有植物都是由细胞组成的，每种植物都要求在一定的环境条件下生存，并对环境的变化产生不同的反应和适应性。例如，莲、菱、浮萍能长期生活在水中，而大多数植物在陆地生活；仙人掌能在沙漠中生长，耐干旱能力强；椰子、香蕉、荔枝生长在热带高温高湿地区；冷杉、云杉、红松生长在寒冷的北方或山地；苹果、梨、茶需要充足的光照，而黄连、人参却生长在荫蔽的环境中。根据植物对环境条件的要求及植物生长发育的内在规律，人们在生产中进行调节和利用，以最大限度地发挥植物的生产潜力。

绝大多数植物体内都含有叶绿素，能进行光合作用，自制养料，它们被称为绿色植物或自养植物；但也有一些植物，不含叶绿素，不能自制养料，而是寄生在其他植物体上靠吸取寄主的有机营养物质生活，如菟丝子、列当等，被称为寄生植物；还有些植物和许多菌类，它们生长在死亡的机体上，通过对有机体的分解而摄取所需要的养料，称为腐生植物。寄生

植物和腐生植物也称异养植物，它们分解自然界里的有机物和动植物残体，促使物质在自然界循环。

植物不仅体型大小悬殊，而且寿命长短不一。有的细菌仅生活 20～30 min，即可分裂产生新个体。种子植物寿命较长，种子植物有木本和草本两种类型。木本植物都是多年生的，有的木本植物的树龄可长达数百年至上千年，如松、柏等。草本植物根据植株生存年限长短，可分为一年生、二年生和多年生 3 类。在一个生长季完成全部发育周期，也就是说，从种子萌发到开花结实直至枯萎死亡都在一个生长季完成的植物，称为一年生植物，如水稻、玉米、高粱、黄瓜、大豆、烟草和向日葵等。有些草本植物，需要经过两个生长季才能完成它们的发育周期。当年只有根、茎、叶等营养器官的生长，把养分贮积起来，越冬后翌年才开花结实直至死亡，这些植物称为二年生植物，如白菜、萝卜和圆葱等。还有些草本植物，每年开花结实，果实成熟后，地上部分虽然枯死，地下部分却仍然活着，翌年又出芽，产生地上枝，这样可生活两年以上的植物，称为多年生植物，如菊、大丽花、薄荷、百合、马铃薯和莎草等。

二、我国的植物资源

我国地域辽阔，植物资源丰富，仅种子植物就有 3 万种，全部的农作物、树木和多数经济植物都是种子植物。有闻名世界的果树品种荔枝、龙眼、枇杷、梅等；有著名的台湾杉、马尾松、楠木、樟树、柳杉等名贵建筑材料；花卉品种也很多，如月季、玫瑰、牡丹、菊花、兰花等，素有“世界花国”之称；名贵药用植物如杜仲、人参、当归、石斛等；还保留着古代珍奇植物如银杏、水杉、水松、银杉、金钱松等。此外，还有大量的野生植物资源。

但是，我国也是一个少林国家，森林覆盖率仅为 16.55%左右。然而，在很长一段时间内，乱砍滥伐森林的现象十分普遍。森林面积的减少，不合理的垦荒导致生态环境恶化加剧。我国有 150 万 km^2 的土地发生严重水土流失，长江年输沙量 6 400 亿 kg，如不治理，将成为我国的第二条黄河。过度放牧，不合理开垦，使我国牧区草场沙化、碱化和退化的面积达 7 700 万 hm^2，占可利用草原的 23%。近些年多次发生的特大洪涝灾害，使我们清醒地认识到，砍伐森林的行为必须遏止。因为，树种单一的人工林的增加并不能弥补天然林的减少，况且人工林在生态效益上很难与天然林相比。

三、植物在自然界和国民经济中的作用

（一）绿色植物的光合作用——合成有机物，释放氧气

光合作用是指绿色植物利用太阳光能，将简单的无机物（如二氧化碳和水）合成为复杂的有机物（如糖类），并释放出氧气的过程。同时，植物体内又进一步以糖类为基本骨架，将吸收的各种矿质元素如氮、磷、硫等合成蛋白质、核酸、脂质等物质。据相关资料介绍，地球表面的植物每年约合成 2.6 万亿 t 有机物，其中海洋植物合成量占 90%，陆地植物合成量占 10%。这些有机物不仅解决了绿色植物自身的营养需要，而且还是人类、动物和非绿色植物的营养和能量的来源。光合作用释放的氧气能不断地补充大气中因生物呼吸和物质燃烧所消耗的气体，从而维持了自然界中氧的相对平衡，保证了生物生命活动的正常进行。

（二）非绿色植物的矿化作用——分解有机物，释放二氧化碳

自然界有机物的分解主要有两条途径：一条是通过生物的呼吸作用；另一条，也是更主要的，是通过非绿色植物的矿化作用。矿化作用是指非绿色植物如细菌、真菌、黏菌等把死亡的有机物分解成简单的无机物的过程。矿化作用还能够释放出大量的二氧化碳。光合作用需消耗大气中大量的二氧化碳，除了部分来自工业燃烧、火山爆发、生物呼吸放出外，主要依靠矿化作用来补充，从而使大气中的二氧化碳含量能够维持在0.03%相对稳定的水平。

总之，在自然界中，通过光合作用和矿化作用，即进行不断地合成和分解，使物质得以循环往复，维持生态平衡和促进生物的发展。

（三）植物在国民经济中的作用——人类赖以生存与发展的物质基础

植物不仅在自然界具有重大作用，与人类生活也有着密切的关系。它是人类赖以生存与发展的物质基础，人类的衣、食、住、行、医等都直接或间接与植物有关。农业、林业生产的产品如粮食、油料、糖料、饮料、蔬菜、果品、纤维、药材、木材等，都是植物的光合产物；工业生产如食品、油脂、医药、橡胶、油漆、化妆品等的产品以及制糖、纺织、造纸、酿造等工业，都直接或间接地依赖植物提供原料；人类生活的重要能源——煤炭、石油、天然气，也主要是由古代植物遗体经地质矿化所形成的。此外，植物对保持水土、改良土壤、保护环境、减少污染、绿化美化环境等都起着重要作用。为此，绿化造林、保护植物资源的意义和责任重大，将有助于改善人类的生活环境，保护自然的生态平衡，造福子孙后代。

虽然我国的植物资源丰富，但由于人口众多、消耗极大，因此必须珍惜这些宝贵财富，使之更好地为经济建设服务。

四、植物与农业生产

植物与植物生理既是一门重要的基础理论学科，也是一门实践性很强的学科，是合理农业的理论基础。21世纪人类面临着一系列亟待解决的问题，尤其以人口与健康、粮食、能源、环境与资源等问题最为突出，而这些问题的解决几乎无一不与植物与植物生理密切相关。

（一）作物产量形成与高产栽培

光合作用过程是地球上唯一的大规模合成有机物并贮藏能量的过程。20世纪中叶，培育了矮化型、株型紧凑的作物品种，实现了“绿色革命”，合理整形修剪，优化了株型结构，并实现了合理密植的栽培模式，使作物大幅度增产，在解决粮食问题和能源问题及可持续发展方面，均发挥了巨大作用。

（二）合理施肥与无土栽培

矿质营养的研究促成了化肥的大量生产和施用，并为合理施肥和营养诊断奠定了基础，为提高作物产量做出了突出贡献，但是长期使用化肥又带来了环境污染、能源消耗和食品中化学物质残留等负面影响。矿质营养的研究还提供了无土栽培新方法，使园艺实现了工厂化、自动化，在人口聚集、耕地少和沙漠地区以及环境条件特别恶劣地区，无土栽培已成为一种切实可行的农业生产手段。这些都是植物营养生理的基本原理在农业生产应用上的新进展。

（三）植物生长物质与化学调控农业

植物激素和人工合成的植物生长调节剂的研究和应用，使植物生长进入了化学调控时代，为防止器官脱落、促进插枝生根、控制作物株型、调节器官分化、打破休眠、人工催熟、果蔬和切花贮藏保鲜及化学除草等提供了一系列有效措施，使植物的生长、发育、生殖可以按人类的需要进行，大幅度提高了农业生产的经济效益和植物的抗逆能力。有些已作为基本的农业措施固定下来，如国外推广的免耕法就是以除草剂的使用为基础的。近几年还发现了许多新的植物激素并合成了大量的生长调节剂，与农药和化肥一起，已成为农业生产不可缺少的三大类物质。

（四）植物生长发育与设施农业

20 世纪兴起的设施农业为人类在恶劣自然环境中生产所需农产品做出了重要贡献。我国北方大部分地区自 20 世纪 80 年代以来的大面积蔬菜、果树种植大棚和花卉栽培温室保证了反季节蔬菜、果品和花卉的充足供应，并且已成为北方某些地区作物生产的主导产业。设施农业的理论基础是作物的生长发育规律及其与环境相互关系，是用改变自然环境的措施，创造植物最适宜的生长条件，改善植物地上部分和根际环境，从而实现增加作物产量、改善品质、延长生育期的目的。但是，目前的设施农业中也普遍存在一些亟待解决的问题，如低温或高温、弱光照、生理病害等，均与植物和植物生理密切相关。

（五）植物产品的贮藏与加工

呼吸生理和采后生理研究，为粮食种子贮藏及果品蔬菜和鲜切花保鲜技术的发展和完善提供了理论依据。在低温、干燥、缺氧等条件下保存谷物或在低温、缺氧和一定的空气湿度条件下保存蔬菜、水果或鲜切花，可有效地抑制植物组织、器官的呼吸作用，保证农产品贮藏时间的延长，显著减少果蔬、鲜切花的损失，延长供应期和观赏期，有利于果蔬、花卉的流通。

（六）环境生理与作物抗逆栽培

植物有适应各种逆境的较强遗传潜能，阐明植物适应旱、涝、盐、碱以及各种生物逆境的生理机制，将为选育抗逆作物品种，增强作物对逆境的适应性，在逆境条件下栽培农作物及扩大种植面积，开辟广阔的途径。

（七）组织培养

该项技术在理论上阐明了细胞的全能性，即一个细胞可发育成一个完整植株的能力；在应用上，用单倍体技术培育新品种，通过细胞融合技术实现远缘杂交，以试管苗的繁殖方法大量快速无性繁殖名、优、新、稀、特植物品种资源，在去除病毒、真菌和细菌等病害，保存种质资源等方面，均有广泛应用。

此外，光合作用不仅制造有机物质为人类所利用，同时也降低了空气中的二氧化碳含量，削弱了温室效应；植物水分生理研究，为节水灌溉提供了理论基础和技术指标；任何一种高产、优质、抗逆性强、适应性广的新品种或新技术的产生，也都是建立在植物自身规律及植物与环境关系研究基础上。

从植物与植物生理对农业生产的贡献可以看出，植物生理研究已有不少成果正在促进农业新技术的发展，并使之得以应用、完善和推广，为高产、优质、高效、低耗和可持续发展的农业生产系统提供了理论依据和技术措施，在农林业生产中占有极其重要的地位，是发展农业生产的重要支柱。

单元小结

自然界的植物种类繁多，形态结构、生活环境差异很大，营养方式各不相同，生命周期长短不一，这就是植物的多样性。

我国有丰富的植物资源，除常见的农作物、果树、蔬菜外，还有药用植物、香料植物、工业用植物等，以及大量的等待开发的野生植物资源。

植物在自然界和国民经济中的作用主要表现为：植物是自然界中的第一生产者，是发展国民经济的重要物质资源。

植物与植物生理与农业生产密切相关。农业生产上的高产栽培、合理施肥、化控农业、设施农业、植物产品的贮藏加工、抗逆栽培、组织培养等都是建立在植物自身规律及植物与环境关系研究上的。

知识拓展：植物与植物生理学的发展历程

单元二

植物的细胞和组织

知识目标

1. 了解植物细胞的概念，掌握植物细胞的基本结构。
2. 了解植物细胞的3种繁殖方式。
3. 了解组织的概念、各组织的功能及其在植物体内的分布。

技能目标

1. 能利用显微镜观察植物细胞、组织形态结构。
2. 会绘制植物细胞的基本结构图。

高等植物是由根、茎、叶、花和果实等器官组成的，每个器官是由植物体的各种组织构成的，而植物组织又是由植物细胞所组成的。本单元主要介绍植物细胞的形态结构、繁殖方式及植物组织的相关知识。

知识1　植物的细胞

细胞是构成生物体形态结构和生理功能的基本单位。机体的各种生命活动，如生长、生殖、遗传等都与细胞的结构和功能密切相关。因此，掌握植物细胞的结构和功能，对了解植物生命活动的规律具有重要的作用。

一、植物细胞概述

1. 植物细胞的概念　生物有机体除了病毒、噬菌体和类病毒外，都是由细胞构成的。植物的细胞既是植物体结构的单位，也是功能的基本单位。

简单的单细胞植物个体只由一个细胞构成，它的全部生命活动仅由这一个细胞来完成。复杂的多细胞植物的个体是由许多细胞所组成，这些细胞的功能高度专门化，密切联系，分工协作，共同完成整个植物生命活动。

2. 植物细胞的形状和大小

(1) 植物细胞的形状　植物细胞的形状多种多样，有球形、长筒形、长柱形、星形、长棱形、多面形、纤维形和长方形等（图2-1）。

细胞的形状主要取决于它们的生理机能和所处的环境条件。例如，游离的细胞或生长在

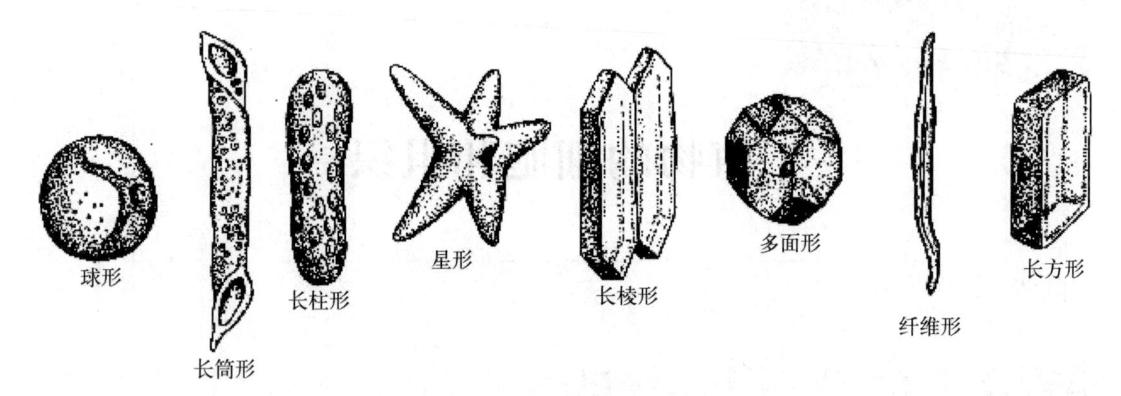

图 2-1　植物细胞的形状
（李慧，2012. 植物基础）

疏松组织中的细胞呈球形、卵形或椭圆形；在细胞排列较为紧密的情况下，由于细胞互相挤压而呈多面体形，覆盖体表的表皮细胞是扁平的，导管细胞行使输导水分和无机盐的功能，细胞呈长筒形或纤维形等。细胞形状的多样性，体现了功能决定形态、形态适应功能这样一个规律。

（2）植物细胞的大小　植物细胞的大小差异很大，直径一般为 10～100 μm。植物体内，不同部位的细胞大小有所不同，如根茎顶端的分生组织细胞较小，必须在显微镜下才能看到。现在已知最小的细胞是细菌状的有机体，称为支原体，直径仅为 0.1 μm。有少数的大型细胞，肉眼可见，如西瓜的果肉细胞，直径约 1 000 μm。细胞体积越小，它的相对表面积就越大，有利于与外界进行物质、能量、信息的迅速交换。

二、植物细胞的基本结构

人们把在光学显微镜下呈现的细胞结构称为显微结构，而把电子显微镜下看到的更为精细的结构称为亚显微结构或超微结构（图 2-2）。

植物的细胞一般是由细胞壁和原生质体两部分组成，细胞壁位于植物细胞的最外层，是植物细胞特有的结构，动物细胞则没有细胞壁。原生质体在其生命活动中产生细胞壁、液泡和细胞后含物。

（一）细胞壁

细胞壁是植物细胞所特有的结构，由原生质体分泌的物质所构成。细胞壁有保护原生质体的作用，并且决定细胞的形状和功能。细胞壁还与植物吸收、运输、蒸腾、分泌等生理活动有密切的关系。

细胞壁可分 3 层，由外而内依次是胞间层、初生壁和次生壁。所有的植物细胞都具有胞间层和初生壁，次生壁则不一定都具有（图 2-3）。

1. 胞间层　胞间层又称中胶层，为相邻的两个细胞所共有，也是细胞壁最外一层，其主要成分是果胶质，能将相邻的细胞黏结在一起，具有一定的可塑性，可以缓冲细胞间的挤压。果胶质能在一些酶或酸、碱的作用下发生分解，这就是有些肉质果实成熟后会发软的主要原因。

2. 初生壁　初生壁的主要成分是纤维素、半纤维素及果胶质，细胞在体积不断扩大的生长过程中，由原生质体分泌的纤维素、半纤维素及果胶质加在胞间层的内侧，构成初生壁。初生壁一般很薄，质地柔软，有较大的可塑性，可随细胞的生长而扩大。

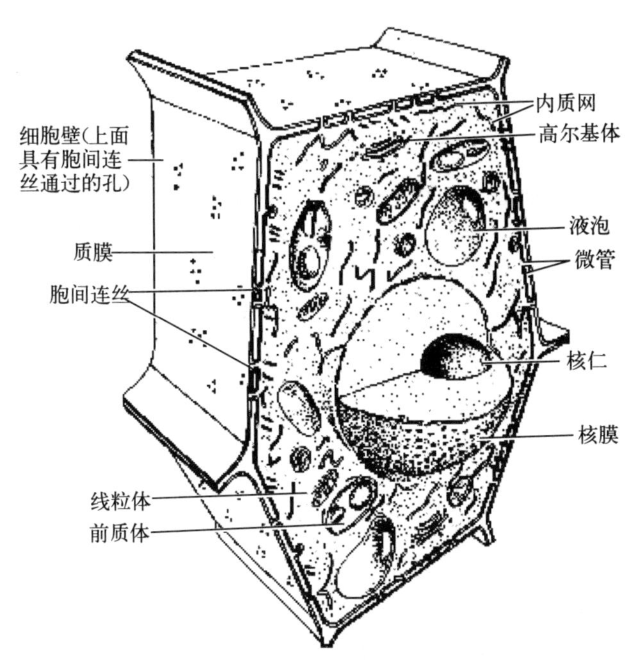

图 2－2　植物细胞的亚显微结构立体模式图

（李慧，2012. 植物基础）

3. 次生壁　次生壁是细胞停止生长以后，由某些特殊细胞在初生壁内侧继续沉积形成，其主要成分是纤维素，并常有其他物质填充于其中，使细胞壁的性质发生不同变化，从而适应一定的生理机能。这些变化主要有角质化、木栓化、木质化和矿质化。

（1）角质化　在叶和幼茎表皮细胞的外壁，常添加一些角质（脂质化合物），形成角质膜，称为角质化。角质化的细胞壁透水性降低，可减少水分的散失，但可透光，因此增强对细胞的保护作用。

（2）木栓化　老的根和茎外面有几层细胞的壁发生木栓化，这是木栓质（也是脂质化合物）渗入到细胞壁内的一种变化。木栓化的细胞因不透水、不透气而死亡，只剩下细胞壁，更增强了对内部细胞的保护作用。

（3）木质化　根、茎内部有许多起输导和支持作用的细胞，细胞壁因渗入木质素而增加了硬度和弹性，因而能增强细胞的机械支持能力。

（4）矿质化　细胞壁内渗入矿质（钙、硅、镁、钾等的不溶化合物）称为矿质化。矿质化后，细胞壁的硬度增大，抗病性增强。最主要的矿质成分是二氧化硅和碳酸钙。禾本科、莎草科植物茎和叶的表皮细胞，其外壁中常渗入二氧化硅，称为硅化。矿质化可增强支持和保护作用。

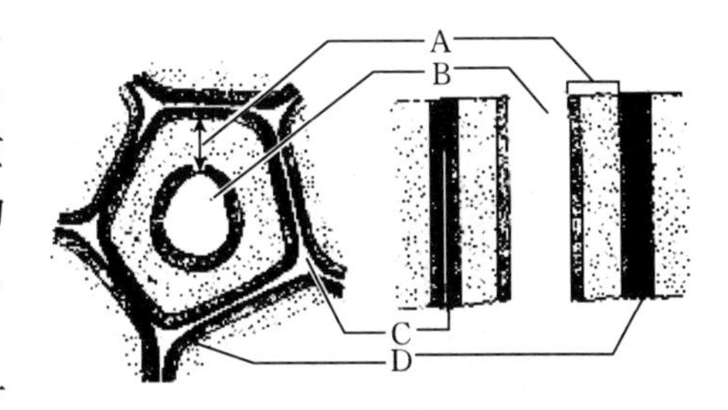

图 2－3　细胞壁的结构

A. 次生壁　B. 细胞腔　C. 胞间层　D. 初生壁

（沈建忠，2006. 植物与植物生理）

次生壁的增厚并不是完全均一的，有的地方不增厚，仅具原有的胞间层和初生壁。因此，在细胞壁上可见许多凹陷的区域，称为纹孔。相邻两个细胞上的纹孔相对存在，称为纹孔对。纹孔对之间的胞间层和初生壁，合称纹孔膜。

初生壁上也有一些较薄的凹陷区域，是相邻两细胞原生质细丝连接的孔道。这些贯穿细胞壁而联系两细胞的原生质细丝称为胞间连丝（图 2－4）。

胞间连丝作为传导物质和信息的桥梁，它把植物体所有细胞的原生质连接在一起，使所有的细胞连成一个整体。细胞的其他部位也分散存在着少量的胞间连丝。

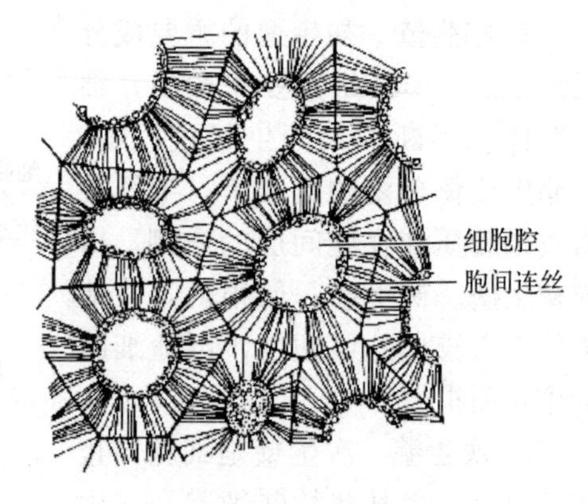

图 2-4 柿树胚乳细胞的胞间连丝
(徐汉卿，1999. 植物学)

(二) 原生质体

在高等植物细胞内，原生质体可分为细胞质和细胞核。细胞质是原生质体除了细胞核以外的其余部分，不是匀质的，在内部还分化出一定的结构，有的用光学显微镜就可以看到。

1. 细胞质 细胞质充满在细胞壁和细胞核之间。细胞质在细胞内进行缓慢的环流运动，能促进营养物质的运输、气体的交换、细胞的生长和创伤的恢复等。

细胞质包括质膜、细胞器和胞基质 3 部分。由于细胞内出现大液泡，使得细胞质被挤成紧贴细胞壁的一薄层。

(1) 质膜 质膜位于原生质体的最外层，又称细胞膜。除了质膜，细胞内还存在有大量的膜系统，即细胞内的内膜系统，与内膜系统相对，因此质膜被称为外周膜或外膜，质膜与胞内膜包括了细胞所有的膜，统称为生物膜。质膜的成分主要是由脂质和蛋白质组成，此外还有少量的糖类等。质膜是选择透过性膜，能控制细胞与外界环境的物质交换。

(2) 细胞器 细胞器是细胞质中具有一定形态结构和生理功能的微结构或微器官。光学显微镜下可见的有液泡、线粒体和质体等细胞器，电子显微镜下可见有内质网、高尔基体、溶酶体、核糖体、圆球体、微管和微体等细胞器。

① 线粒体。线粒体呈球形、杆状或分支状等，在普通光学显微镜下仅能辨认出为一小颗粒。其主要成分为蛋白质、脂质和少量的核糖核酸，并含有许多与呼吸作用有关的酶类。线粒体是呼吸作用的主要场所，是细胞内能量代谢的中心。

② 质体。质体是绿色植物所特有的细胞器，在高等植物中呈圆盘形、卵圆形或不规则形。质体主要由蛋白质和脂质组成，是一类合成和积累同化产物的细胞器。根据所含色素和功能的不同，质体可分为叶绿体、白色体和有色体 3 种类型（图 2-5）。

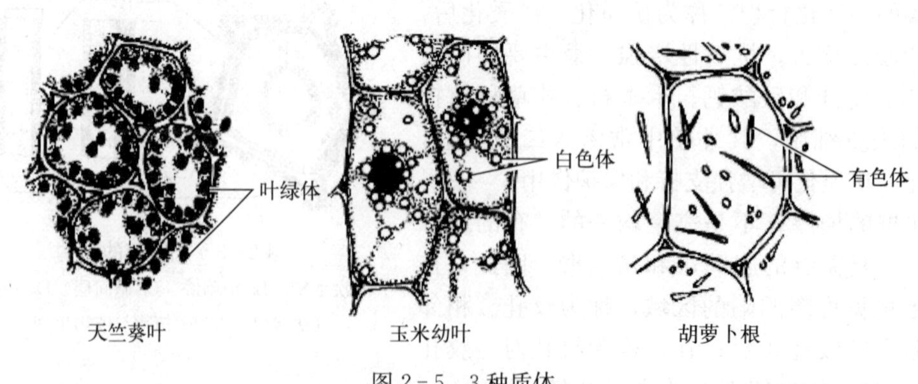

图 2-5 3 种质体
(李慧，2012. 植物基础)

a. 叶绿体。叶绿体存在于植物的所有绿色部分的细胞里，以叶肉细胞为最多。叶绿体通常为扁椭圆状，一个细胞内有十几个、几十个，甚至几百个。叶绿体含有绿色的叶绿素和

黄色的类胡萝卜素。叶绿体呈现绿色，是进行光合作用的场所。

b. 白色体。白色体不含色素，多呈球形或纺锤形，聚集在细胞核附近，存在于幼嫩的细胞和根、茎、种子等无色的细胞中。不同类型组织中的白色体，其功能有所不同，可分为合成贮藏淀粉的造粉体、合成贮藏脂肪的造油体和合成贮藏蛋白质的造蛋白体。

c. 有色体。有色体含有胡萝卜素和叶黄素，由于二者比例不同而呈现黄色或橙黄色等各种颜色。有色体通常存在于花、果实中，如番茄、辣椒的果实，一些植物的根中也有，如胡萝卜的肉质根中就含有有色体。

在一定条件下，质体可以转变。例如，某些根经光照后可以转绿，这就是白色体向叶绿体转化；当果实成熟时，叶绿体又有可能因叶绿素的退化和类囊体结构的消失而转化为有色体。不同时期的质体，其化学成分、体积大小和生理活性也有很大差别。例如，萝卜的根、马铃薯的块茎见光后变绿，是白色体转变为叶绿体的缘故。番茄果实在发育过程中，颜色由白变青再变红，是由于最初含有白色体，后转变为叶绿体，后期又转变成了有色体。胡萝卜根在光下变为绿色，是由于有色体转变成了叶绿体。

③ 内质网。内质网是交织分布于细胞质中的一个膜系统。有些内质网的表面有核糖体附着，称为粗糙型内质网，有的表面不附着核糖体，称为光滑型内质网。通过内质网的生化调节，可进行细胞间的物质合成、运输和信息传递。

④ 高尔基体。高尔基体是由数个单层膜围成的扁平圆盘状的囊相叠而成。囊的边缘伸展成管状并突出形成各种小泡。高尔基体的主要功能是为细胞提供一个物质的运输系统，合成和运输多糖，并装配某些生物大分子，参与质膜和细胞壁的形成。

⑤ 液泡。液泡是由单层膜包被所形成。在植物幼小的细胞中，液泡很小，数量多而分散。随着细胞的生长，液泡逐渐增大，并且彼此联合，最后成为一个大的液泡。图 2－6 为植物细胞的液泡及其发育示意图。

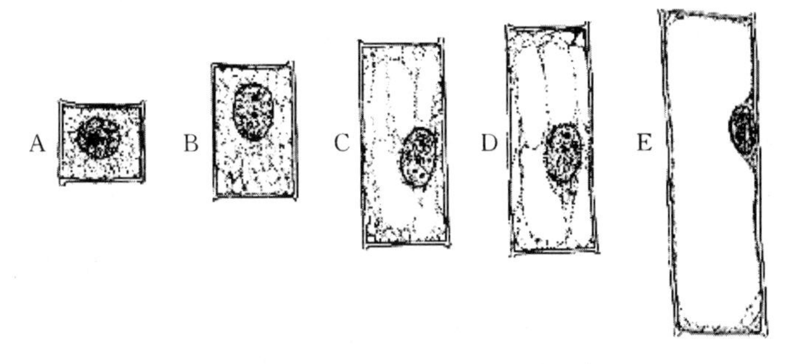

图 2－6　植物细胞的液泡及其发育

A～E 为幼期细胞到成熟细胞中液泡演进的过程

（李慧，2012. 植物基础）

液泡里的水溶液称为细胞液，主要成分是水，其中溶有各种无机盐和有机物，如硝酸盐、磷酸盐、糖类、有机酸、植物碱、单宁、色素等，通常略呈酸性，因此可使细胞具有酸、甜、苦、涩等味道。最常见的色素是花色素（又称花青素），它在酸性中呈红色，在中性中呈紫色，碱性中呈蓝色。加之有色体的颜色，使植物花和果实五彩缤纷。液泡的主要生理功能包括渗透调节、贮藏和消化等。

在细胞中除以上细胞器外，还有微体、微管、圆球体、溶酶体、核糖体等细胞器，这些细胞器在细胞的生理活动中起着重要的作用（表 2－1）。

表 2-1　植物细胞器的形状结构和功能

细胞器	膜结构	球　体	功　能
线粒体	双层膜	球形、杆状或分枝状	呼吸作用的主要场所
质体	单层膜	圆盘形、卵圆形或不规则形	光合作用主要场所
高尔基体	单层膜	扁平囊状	物质集运装配中心
内质网	单层膜	网状	合成、包装运输作用
液泡	单层膜	形状多变	与吸水有关
微体	单层膜	球状或哑铃形	与光呼吸和脂肪代谢有关
微管	单层膜	中空长管状	保持细胞形状，与细胞建成有关
圆球体	单层膜	球形	合成脂肪、贮藏油脂
溶酶体	单层膜	泡状	消化作用
核糖体	非膜结构	球形或长圆形小颗粒	合成蛋白质主要场所

（3）胞基质　又称基质，存在于细胞器的外围，是一具有弹性和黏滞性的透明胶体系统。胞基质是细胞内进行各种生化活动的场所，是细胞器之间物质运输和信息传递的介质，同时还不断为细胞器行使功能提供必需的营养原料。

2. 细胞核　细胞核一般呈球形或椭圆形，存在于细胞质内。植物细胞中除了细菌和蓝藻外，所有的活细胞都具有细胞核，它是活细胞中最显著的结构。此外，有些细胞没有细胞核，如细菌和蓝藻，它们的细胞内没有明显的细胞核结构，只有呈分散状的核物质，把没有明显细胞核结构的生物，称为原核生物。

对于具有细胞核结构的生物，称为真核生物，一般植物的细胞，通常只有一个细胞核，但在某些真菌和藻类的细胞里，常常有两个或多个核。

细胞核与细胞质都是胶体状物质，但细胞核的黏性更大些，它的主要成分是核蛋白，此外还有脂质和其他成分。细胞核的结构可分为核膜、核质和核仁3部分（图2-7）。

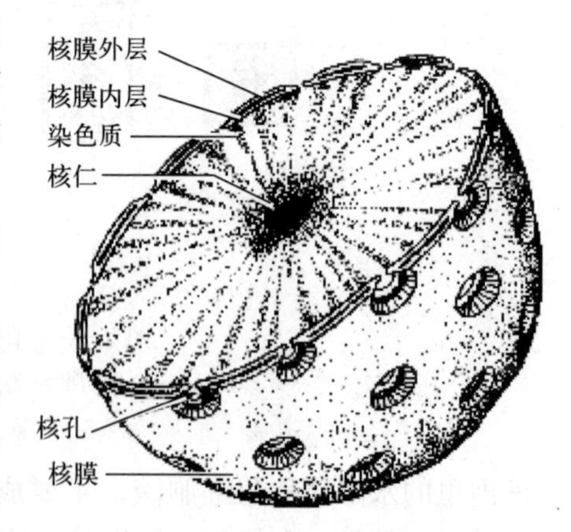

图2-7　细胞核超微结构模式图
（宋志伟，2013. 植物生产与环境）

核膜包在最外面。膜上有许多小孔，称为核孔。核质是细胞核内核仁以外的物质。其中，易被碱性染料染色的物质称为染色质，不染色的部分称为核液。细胞进行有丝分裂时，染色质经螺旋缠绕成形体较大的染色体。因此，染色质和染色体是同一物质结构在细胞不同时期的不同形态而已。染色质由脱氧核糖核酸（DNA）和蛋白质组成。DNA是生物遗传物质，能控制生物的遗传性，染色体便是遗传物质的载体。核质内有一个或数个球状小体，称为核仁，由核糖核酸和磷蛋白组成。核仁可合成核糖体RNA（rRNA），并与蛋白质结合经核孔输送到细胞质，再形成核糖体。细胞核是遗传物质贮存和复制的主要场所，被认为是细胞的控制中心，控制细胞遗传、调节细胞代谢和细胞的生长分

化以及调控整个植物体生长发育。

（三）细胞后含物

细胞后含物是指存在于细胞质和液泡内的各种代谢产物及废物。这些物质可以在细胞一生的不同时期出现或消失。细胞的后含物种类很多，如淀粉、脂肪、蛋白质、激素、维生素、单宁、树脂、橡胶、色素、草酸钙结晶等，其中前3种是重要的贮藏营养物质。

1. 淀粉　淀粉是植物细胞中最普遍的贮藏物质，常呈现颗粒状，称为淀粉粒。不同植物的淀粉粒有不同的形态，淀粉粒的形态、大小可作为鉴别植物的依据之一。淀粉粒遇碘呈蓝色，可鉴定淀粉的存在。水稻、玉米、小麦及甘薯的块根中都含有丰富的淀粉，是人类食物的主要来源。

2. 脂肪　脂肪普遍存在于种子的胚乳或子叶内，以小滴分散在细胞质中，油菜、花生、大豆、芝麻、蓖麻、胡桃等油料植物种子内所含最多。

3. 蛋白质　细胞中的贮藏蛋白质呈固体状态，生理活性稳定，与原生质体中呈胶体状态有生命的蛋白质在性质上不同，它以无定形或结晶状态存在于细胞中。无定形的蛋白质常被一层膜包裹成圆球状颗粒，称为糊粉粒。糊粉粒是蛋白质贮存于液泡中时，由于成熟脱水，液泡水分减少，贮藏蛋白质成为无定形的固体颗粒形成的。糊粉粒较多地分布于植物种子的胚乳最外面，常有一层或数层糊粉层。

综上所述，高等植物细胞由细胞壁和原生质体组成。细胞壁是包被着原生质体的外壳。原生质体生命活动可产生多种多样的后含物。原生质体可分为细胞质和细胞核。细胞质的最外层是质膜，它是生物膜的一种。质膜内充满了不具结构特征的胞基质，其内分布着不同类型的细胞器，如线粒体、内质网等。细胞核也在胞基质中，不过它比其他细胞器大得多，并已分化为核膜、核质和核仁。细胞核对细胞来说特别重要，是细胞生命活动的控制中心。细胞壁对原生质体有保护作用，可分为胞间层、初生壁和次生壁3层，但并非每个细胞都具备这3层结构。在后含物中，淀粉、脂肪和蛋白质是最重要的贮藏营养物质。

知识2　植物细胞的繁殖

一、无丝分裂

无丝分裂又称直接分裂。分裂时，核膜和核仁不消失，首先核仁一分为二，并向核的两极移动。此时，核伸长，核的中部变细，缢缩断裂，分成两个子核，子核之间形成新壁，便形成了两个子细胞（图2-8）。

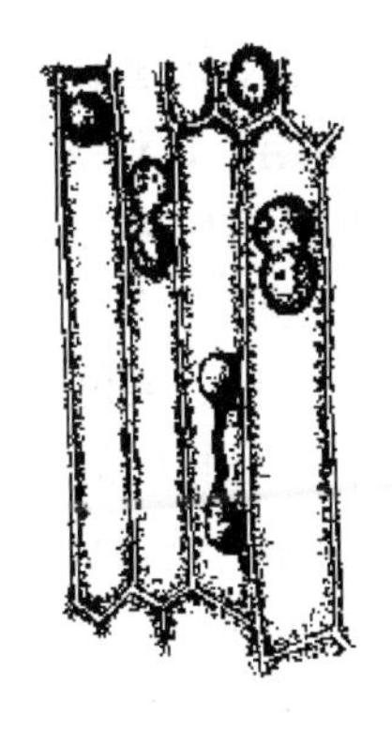
图2-8　鸭跖草细胞的无丝分裂
（丁祖福，1995. 植物学）

无丝分裂在分裂期间虽然不形成染色体，但实验证明在无丝分裂间期（细胞进行分裂的准备时期）中，染色质也进行复制并伴有细胞核增大过程。

无丝分裂在低等植物中普遍存在，其分裂速度快，能量消耗少，分裂过程中细胞仍能执行正常的生理功能。无丝分裂在高等植物中也较常见，如小麦茎的居间分生组织、甘薯块根的膨大、不定根的形成、胚乳的发育、愈伤组织的分化等，均为这种分裂方式。

二、有丝分裂

有丝分裂又称间接分裂，主要表现在细胞核发生一系列可见的形态学变化，这些变化是连续的过程，由于分裂过程中有纺锤丝出现，所以称为有丝分裂。为便于认识，依其变化特点划分为几个时期，如图 2－9 所示。

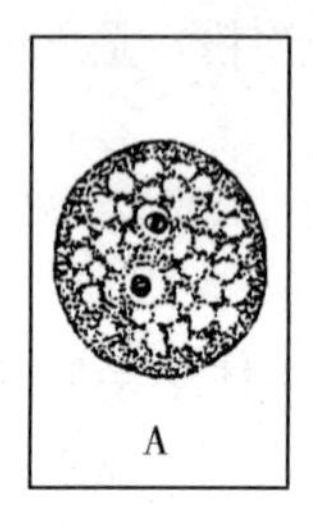

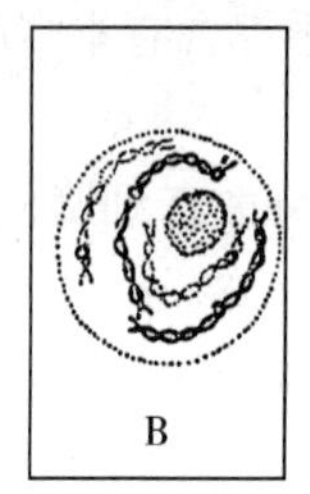

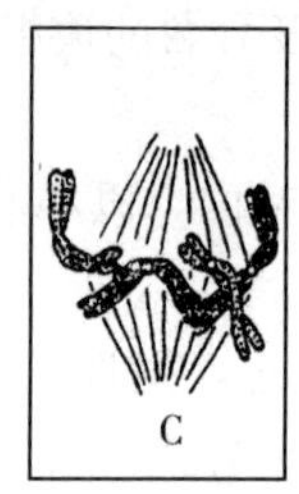

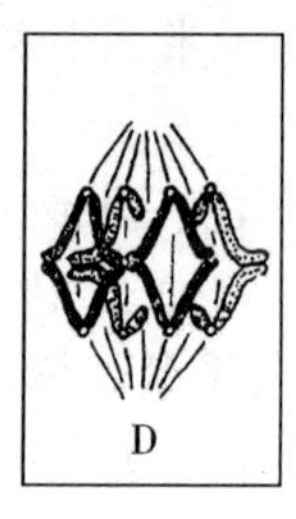

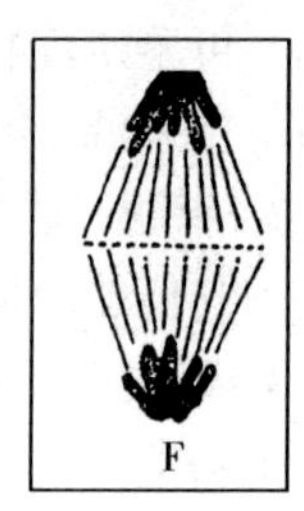

图 2－9　细胞有丝分裂各期图解
A. 分裂间期　B. 前期　C. 中期　D～E. 后期　F. 末期
（王建书，2008）

1. 间期　间期是细胞进行分裂的准备时期。间期的细胞核稍大，位于细胞中央。细胞核内的染色质呈极细的细丝存在，称为染色丝，它是染色体在细胞分裂前的一种存在状态。在间期，组成染色丝的物质——脱氧核糖核酸和蛋白质，进行着非常活跃的合成，为细胞分裂作物质准备。现在认为，染色丝在间期进行了复制，每条染色丝经过复制后便成为双股的染色丝，但双股并不完全分开，中间仍有一个连接点，该点称为着丝点。在间期，细胞内进行着能量的积累过程，以供分裂时的需要。

2. 前期　细胞分裂开始时，染色丝进行螺旋状卷曲，并且逐渐缩短变粗，成为具有一定形状的棒状体，称为染色体。由于染色丝在间期进行了复制（染色丝的复制通常也称为染色体复制），所以这时的染色体每条都是双股的，每一股称为染色单体，两个染色单体中间有着丝点相连。接着，核膜、核仁逐渐消失。同时，在细胞内出现纺锤体。纺锤体是由许多细长的纺锤丝所组成，纺锤丝的两端集中在细胞的两极的一点，有些纺锤丝和染色体的着丝点相连。整个纺锤形结构称为纺锤体。

3. 中期　是观察染色体的数目和形状的最好时期，此时纺锤体更加明显，所有染色体排列在纺锤体中央的平面上，该平面称为赤道板。此时染色体已缩短到比较固定的形状。

4. 后期　染色体的着丝点分裂，每对染色单体就成为两个独立的染色体，并从赤道板分别移向两极。染色体的移动是纺锤丝收缩的结果。这样，在细胞的两极就各有一套与母细胞形态、数目相同的染色体。

5. 末期　染色体到达两极后，逐渐变得细长，成为盘曲的染色丝，这时纺锤丝也逐渐消失，核膜与核仁又重新出现。核膜把两极的染色丝分别包围起来，形成两个新细胞核。同时，细胞中央赤道板处逐渐出现新的细胞壁，将细胞质隔开，于是形成了两个子细胞。

有丝分裂全过程所经历的时间，随植物种类和外界条件而不同，大多数植物为 1～2 h。

有丝分裂是细胞最普遍最常见的一种分裂方式，植物的营养器官如根、茎的伸长和增粗都是靠这种分裂方式来增加细胞的。

三、减数分裂

减数分裂又称成熟分裂，它是有丝分裂的一种独特的形式，是植物在有性繁殖过程中形成性细胞前所进行的细胞分裂。例如，产生精子的花粉粒和产生卵细胞的胚囊形成时，都要经过减数分裂。

减数分裂包括两次连续的分裂，其过程和有丝分裂基本相似，但两次分裂时染色体只复制一次，因此产生的子细胞的染色体数目，只有母细胞的一半。减数分裂即由此得名（图2－10）。

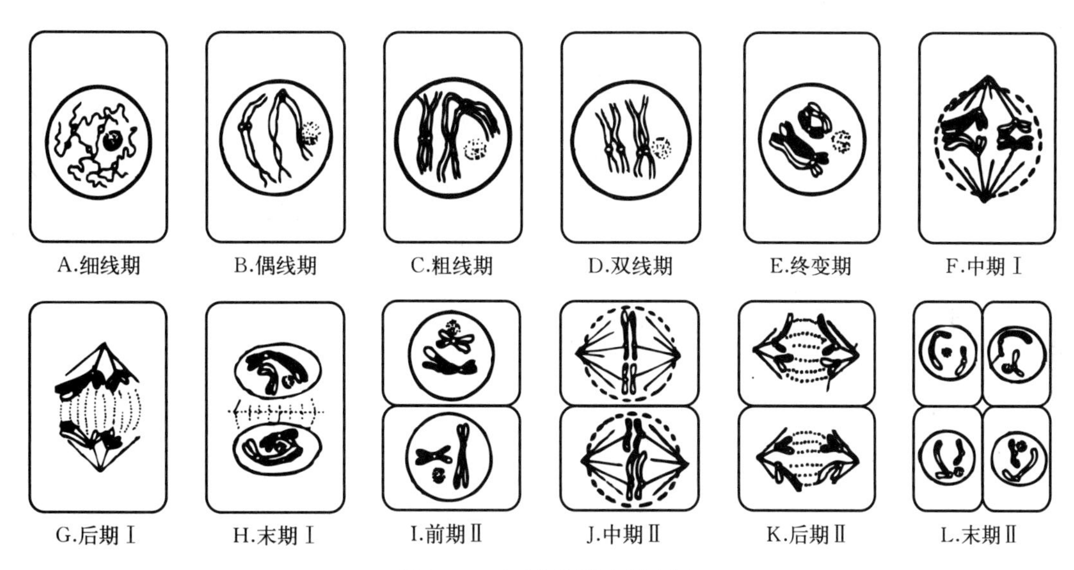

图2－10　减数分裂过程图解

（高凯，2011. 植物及植物生理学）

1. 第一次分裂（以Ⅰ表示）：

（1）前期Ⅰ　这一时期的时间较长，变化复杂。先是细胞核内出现细长的染色体，继而增粗并两两成对地排列。每对染色体中的一条来自父本，另一条来自母本，两者的形状、大小相似，称为同源染色体。由于在分裂前的间期，每条染色体中的DNA已经复制加倍，形成了两条染色单体，这两条染色单体仍由着丝点相连，没有完全分开，所以每对同源染色体实际上包含4条染色单体。这4条染色单体中的两条，可在相同的位置上发生交叉、横断，并发生染色体片段的互换现象，即染色体进行遗传物质的交换。这时，核膜、核仁逐渐消失。前期Ⅰ通常人为划分为5个时期，即细线期、偶线期、粗线期、双线期和终变期。

（2）中期Ⅰ　同源染色体移向细胞的中部即赤道板上，纺锤体很明显。

（3）后期Ⅰ　由于染色体牵引丝的牵引，同源染色体分开，各向两极移动。

（4）末期Ⅰ　染色体到达两极后，核膜、核仁重新出现，纺锤体消失，形成两个子核。同时，在赤道板处形成细胞板，将母细胞分隔成两个子细胞，虽然染色体已复制成两个染色单体，但染色体着丝点仍未分裂，所以子细胞染色体数只有母细胞的一半。减数分裂过程中染色体数目的减半，实际上就是在第一次分裂过程中完成的。

新形成的子细胞并不分开，相连在一起，称为二分体。也有些细胞并不立即形成新细胞板，而是继续进行第二次分裂。

2. 第二次分裂（以Ⅱ表示） 第二次分裂一般紧接着第一次分裂，或有一个短暂的间歇期。第二次分裂也可分为4个时期（前期Ⅱ、中期Ⅱ、后期Ⅱ、末期Ⅱ）。其主要特点是：染色体的着丝点分裂，每个染色体上的两条染色单体分开，并分别向两极移动，因此这时两极的染色体数目不再减半。染色体到达两极后，又重新形成新的细胞核和细胞壁，于是一个母细胞经过减数分裂，形成了4个子细胞。起初4个子细胞是连在一起的，称为四分体，以后分离成4个单独的子细胞，每个子细胞的染色体数目为母细胞的一半。

减数分裂虽属有丝分裂的范畴，但与有丝分裂存在着明显的不同。减数分裂包括两次连续的分裂，分裂的结果是一个母细胞形成的4个子细胞。又由于染色体仅复制一次，所以子细胞的染色体数目只有母细胞的一半。有丝分裂增加了体细胞的数目，减数分裂则是植物在有性繁殖过程中生殖细胞形成时才进行。在减数分裂过程中，出现了有丝分裂所没有的同源染色体联会，继而发生染色单体的交叉、断裂、交换现象。所有这些，都是减数分裂所独具的特点。减数分裂在植物的进化中具有非常重要的意义。由于减数分裂中染色体减少了一半，经过雌、雄性细胞的结合，染色体又恢复了原来的数目，并未导致染色体数目的增减，从而保持了物种的遗传性和稳定性。同时，又由于发生了染色体片段的互换，交换了遗传物质，就增加了植物的变异性，促进了物种的进化。

知识3 植物的组织

植物体是由细胞构成的，细胞在植物体内并不是杂乱无章地堆集在一起的，而是有规律地分布，形成许多不同类型的细胞群，形态、结构、功能相同，并具有同一来源的细胞群，称为组织。

根据组织的发育程度、生理功能和形态结构的不同，通常将植物组织分为分生组织和成熟组织两大类。

一、分生组织

（一）分生组织的概念

分生组织是植物体内连续或周期性地进行细胞分裂的组织，是在植物体的一定部位，具有持续或周期性分裂能力的细胞群。分生组织是产生和分化其他各种组织的基础，由于它的活动，使植物体不同于动物体和人体，可以一直增长。

（二）分生组织的分类

根据分生组织在植物体的位置，分为顶端分生组织、侧生分生组织和居间分生组织（图2-11）。

1. 顶端分生组织 顶端分生组织位于根、茎主轴和侧枝的顶端，其分裂活动使根和茎

不断伸长。顶端分生组织细胞的特征是：细胞小，等径，细胞壁薄，核位于中央并占有较大的比例，原生质浓厚，液泡小而分散，一般在光学显微镜下不易看到。顶端分生组织存在于根、茎及各级分枝的顶端。从组织发生的性质分析，顶端分生组织的先端为原分生组织性质的原始细胞，紧接其后则为原始细胞分裂衍生出来的初生分生组织性质的细胞，它们一面保持分裂能力，一面渐向成熟组织分化。

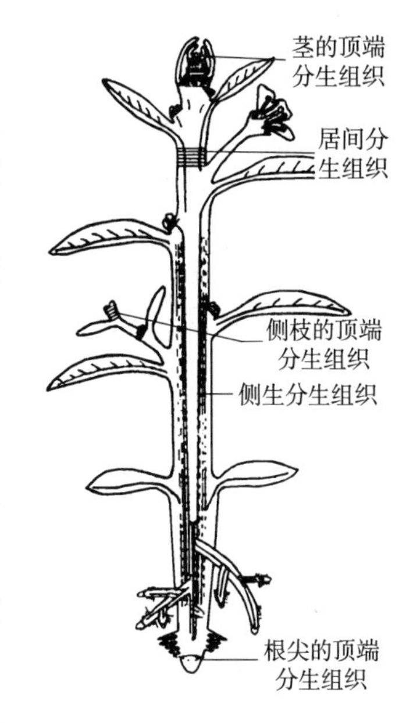

图 2－11 分生组织在植物体内的分布示意图
（滕崇德，1998）

茎的顶端分生组织是形成新叶和腋芽的基础，与根、茎的伸长有关；有些有花植物由营养生长进入生殖生长时，茎端又转向花或花序分化。

2. 侧生分生组织 侧生分生组织位于根、茎侧方的周围部分，靠近器官的边缘。它包括形成层和木栓形成层，形成层的活动能使根、茎不断增粗，木栓形成层的活动使增粗的根、茎表面或受伤的器官表面形成新的保护组织。

侧生分生组织主要分布于裸子植物和双子叶植物的根、茎周侧，与所在器官的长轴成平行排列。从其起源和性质来看，应属次生分生组织。植物体中由侧生分生组织组成的结构部分有维管形成层和木栓形成层。

维管形成层的存在部位稍深，位于次生的木质部和韧皮部之间。其组成除了一部分为近于长方体形的短轴细胞之外，大多为扁梭形的长轴细胞。这些细胞高度液泡化，分裂活动性能强，是根、茎增粗的主要动力。

木栓形成层的发生部位一般较浅，可在皮层、表皮处发生；虽然也有在较深处发生的，但始终位于维管形成层的外侧。木栓形成层仅由横切面呈长方形、径向轴较短、切线切面上呈多角形的一类细胞组成。其分裂活动的结果，形成覆盖于根、茎外周的周皮。

3. 居间分生组织 居间分生组织是夹在成熟组织区域之间的分生组织，它是顶端分生组织在某些器官中局部区域的保留。

麻黄、禾本科植物茎的节间基部以及葱、韭菜、松叶的基部均有居间分生组织分布。小麦、水稻等禾谷类作物的拔节、抽穗，茎秆倒伏后能恢复直立，葱、韭菜叶割后再生长等现象，都与居间分生组织的活动有关。另一些植物的居间分生组织是由已分化的薄壁组织恢复分裂而来。例如，枣花在传粉后，靠花柱一侧的花盘组织细胞恢复分裂，参与了果实的增大生长；花生受精后，位于子房基部的薄壁组织重现分裂能力，雌蕊柄伸长，将子房推入土中而发育成果实。它们的居间分生组织的发生，带有次生分生组织的性质。

居间分生组织的细胞，细胞核大，细胞质浓，无淀粉粒，液泡化明显，主要进行横分裂，使器官沿纵轴方向增加细胞数目。但它们的分裂活动的持续时间较短，经一段时间分裂后本身就完全分化为成熟组织。

若依组织来源的性质，居间分生组织也可划分为原分生组织、初生分生组织和次生分生组织。

原分生组织是直接由胚细胞保留下来的，一般具有持久而强烈的分裂能力，细胞较小，近于等径，细胞核相对较大，细胞质丰富，无明显液泡，有强的持续分裂能力，存在于根尖

（包括侧根的根尖）、茎尖的先端，是产生其他组织的最初来源。

初生分生组织是由原分生组织衍生而来，紧接于原分生组织先端。初生分生组织一方面继续分裂，另一方面开始初步分化，液泡显现，逐渐向成熟组织过渡。根尖、茎尖中分生区的稍后部位的原表皮、原形成层和基本分生组织属此类。

次生分生组织是由某些成熟组织（如薄壁细胞、表皮细胞）经过脱分化重新恢复分裂能力形成的。根、茎中的形成层、木栓形成层就是次生分生组织。细胞扁长形或近短轴的扁多角形，细胞质明显液泡化。它们的分布部位与器官的长轴平行，一般可在皮层、中柱鞘、韧皮部中发生。束间形成层和木栓形成层是典型的次生分生组织。次生分生组织活动的结果是产生次生结构。

二、成熟组织

分生组织分裂所产生的细胞，经过生长和分化逐渐转变为成熟组织。多数成熟组织在一般情况下不再进行分裂，有些完全丧失了分裂的潜能，而有些分化程度较浅的组织在一定条件下可进行脱分化。依形态、结构和功能的不同，成熟组织又可分为保护组织、基本组织、机械组织、输导组织和分泌组织。

（一）保护组织

保护组织存在于植物体的表面，由一层或数层细胞构成，主要起保护作用，可防止水分的过度蒸腾，抵抗风雨、病虫害的侵袭以及某些机械的损害，维护植物体内正常的生理活动。保护组织可分为表皮和木栓层两种。

1. 表皮 表皮遍布于根、茎、叶、花、果、种子的表面，通常由一层活细胞所组成。表皮细胞形状扁平，排列紧密，无细胞间隙，多呈扁平砖形或为扁平不规则形状。细胞彼此密接或相互嵌合，细胞中有大液泡，一般缺乏叶绿体，有时含白色体、有色体或花色素、单宁等物质。表皮细胞及角质层如图 2-12 所示。

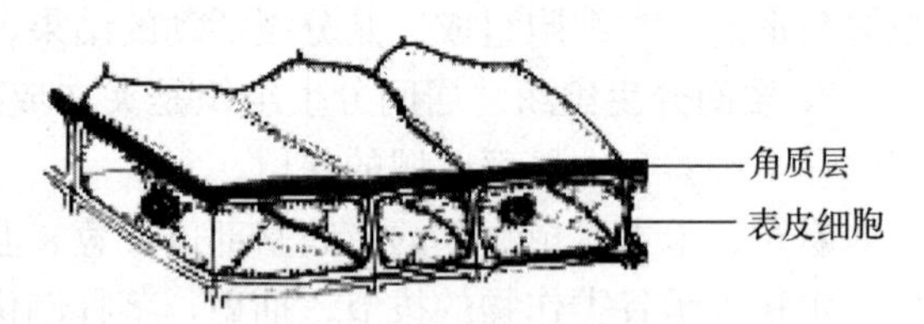

图 2-12 表皮细胞及角质层
（宋志伟，2013. 植物生产与环境）

表皮细胞外壁常因脂肪性的角质浸入纤丝之间和纤维素之间而呈角质化，并在外壁的表面形成角质层，使表皮具有不透水性。有些植物（如高粱、甘蔗茎秆及葡萄、苹果的果实）在角质层外还有一层霜状的蜡被，可使植物表面不易浸湿，防止病菌孢子在体表萌发。还有些植物的表皮上具有表皮毛，更增强了表皮的保护作用。表皮细胞之间还分布有气孔器。气孔器由两个保卫细胞和保卫细胞之间的气孔组成。气孔是气体交换的通道，气孔的开闭可通过保卫细胞形态的变化而控制。保卫细胞含有叶绿体。许多双子叶植物的保卫细胞常为肾形，单子叶植物的保卫细胞常为哑铃形。

毛状体为表皮上的附属物，它们由表皮细胞分化而来，类型甚多，有丝状、星状、盾状、鳞片状、分枝状、乳突状等形态；有单细胞毛、多细胞毛；有具保护作用、分泌作用、吸收作用的毛状体。

2. 木栓层 木栓层由几层细胞壁已木栓化的死细胞所组成，具高度的不透水性，并有抗压、绝缘等特性。老的根茎外面就是由木栓层包围着，它具有比表皮更强的保护

作用。

（二）基本组织（薄壁组织）

基本组织在植物体内分布最广、数量最多、所占比例最大，是进行各种代谢活动的主要组织。基本组织的细胞排列疏松，细胞间隙较大，液泡发达，其突出特征是细胞壁较薄，一般仅有由纤维素、果胶质构成的初生壁，因此又称为薄壁组织（图 2-13）。

基本组织的分化程度低，有潜在的分生能力和较大的可塑性，在一定条件下，可以经过脱分化，激发分生的潜能，进而转变为分生组织，或进一步转化为其他组织。基本组织还有能形成愈伤组织的再生作用，因而与植物扦插、嫁接的成活关系密切。

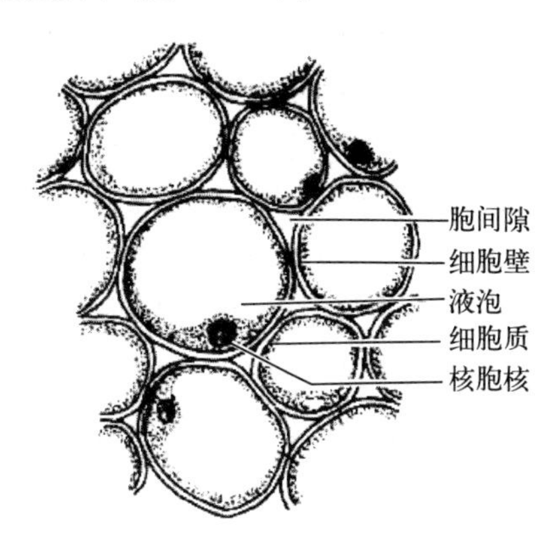

图 2-13　茎的薄壁组织
（徐汉卿，1995. 植物学）

根据基本组织的主要生理功能，又将其分为下面5类：

1. 同化组织　这类细胞中含有大量叶绿体，进行光合作用，制造有机物，它们多分布于植物体中易受光的部位，如叶肉为典型的同化组织，茎的幼嫩部分和幼果亦有这种组织。

2. 贮藏组织　贮藏组织细胞一般较大而近等径，具有贮藏营养物质的功能。该组织主要存在于果实的果肉、种子的子叶、块根、块茎以及根茎的皮层和髓中。贮藏组织贮藏的物质主要有淀粉、油类和其他糖类，以及某些特殊物质如单宁、苷类、橡胶等有机物和草酸钙、硫酸钙等无机结晶体等。

贮藏组织有时特化为贮水组织。旱生多汁植物如仙人掌、芦荟，以及盐生肉质植物如猪毛菜等，它们的光合作用器官中除了绿色同化组织之外，还存在一些缺乏叶绿体而充满水分的薄壁细胞，形成了贮水组织。有些植物的贮藏组织中还兼含黏液，增加了细胞的吸水和保水能力，使植物能在干旱环境下生长。

3. 吸收组织　吸收组织具有吸收水分和营养物质的生理功能。例如，根尖的根毛区，通过根毛和根的表皮细胞进行吸收。

4. 通气组织　通气组织是具有大量细胞间隙的薄壁组织，其功能为贮存和通导气体，它们分布于植物体内各种组织之间，与光合作用、蒸腾作用和呼吸作用密切相关，同时也可以有效地抵抗水生环境中所受到的机械应力。湿生植物和水生植物体内常有发达的通气组织。例如，在水稻、莲等的根和茎以及叶中，在体内形成一个相互贯通的通气系统。

5. 传递细胞　传递细胞是一类特化的薄壁细胞，细胞壁一般为初生壁，胞间连丝发达，细胞核形状多样，这种细胞最显著的特征是细胞壁内突生长，即细胞壁向内突入细胞腔内，形成许多不规则的多褶突起。这样，使细胞质膜的表面积增大20倍以上，有利于细胞与周围进行物质交换。传递细胞具有较大的细胞核、内质网、高尔基体、核糖体等细胞器。传递细胞在植物体内主要行使物质短途运输的生理功能，它普遍存在于叶脉末梢、茎节、导管或筛管周围等。

基本组织的细胞分化程度相对较低，有较大的可塑性，它既可能进一步分化形成其他组织，也可脱分化转变为分生组织。

（三）机械组织

机械组织是对植物起支持、加固作用的组织，有很强的抗压、抗张曲能力。植物能够枝叶挺立，有一定的硬度，可经受狂风暴雨的侵袭，都与机械组织有关。机械组织的特征是细胞壁厚。根据细胞壁增厚情况的不同，可分为厚角组织和厚壁组织两类。

1. 厚角组织 厚角组织细胞的突出特征是细胞壁（属初生壁）不均匀地加厚，通常在细胞相邻的角隅处增厚特别明显（图 2-14）。

厚角组织分布于幼茎、叶柄、叶片、花柄等部分，一般总是存在于器官的外围或表皮下，如薄荷、南瓜、芹菜等具棱的茎和叶柄中厚角组织特别发达。厚角组织的细胞细长，是活细胞，常含叶绿体。单子叶植物很少有厚角组织，一般植物的根中也很少存在。

2. 厚壁组织 厚壁组织细胞具有均匀增厚的次生壁，常常木质化。细胞成熟时，壁内仅剩下一个狭小的空腔，成为没有原生质体的死细胞。

厚壁组织分两种，一种是细胞细长、两端较尖锐的，称为纤维（图 2-15）。木质纤维的木质化程度很高，支持力很强。韧皮纤维的木质化程度较低，韧性强，是纺织的原料。

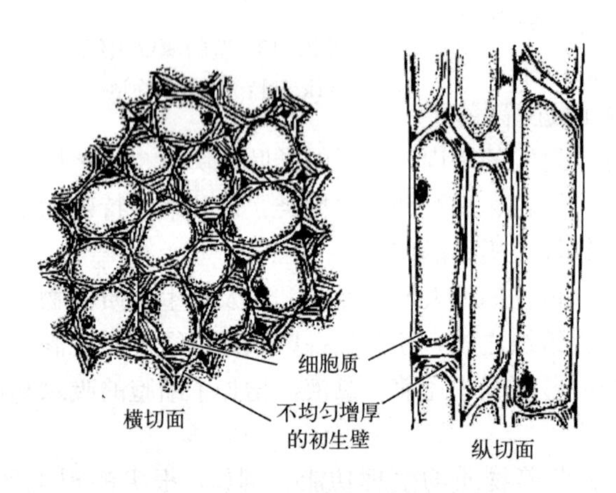

图 2-14 薄荷茎的厚角组织
（徐汉卿，1995. 植物学）

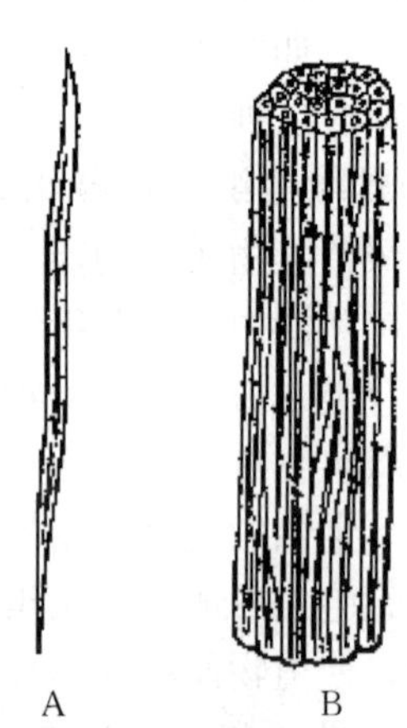

图 2-15 厚壁组织——纤维
A. 纤维细胞 B. 纤维束
（宋志伟，2013. 植物生产与环境）

另一种是细胞短而宽的，称为石细胞，具有很厚并木质化的细胞壁（图 2-16）。石细胞分布很广，桃、李、梅等果实坚硬的果核及水稻的谷壳等部分主要是由石细胞构成，梨果肉中的砂粒状物也是由石细胞组成。

（四）输导组织

输导组织是由一些管状细胞上下连接而成，是输送水分、无机盐和有机物的组织。输导组织常和机械组织在一起组成束状，上下贯穿在植物体各个器官内。根据其结构和功能的不同，输导组织可分为两类。

1. 导管和管胞 导管和管胞的主要功能是输导水和无机盐。导管是由许多管状细胞即导管分子上下相连而成。导管分子的细胞壁增厚并木质化，发育成熟后，原生质体和上下两端的横壁都解体，形成长管状的死细胞。导管分子的次生壁增厚不均匀，通常呈环状、螺旋状、梯状、网状等加厚，或全部加厚而只留有细小的纹孔，形成环纹导管（图 2-17）。

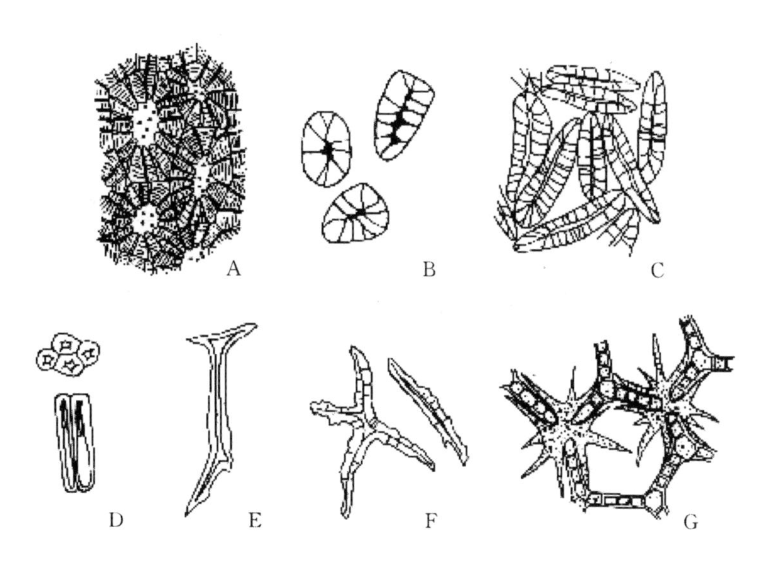

图 2－16　厚壁组织——石细胞

A. 桃内果皮的石细胞　B. 梨果肉中的石细胞　C. 椰子内果皮的石细胞

D. 菜豆种皮表皮层的石细胞　E. 茶叶叶片中的石细胞

F. 山茶属植物叶柄中的石细胞　G. 萍蓬草叶柄中的石细胞

（宋志伟，2013. 植物生产与环境）

管胞是一个细长的细胞，两端斜尖，成熟时，次生壁增厚且木质化，也常形成环纹、螺纹、梯纹、网纹或孔纹的样式（图 2－18）。上下排列的管胞分子以斜端互相连接，但不形成穿孔。水流的上升是由一个管胞斜端上的纹孔进入另一管胞内，所以管胞的输导能力不及导管。

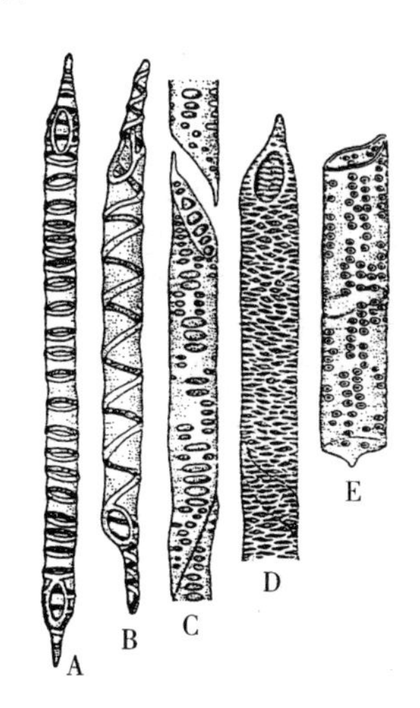

图 2－17　导管的类型

A. 环纹导管　B. 螺纹导管　C. 梯纹导管

D. 网纹导管　E. 孔纹导管

（朱念德，2006）

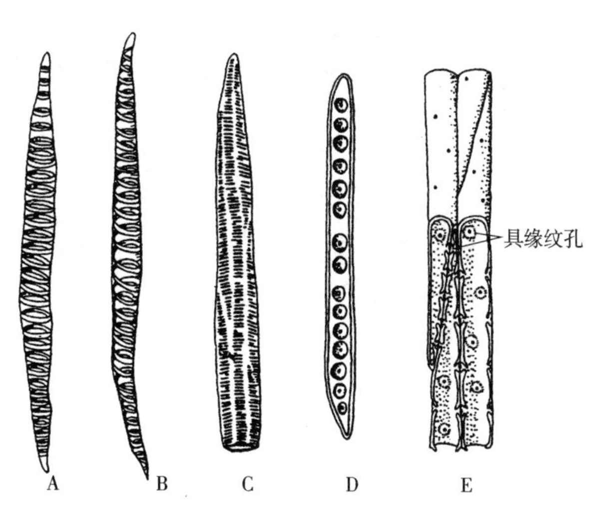

图 2－18　管胞的类型

A. 环纹管胞　B. 螺纹管胞　C. 梯纹管胞　D. 孔纹管胞

E. 4 个毗邻管胞的一部分，其中 3 个管胞纵切，

示纹孔的分布与管胞的连接方式

（朱念德，2006）

2. 筛管和伴胞 筛管和伴胞是输送有机物质的输导组织。筛管是由一些上下相连的管状活细胞——筛管分子所组成。成熟的筛管分子仍然是活细胞，但细胞核已经消失，许多细胞器（如线粒体、内质网等）退化，液泡被重新吸收，原生质体中出现特殊的含蛋白质（磷蛋白）的黏液，成为一种特殊的无核活细胞。上下相连的两个筛管分子，其横壁穿孔状溶解形成许多小孔，称为筛孔。具有筛孔的横壁称为筛板。筛管分子通过筛孔由原生质联络索相连，成为有机物运输的路途。多数被子植物中，筛管分子旁边有一个或几个狭长细尖的薄壁细胞，称为伴胞。伴胞具有浓厚的细胞质、明显的细胞核和丰富的细胞器，它与筛管相邻的侧壁之间有胞间连丝相贯通。伴胞与筛管分子是由一个细胞分裂而来的，伴胞的功能与筛管运输物质有关。

（五）分泌组织

凡是能产生分泌物质的细胞或细胞群，称为分泌组织（图 2-19）。分泌组织可分为外分泌组织和内分泌组织。外分泌组织位于植物器官的外表，其分泌物直接分泌到体外，常见的有腺毛、腺鳞、蜜腺、排水器等。内分泌组织埋藏在植物的薄壁组织内，分泌物存在于围合的细胞间，常见的有分泌细胞、分泌腔、分泌道和乳汁管，能够分泌某些特殊的物质，如蜜汁、乳汁、树脂等。油菜、桃树等的花中，棉花叶背中脉处，柑橘叶及果皮上均有蜜腺。棉花茎皮层有分泌腔。甘薯、无花果、桑树、三叶橡胶树等具有乳汁管。松树分泌道分泌的松脂，可提取松香和松节油。

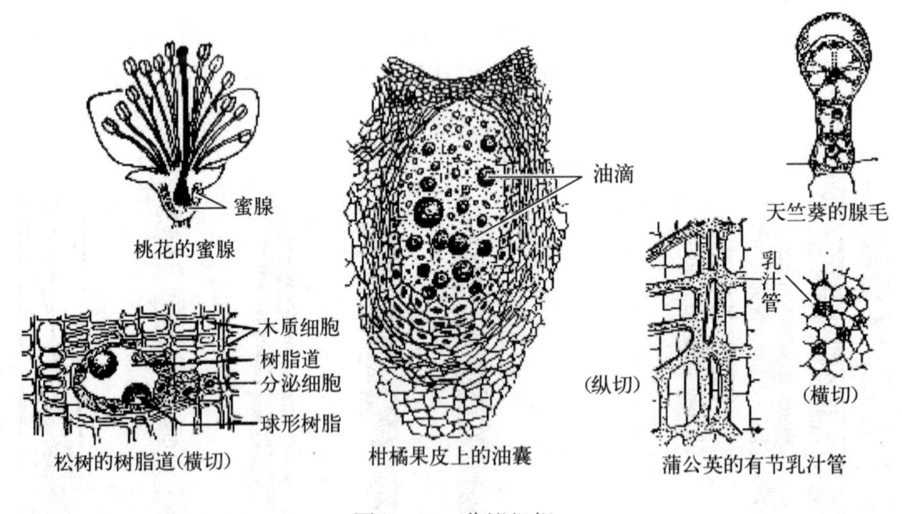

图 2-19 分泌组织

（徐汉卿，1995. 植物学）

三、植物体内的维管系统

植物体内的各种组织不是孤立存在的，它们彼此紧密配合，共同执行着各种机能，从而使植物体成为有机统一体。一些高等植物体内由初生韧皮部和初生木质部及其周围紧接着的机械组织所构成的束，称为维管束。韧皮部由筛管、伴胞、韧皮纤维和韧皮薄壁细胞构成；木质部由导管、管胞、木质纤维和木质薄壁细胞构成。维管束具有输导、支持等作用，它贯

穿在根、茎、叶、花、果实等各器官中，形成一个复杂的维管束系统。

切开白菜、向日葵、甘蔗等的茎，可看到里面有丝状的“筋”，便是一个个维管束。双子叶植物、裸子植物的维管束中，木质部和韧皮部之间有形成层，经分裂能增生新的木质部和韧皮部，这种维管束称为无限维管束。一般单子叶植物的维管束内无形成层，这种维管束又称为有限维管束，无形成层。植物体内的维管束系统如图 2-20 所示。

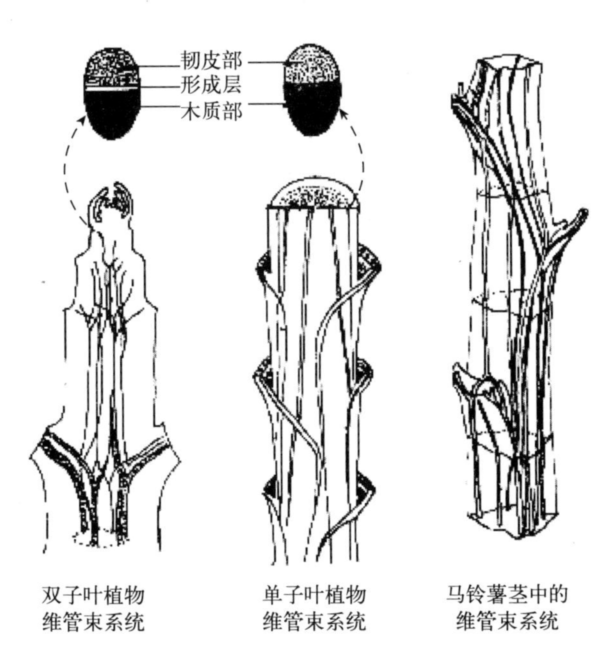

图 2-20 植物体内的维管束系统

（宋志伟，2013. 植物生产与环境）

植物的根、茎、叶、花、果实等各个部分，都是由许多不同的组织组成的，它们互相联系，构成一个完整的植物体。

单元小结

植物细胞是构成植物体形态结构和生理功能的基本单位，由原生质体和细胞壁组成。原生质体分为细胞质和细胞核，细胞质充满在细胞核与细胞壁之间，包括质膜、胞基质和细胞器 3 部分；细胞核埋藏在细胞质内，可分为核膜、核质和核仁 3 部分。细胞壁是植物细胞所特有的结构，可分为胞间层、初生壁和次生壁。

细胞的繁殖是通过细胞的分裂来完成的，细胞分裂主要有有丝分裂、减数分裂和无丝分裂 3 种，有丝分裂是体细胞最普遍最常见的一种分裂方式，减数分裂是植物性细胞分裂的主要方式。

植物体内形态、结构、功能相同并具有同一来源的细胞群称为组织，植物组织主要分为分生组织和成熟组织两大类。根据分生组织在植物体的位置，可分为顶端分生组织、侧生分生组织和居间分生组织。成熟组织根据形态、结构和功能不同，可分为保护组织、基本组织、输导组织、机械组织和分泌组织。

维管组织贯穿于高等植物体内的各器官中，常以束状存在，称为维管束。维管束包括木质部和韧皮部，根据形成层的有无可将维管束分为无限维管束和有限维管束两类。

知识拓展：植物组织培养技术的应用

单元二复习思考题

单元三

植物营养器官的形态与结构

知识目标

1. 了解根、茎、叶的功能，掌握根、茎、叶的形态和结构。
2. 了解根、茎、叶的变态。
3. 了解根、茎、叶的特性在农林生产中的应用。

技能目标

1. 能利用显微镜观察根、茎、叶的解剖结构。
2. 会识别植物的各种营养器官。

植物的细胞经过分裂、生长和分化形成了各种组织。组织之间有机配合，紧密联系，形成了具特定生理功能和显著形态特征的部分，称为器官。其中，担负营养功能的器官称为营养器官。本单元将分别介绍被子植物根、茎、叶 3 种营养器官的功能、形态和结构等内容。

知识 1　根

根是植物长期演化适应陆生生活的产物，是多数种子植物和蕨类植物所特有的器官。根一般生长于土壤中，成为植物体的地下部分，并具有特定的功能、形态和结构。

一、根的生理功能

1. 吸收、输导作用　植物一生中所需水分基本由根从土壤中吸收，并向上输导至茎中；与此同时，溶解于水的矿质元素，如氮、磷、钾、钙、镁等，以及其他物质也通过根吸收并输导。地上部分合成的有机养分及其他物质运输至根部后，亦通过根的输导组织运送到根的各部，维持根的生长和发育。

2. 固着、支持作用　根的多次分枝使之形成庞大的根系，固着于土壤中，支持地上部分。

3. 合成、分泌作用　至今已发现根可合成多种有机物，如氨基酸、生物碱、植物激素等。此外，根还可以分泌近百种物质，包括糖类、有机酸、维生素等。

有些植物的根，还有特殊的形态及相应的功能，如贮藏、繁殖、呼吸、攀缘等。

二、根及根系的类型

(一) 根的类型

根据发生部位不同，可将根分为定根（主根和侧根）和不定根两大类（图 3-1）。

1. 定根 种子萌发时，胚根突破种皮向地生长，形成主根。主根上产生的各级粗细不同的支根，均称为侧根。主根和侧根均发生于一定位置，统称为定根。

2. 不定根 有些植物可以从茎、叶、老根或胚轴上产生根，这类根的产生位置不固定，称为不定根。

(二) 根系的类型

一株植物上根的总和称之为根系（图 3-2）。

1. 直根系 主根粗壮发达，各级侧根依次减弱，与主根区分明显，称为直根系。这是裸子植物和大多数双子叶植物根系的特征。

2. 须根系 主根不发达，生长缓慢或很早停止，主要由粗细相近、丛生状的不定根群组成的根系，称为须根系。这是多数单子叶植物的根系特征。

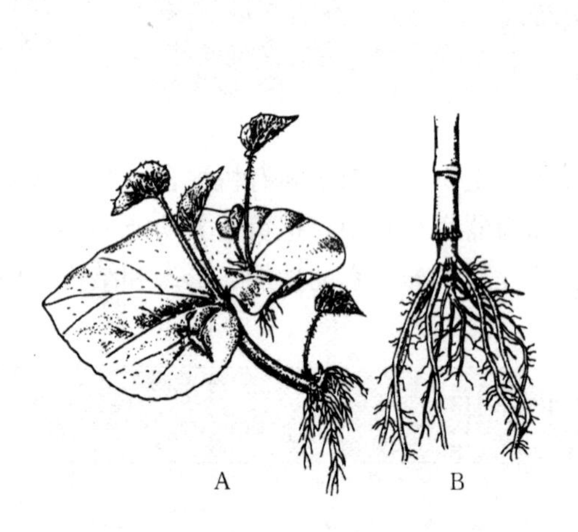

图 3-1 不定根
A. 秋海棠叶上生出的不定根与不定芽
B. 玉米下部茎节上生出的不定根（支柱根）
（李慧，2012. 植物基础）

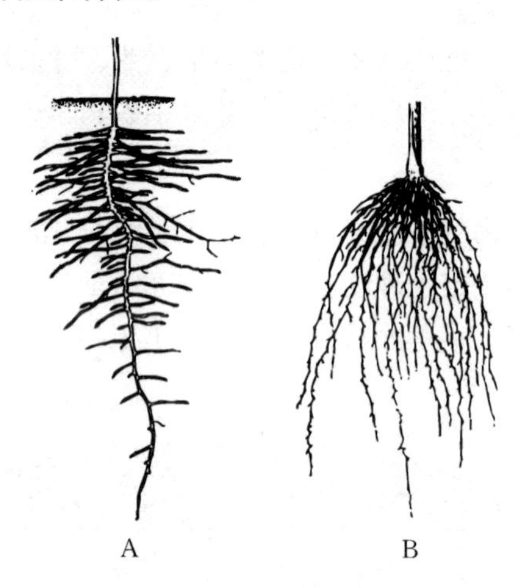

图 3-2 植物的根系
A. 棉花的直根系 B. 小麦的须根系
（李慧，2012. 植物基础）

三、根的伸长生长及根尖的分区

根尖是指从根的顶端到着生根毛的部位（图 3-3），它是根行使吸收、合成、分泌等功能的重要部位，根的伸长生长也在根尖进行。根尖自下而上可依次分为根冠、分生区、伸长区和根毛区，总长 1～5 cm。各区的细胞形态、结构不同，从分生区到根毛区逐渐分化成熟，除根冠外，各区之间并无严格的界限。

1. 根冠 位于根尖最前端的帽状结构，保护着被其包围的分生区。根冠细胞可分泌黏液，这种分泌物可减轻根尖在土壤中推进产生的阻力，而且在根表形成一种吸收表面，具有促进离子交换、溶解和可能螯合某些营养物质的作用。

根冠与根的向地性有关。根冠可感受重力，感受部位是根冠中央部分，这部分细胞内有若干称为平衡石的造粉体，根的位置被改变时，如将正常向下生长的根水平放置时，平衡石受重力影响移向根近地面一侧，这种刺激引起了生长不均衡的变化，造成根尖远地面一侧生长快于近地面一侧，根尖因此发生了向地弯曲，维持了根正常的向地性生长。

在根的生长过程中，根冠外部细胞不断脱落，由其内方的分生区不断产生新的细胞补充，因而根冠始终维持相对稳定的形状。

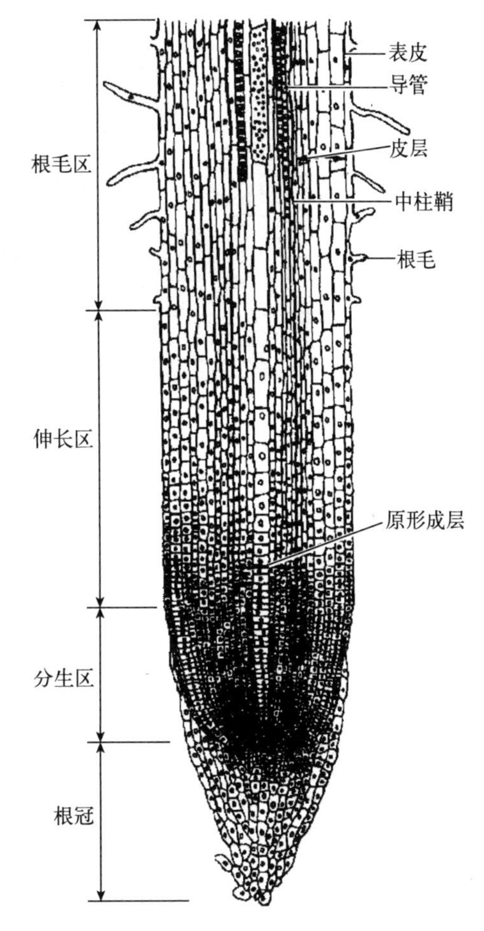

图 3－3　根尖纵切面（示各分区的细胞结构）
（王建书，2008. 植物学）

2. 分生区　位于根冠内方的顶端分生组织，其整体如圆锥，故又名生长锥，也称为生长点，长 1～3 mm，是分裂产生新细胞的部位。分裂的细胞少数补充到根冠，以补偿根冠损伤脱落的细胞；大部分细胞经生长、分化，成为伸长区的部分，是产生和分化成根各部分结构的基础；同时，始终有一部分分生细胞保持分生区的体积和功能。

3. 伸长区　位于分生区的后方，其细胞伸长逐渐加剧，体积增大，液泡化程度加强，开始组织分化。根的伸长是分生区细胞的分裂、增大和伸长区细胞的延伸共同活动的结果，特别是伸长区细胞的伸长生长，使根尖迅速向土壤深处推进，吸取更多的水分和养分。

4. 根毛区　由伸长区细胞分化而来，位于伸长区的后方。因植物种类和环境不同，其全长从数毫米至数厘米。这一区域的细胞停止生长，已分化为各种成熟组织，故亦称为成熟区。

根毛区因密被根毛而得名。据调查，在湿润环境中玉米根毛区的表皮每平方毫米有根毛 425 根，苹果 300 根，豌豆 230 根。根毛的存在大大增加了根的吸收面积，显然该区是根部行使吸收功能的主要部分。水生植物常缺乏根毛或虽有但十分稀少，少数陆生植物如花生、圆葱等亦无根毛。

根毛是表皮细胞外壁向外突出形成的管状结构（图 3－4）。根毛内多数细胞质集中于突出部，细胞核也随之进入前端。根毛的寿命一般为 2～3 周或更短，根毛区后部的根毛死去后，又由伸长区新生成的表皮细胞分化出根毛来补充，因而使根毛区的长度能保持相对不变，且位置不断向土层深处推移。根毛的生长和更新对水、肥的吸收非常重要，所以在移栽植物时，要尽量减少幼根的损伤，可以带土移栽。

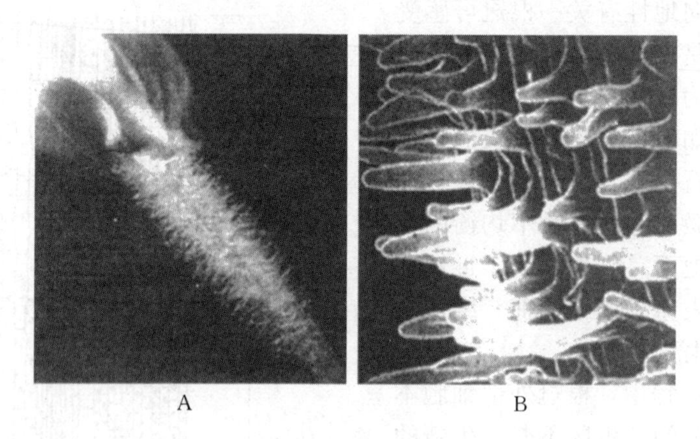

图 3-4　根毛的形态

A. 玉米幼根上的根毛　B. 根毛的扫描电镜图片

（王建书，2008. 植物学）

四、根的初生结构

根尖的顶端分生组织分裂、生长、分化的过程，称为根的初生生长。由初生生长产生的各种组织，组成初生结构，根的初生结构位于根毛区。由于横切面能较好地显示各部分的空间位置、所占比例及细胞和组织的特征，所以研究根及其他营养器官的结构时常选用横切面。

1. 双子叶植物根的初生结构　从横切面上观察，双子叶植物根的初生结构自外而内可分为表皮、皮层、维管柱 3 个部分（图 3-5）。

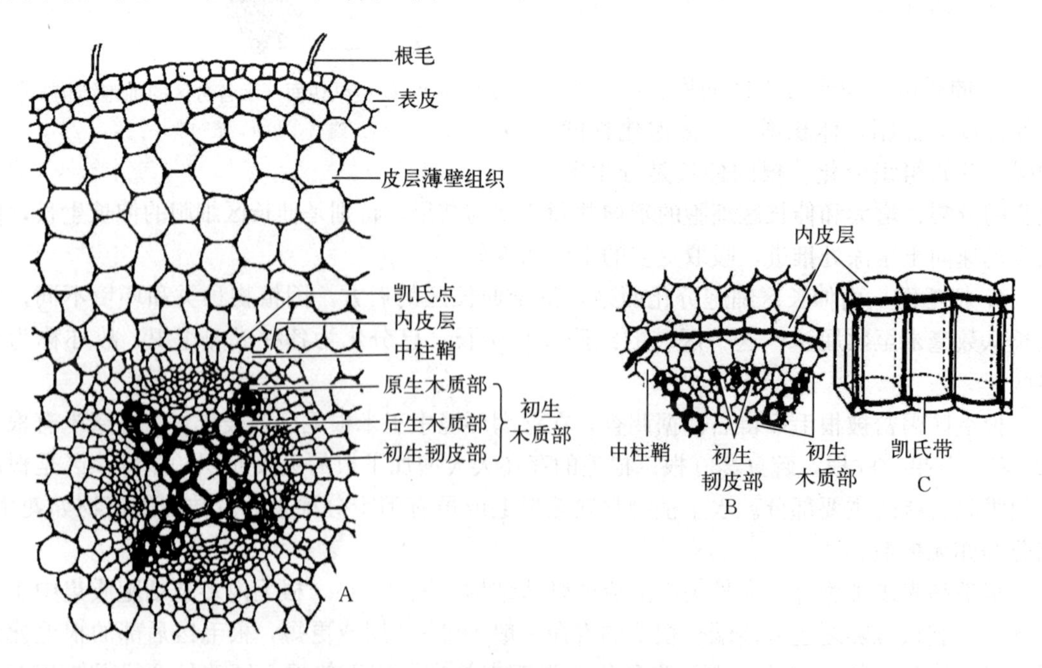

图 3-5　棉花根的初生结构

A. 棉花根横切面（示初生结构）　B～C. 根的内皮层及凯氏带

（王建书，2008. 植物学）

（1）表皮　表皮是位于最外层的一层活细胞。细胞整齐近似长方体形，长轴与根纵向平行，排列紧密，细胞壁薄。根的表皮属于吸收组织，特别是许多表皮细胞向外突出形成根毛，扩大了根的吸收面积。

（2）皮层　位于表皮之内、维管柱之外的多层薄壁细胞，在初生结构中占很大比例。皮层是水分和溶质从根毛到维管柱的横向输导途径，又是贮藏营养物质和通气的部分，一些水生和湿生植物还在皮层中发育有气腔、通气道等。另外，皮层还是根进行合成、分泌等作用的主要场所。

多数植物的皮层最外一层或数层细胞形状较小，排列紧密而整齐，称为外皮层。当根毛枯死表皮脱落时，外皮层细胞壁增厚、栓质化，代替表皮起保护作用，这部分根的吸收功能也因此减弱。外皮层以内的细胞数量较多，体积较大，排列疏松，有明显的胞间隙。

皮层最内方有一层形态结构和功能都较特殊的细胞，称为内皮层。其细胞排列紧密，各细胞的两径向壁和上下横壁有带状的木质化和栓质化加厚区域，称为凯氏带［图 3－5（c）］。在横切面上，凯氏带在相邻细胞的径向壁上呈点状，称为凯氏点。位于凯氏带处的质膜较厚而平滑，连同细胞质紧贴于凯氏带上，质壁分离时也不分开。内皮层的这种特殊结构，被认为对根的吸收有特殊意义：它阻断了皮层与中柱间的质外体运输途径，使进入中柱的溶质只能通过其原生质体，使根进行选择性吸收，同时防止中柱里的溶质倒流至皮层，以维持维管组织中的流体静压力，使水和溶质源源不断地进入导管。

（3）维管柱　又称中柱，为内皮层以内的柱状部分，包括中柱鞘、初生木质部、初生韧皮部和薄壁组织 4 个部分。在根初生结构的横切面上维管柱所占比例较小。

① 中柱鞘。中柱的最外部，与内皮层毗连，由一层或数层形态较小、排列紧密的薄壁细胞组成，有潜在的分裂能力，可分裂分化形成侧根、不定芽、部分维管形成层和木栓形成层等。

② 初生木质部。在中柱鞘内方，呈束状，与初生韧皮部束相间排列。其束数因植物而异，双子叶植物一般 2～6 束，分别称为二原型、三原型……木质部的束数在某些植物中是恒定的，因此有系统分类的价值，如二原型在十字花科、石竹科占优势。同一植物的不同品种有时束数有异，如茶树，有五原型、六原型和十二原型之分。

初生木质部整体呈辐射状，在分化过程中是由外向内呈向心式逐渐成熟的，这种分化方式称为外始式。

③ 初生韧皮部。位于初生木质部辐射角之间，束数与初生木质部相同。其发育方式与初生木质部一样，也为外始式。

④ 薄壁组织。在初生木质部与初生韧皮部之间有一层至几层薄壁细胞，将来成为形成层的组成部分。另外，少数双子叶植物根由于木质部没有继续向中柱中心分化，中央为由薄壁组织构成的髓，而绝大多数双子叶植物根中央无髓。

2. 单子叶植物根的初生结构　禾本科植物是单子叶植物中的大科，单子叶根的初生结构以禾本科植物为代表进行说明。禾本科植物根的基本结构与双子叶植物一样，分为表皮、皮层、维管柱（中柱）3 个部分。图 3－6 为小麦老根的横切面。禾本科植物根有以下几方面特点：

（1）一生中只具初生结构，一般不再进行次生的增粗生长，即不形成次生分生组织，因此没有次生结构。

（2）外皮层在根（老根）发育后期常形成栓化的厚壁组织，在表皮和根毛枯萎后，替代

表皮行使保护作用。在老根中，水生和湿生植物的中皮层中常发育出通气结构（如水稻）。

内皮层的大部分细胞在发育后期细胞壁常呈五面加厚，即两个径向壁、上下横壁及内切向壁皆进一步加厚并木质化。在横切面上，增厚的部分呈马蹄形。对着初生木质部辐射角处的内皮层细胞无此变化，称为通道细胞，它们是内外物质运输的主要途径。

(3) 中柱鞘在根发育后期常部分（如玉米）或全部（如水稻）木质化。初生木质部一般为多原型，常为七原型以上，多至二十原型。维管柱中央有发达的髓，由薄壁细胞组成，可以贮藏营养物质；有的植物种类如水稻，整个中柱除初生韧皮部外全部木质化（图 3－7）。

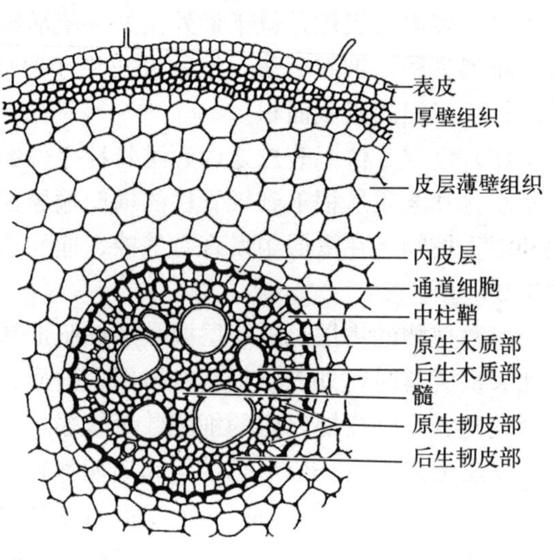

图 3－6 小麦老根的横切面

（郑湘如，2006. 植物学）

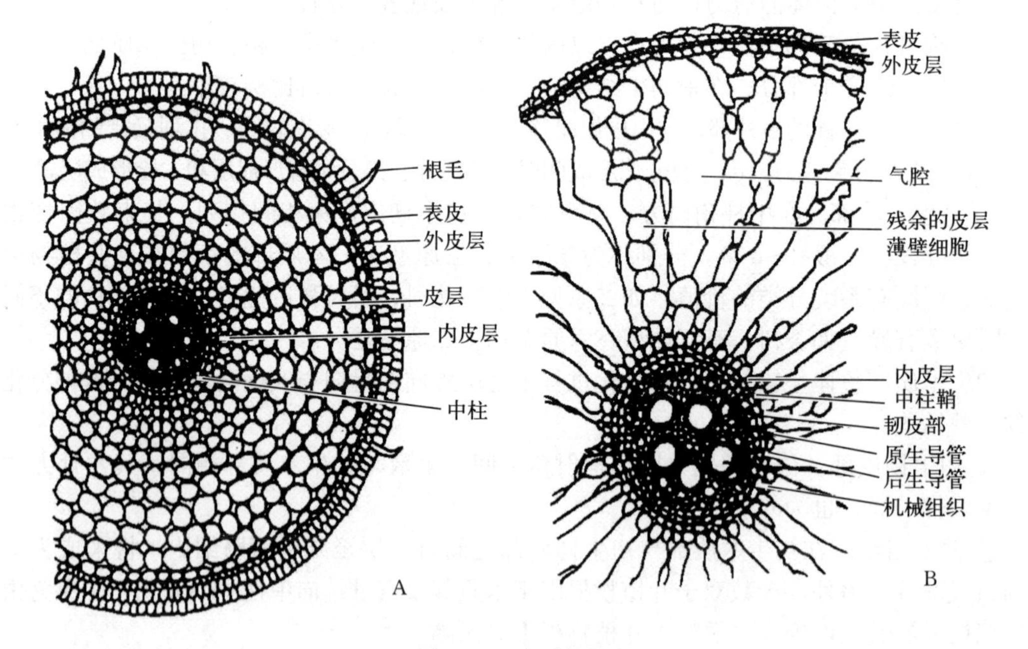

图 3－7 水稻的根

A. 幼根 B. 老根

（李扬汉，1987. 植物学）

五、根的次生生长及次生构造

大多数双子叶植物和裸子植物，特别是多年生木本植物的根，在初生生长结束后，还要进行次生生长，形成次生结构，使根增粗。根的次生生长是由根的次生分生组织活动的结

果，次生分生组织包括维管形成层和木栓形成层，前者形成次生维管组织，后者形成周皮。

1. 维管形成层的产生及其活动 维管形成层又可简称为形成层，由初生木质部和初生韧皮部之间的薄壁组织和一部分中柱鞘细胞恢复分裂能力而产生的细胞组成。

维管形成层的形成（图 3－8）：首先，由保留在初生韧皮部内侧的薄壁细胞进行分裂，形成了几个弧形片断式的形成层。接着，这些形成层片断两端的细胞也开始分裂，使形成层片断沿初生木质部辐射角扩展至中柱鞘处。此时，对着初生木质部辐射角处的中柱鞘细胞脱分化，恢复分裂能力，成为形成层的一部分，从而使整个形成层连接为一圈，这就是形成层环，为波浪形的筒状，在横切面上则如波浪形环状。

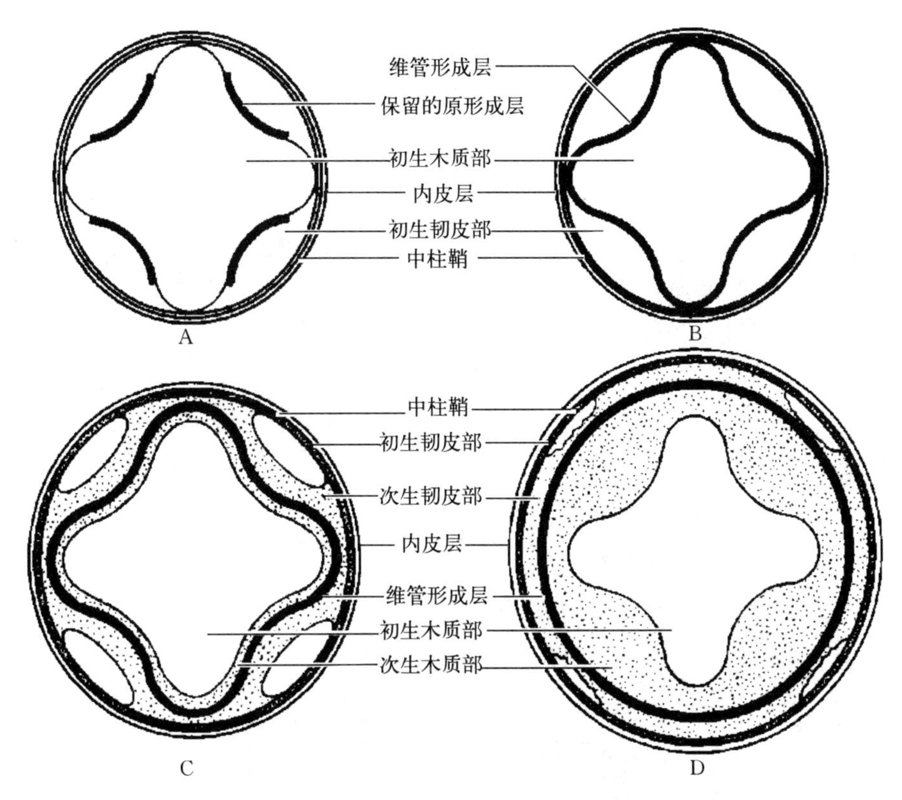

图 3－8 维管形成层的发生与活动示意图

A～D. 几个弧形片断式的形成层（薄壁细胞）进行分裂逐渐连接成一个波浪形的维管形成层的过程

（王建书，2008. 植物学）

维管形成层的活动（图 3－9）：维管形成层一经发生后，向内分裂、分化形成次生木质部，加在初生木质部的外方，向外分裂、分化形成次生韧皮部，加在初生韧皮部的内方，两者合称为次生维管组织。由于波浪状形成环的凹部是最先形成和最早进行细胞分裂的部分，分裂速度快，而且向内形成的次生木质部细胞多于向外形成的次生韧皮部细胞，因此在次生生长过程中，波浪环状的凹部逐渐被向外推移，很快使整个形成层成为圆筒（环）状。形成层变为圆环后，形成层各区段分裂速度相等，使根不断加粗，形成层的位置也不断外移。在一般植物的根中，形成层活动产生的次生木质部的数量远远多于次生韧皮部，因此在横切面上次生木质部所占比例要比次生韧皮部大得多。在根的增粗过程中，由于初生韧皮部比较柔弱，它们常被挤压于次生韧皮部之外，有时候只剩下压碎后的残余部分，其输导功能则由次生韧皮部来担负。

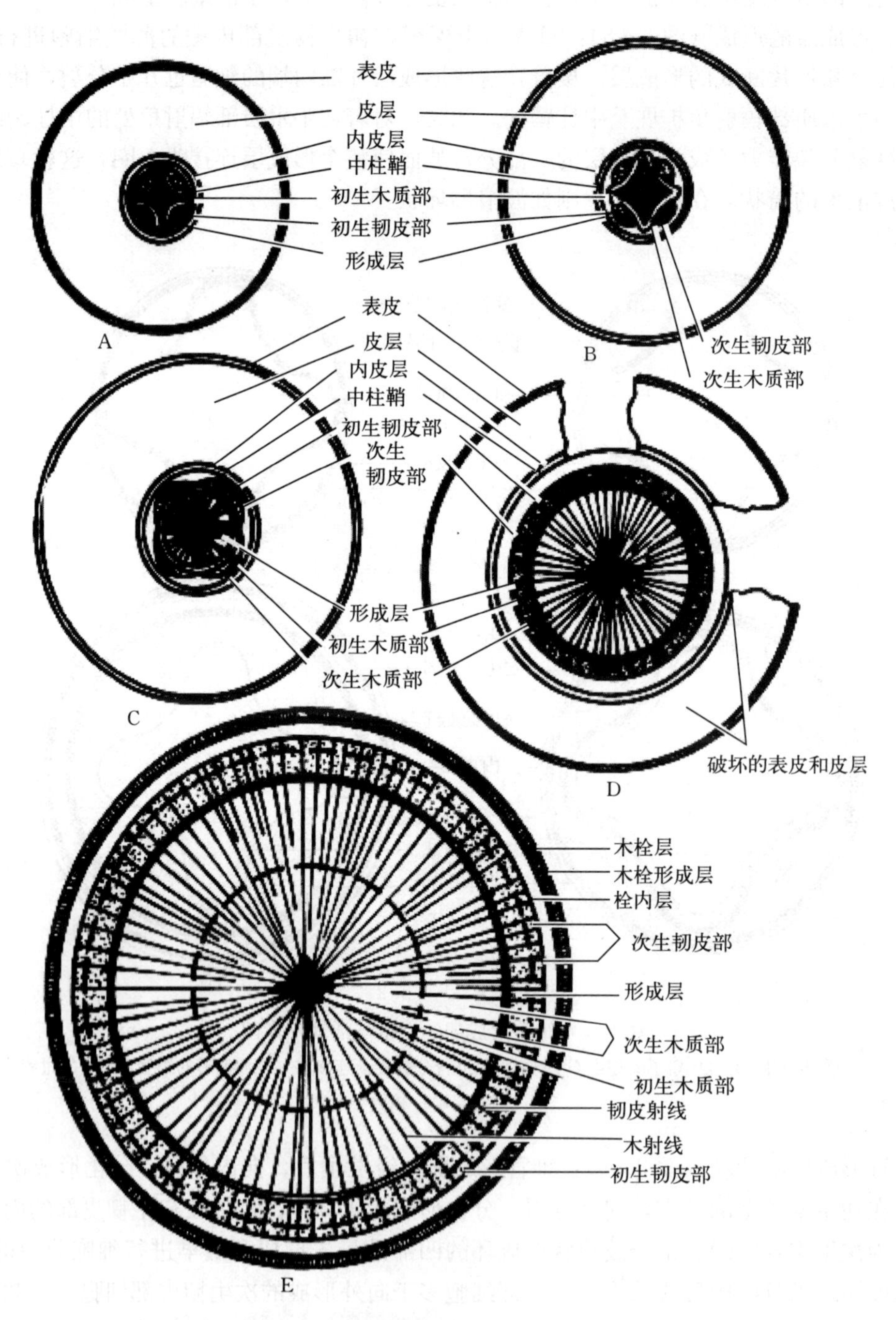

图 3-9　棉花根次生生长过程示意图

A. 形成层片段的出现　B. 形成层呈波浪状环形　C～D. 形成层呈圆环状

D. 皮层的破裂　E. 棉花根的次生结构

（郑湘如，2006. 植物学）

形成层向外产生的次生韧皮部包括筛管、伴胞、韧皮薄壁细胞和较少的韧皮纤维；向内产生的次生木质部包括导管、管胞、木纤维和木薄壁细胞。两个部分的薄壁组织都较发达，这与根部具有贮藏功能有关，其中一部分薄壁细胞沿径向呈放射状排列，呈多列贯穿于次生维管组织中，称为维管射线。维管射线由位于次生木质部的木射线和位于次生韧皮部的韧皮射线组成，主要起横向输导作用，并兼有贮藏功能。

根形成次生结构后，显著增粗，但呈辐射状的初生木质部则仍然保留于根的最中心，这是双子叶植物老根与老茎的主要区别之一［图 3-9（E)］。

2. 木栓形成层的产生及其活动　形成层不断产生次生结构使中柱愈来愈粗，外层的皮层和表皮常因不能进行相应的径向扩展而破裂脱落［图 3-9（D)］。在此之前，中柱鞘细胞可以通过脱分化，进行分裂而形成木栓形成层。木栓形成层向外分裂产生多层木栓细胞，称为木栓层；向内产生少数几层薄壁细胞，称为栓内层。这三种组织组成了周皮（图 3-10）。由于木栓层细胞壁栓质化，不透水、不透气，使其外方的组织断绝营养而死亡。

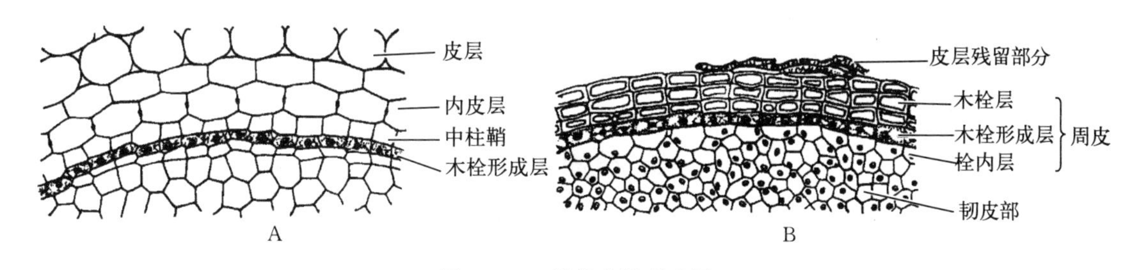

图 3-10　根的木栓形成层

A. 葡萄根中的木栓形成层由中柱鞘细胞发生　B. 橡胶树根中的木栓形成层活动的结果，形成周皮

（贺学礼，2007. 植物学）

在多年生植物的根中，木栓形成层不像形成层那样终生存在，而是每年重新发生。其位置是在原有的木栓形成层内方，并逐年向内推移，最终可由次生韧皮部中的部分薄壁细胞发生。多年生植物的根部，因此而积累了每年死去的周皮，次生韧皮部与这些积累物构成了根皮。

根的维管形成层和木栓形成层活动的结果形成了根的次生结构：自外而内依次为周皮（木栓层、木栓形成层、栓内层）、初生韧皮部（常被挤毁）、次生韧皮部（含径向的韧皮射线）、形成层和次生木质部（含木射线），辐射状的初生木质部仍保留在根的中央。图 3-11 为棉花老根的次生结构。

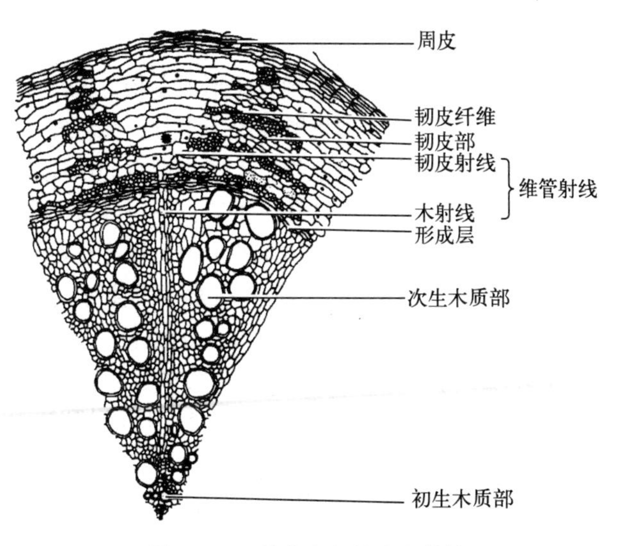

图 3-11　棉花老根的次生结构

（周云龙，2004. 植物学）

六、侧根的发生

侧根起源于根毛区内维管柱鞘的一定部位。侧根在维管柱鞘上产生的位置，常随植物种类而不同，在二原型根中，侧根发生于原生木质部和原生韧皮部之间或正对着原生木质部的地方，在前一种情况下，侧根行数为原生木质部辐射角的倍数，如胡萝卜为二原型木质部，侧根有 4 行；在后一种情况下，则侧根只有 2 行，如萝卜。在三原型、四原型根中，侧根多发生于正对原生木质部的地方，在这种情况下，初生木质部辐射角有几个，常产生几行侧根，如棉花为四原型，则侧根有 4 行。在多原型根中，侧根常产生于正对原生韧皮部的地方。

侧根开始发生时，维管柱鞘某些部位的几个细胞，细胞质变浓，液泡缩小，细胞恢复分裂活动。首先，进行切向分裂，增加细胞层数，继而进行各个方向的分裂，产生一团细胞，形成侧根原基，侧根原基的顶端逐渐分化为生长点和根冠，最后由于新的生长点不断分裂、生长和分化而向外突出，穿过母根的皮层和表皮成为侧根。

因侧根发生部位接近输导组织，侧根输导组织分化后，很快与母根输导组织相连接，因此新侧根的维管柱与母根维管柱相连。侧根的发生，在根毛区就已开始，但随着根尖的生长，侧根突破表皮伸出母根外时，其位置已经在根毛区以上的部位。这样不会因侧根发生而破坏根毛，从而影响吸收功能。

七、根瘤和菌根

（一）根瘤

由于土壤中的一种细菌即根瘤菌由根毛侵入根的皮层内，一方面根瘤菌在皮层细胞内迅速分裂繁殖；另一方面，受根瘤菌侵入的皮层细胞，因根瘤菌分泌物的刺激也迅速分裂，产生大量新细胞，使皮层部分的体积膨大和凸出，形成根瘤（图 3 - 12）。

根瘤菌的最大的特点，就是具有固氮作用，它能使大气中游离氮转变为氨。

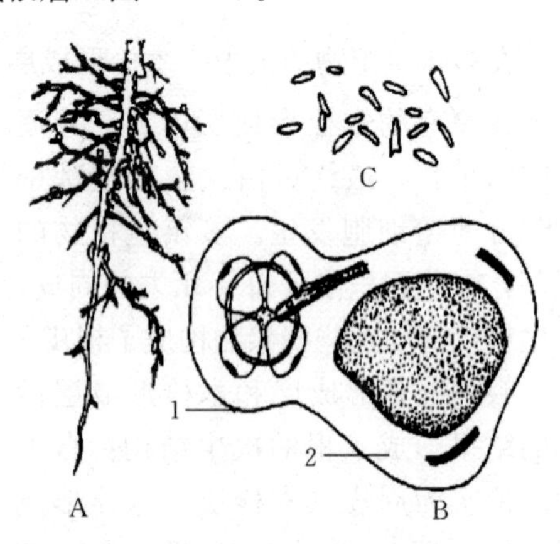

图 3 - 12　根瘤与根瘤菌

A. 具有根瘤的大豆根系

B. 蚕豆根通过根瘤的切面　C. 根瘤菌

1. 蚕豆根的横切面结构

2. 与根共生的根瘤横切面结构

（郑湘如，2006. 植物学）

（二）菌根

高等植物的根和某些真菌共生形成菌根。菌根与植物的共生关系是：真菌将所吸收的水分、无机盐类和转化的有机物质，供给植物；而植物把它们所制造和贮藏的有机养料包括氨基酸，供给真菌。此外，菌根还可以促进根细胞内储藏物质的分解，增进植物根部的输导和吸收作用，产生植物激素、维生素等物质，尤其是产生维生素 B_1，促进根系的生长。

1. 外生菌根　外生菌根是真菌的菌丝包被在植物幼根的外面，有时也侵入根的皮层细胞间隙中，但不侵入细胞内（图 3 - 13）

2. 内生菌根　内生菌根是真菌的菌丝通过细胞壁侵入到细胞内，在显微镜下，可以看到表皮细胞和皮层细胞内散布着菌丝（图 3 - 14）。

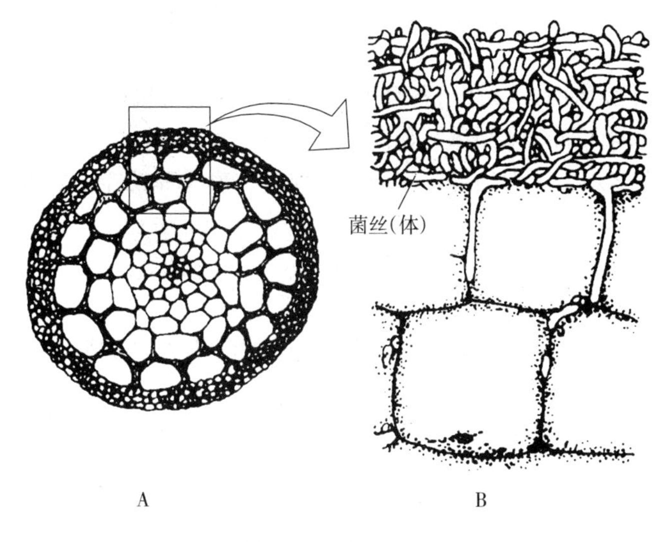

图 3 - 13　外生菌根
A. 松树外生菌根的横切面　B. A 图的一部分放大
（强胜，2008）

图 3 - 14　内生菌根横切面，示真菌菌丝（箭头）
（郑湘如，2006. 植物学）

另外，还有一种内外生菌根，即在根表面、细胞间隙和细胞内都有菌丝，如草莓的根。

八、根的特性在农林生产中的应用

某些植物的根具有繁殖作用，较易发芽，可以形成不定芽，进而形成新枝（如白杨、刺槐），利用根的这种性质可对植物进行扦插繁殖。

正因如此，在自然界中，根具有保护坡地、堤岸及防止水土流失的作用及一定的经济利用价值。

知识 2　茎

茎除少数在地下外，一般生长于地上，它连接着根和叶，并与叶形成庞大的枝系。

一、茎的生理功能

1. 支持作用　这是茎的主要功能。主茎和分枝形成植物体的支架，支持着叶、芽、花和果实的合理分布。

2. 输导作用　这是茎的另一主要功能。茎中分布着大量的输导组织，是植物体内物质上下运输的通道。根吸收的水分、无机盐等通过茎向上运输到叶、花、果实中；叶制造的光合产物亦通过茎向下、向上运输到根及其他地上器官中。

3. 贮藏作用　茎具贮藏功能，尤其是一些变态茎，如莴苣、马铃薯、莲等植物，其变态茎中养分丰富，成为此类植物的经济器官。

4. 繁殖作用 茎可作为扦插、压条等营养繁殖的材料。这是因为茎的断面或茎节上可产生不定根，从而形成新的个体。此外，有些变态茎，如竹、芦苇的根状茎亦成为繁殖的主要器官。

5. 光合作用 当茎中的细胞含叶绿体时，茎还可行使光合作用。一般植物的幼茎多含叶绿体，但也有些植物的茎整个生长期内都含叶绿体，如莴苣、蚕豆、小麦等。

此外，有的植物茎上的分枝形成茎刺、茎卷须等，从而行使保护、攀缘等功能，如山楂和南瓜等。

二、茎的形态

茎的形态可从外形、枝条特征、质地类型、生长习性、分枝与分蘖、芽及其类型等方面来描述。

1. 茎的外形 从外形看，茎的形状多为圆柱形，如甘蔗、竹；少有三棱形的，如莎草；也有四棱形的，如蚕豆；多棱形的，如芹菜。

2. 枝条特征 植物的主茎通常有各级分枝。具叶和芽的茎称为枝条。枝条自上而下具如下特征：顶端具有顶芽。枝条上着生叶的部位称为节，相邻两节之间的部分称为节间。叶与枝条的夹角为叶腋，叶腋处生出的芽为腋芽，亦称为侧芽。叶脱落后在枝条上留下的痕迹，称为叶痕，叶痕上突起的小点是叶柄维管束断离后的痕迹，称为叶迹。木本植物枝条上尚有点状突起，称为皮孔，是茎与外界气体交换的通道。此外，具鳞芽的木本植物，芽鳞片脱落后芽继续生长，在枝条上留下的痕迹称为芽鳞痕，可利用它来判断枝条的年龄（图 3 - 15）。

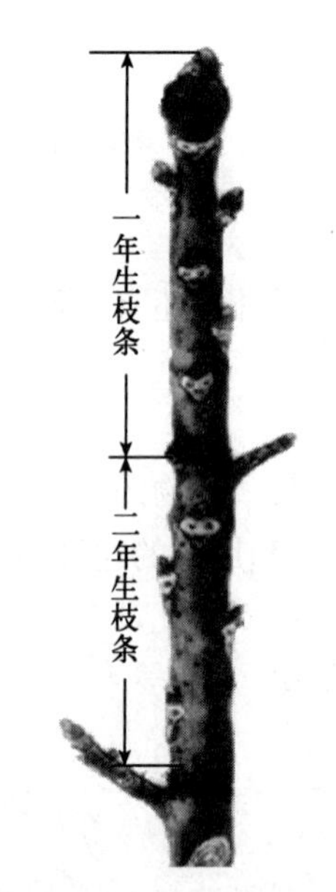

图 3 - 15 枝条的冬态
（李慧，2012. 植物基础）

3. 质地类型 根据茎的质地，可将茎分为木质茎和草质茎。木质茎中木质化细胞多，质地坚硬，并能生长多年。其中，主干粗大明显，分枝相对较弱的称为乔木，如松树、杨树；无主干或主干不明显，分枝从近地面部位开始的称为灌木，如月季、茶树。草质茎质地柔软，木质化细胞少，如一年生植物玉米、二年生植物油菜和多年生植物芦苇。

4. 生长习性

根据生长习性，可将茎大体分为 4 种：

（1）直立茎 茎主干明显，直立向上，木质化程度较高，为多数植物茎的生长习性。

（2）缠绕茎 茎细长，呈螺旋状缠绕于其他物体上向上生长，如牵牛花。

（3）攀缘茎 茎不能直立，需依靠卷须、吸盘等攀缘于其他物体上才能向上生长，如葡萄、瓜类。

（4）匍匐茎 茎卧地而生，在接触地面的茎节上生出不定根，如甘薯、草莓；有的卧地而生的茎节上无不定根，则为平卧茎。

5. 分枝与分蘖

（1）分枝类型 顶芽和侧芽发育、扩展的结果，形成植物地上部的茎、叶分枝系统即枝系。合理的分枝，有利于茎、叶等在空间协调分布，提高植物充分吸收阳光和利用环境中物

质的能力。植物的分枝具有一定的规律性，不同植物形成枝系的方式不同。种子植物的分枝方式，通常有单轴分枝、合轴分枝和假二叉分枝 3 种类型（图 3-16）。

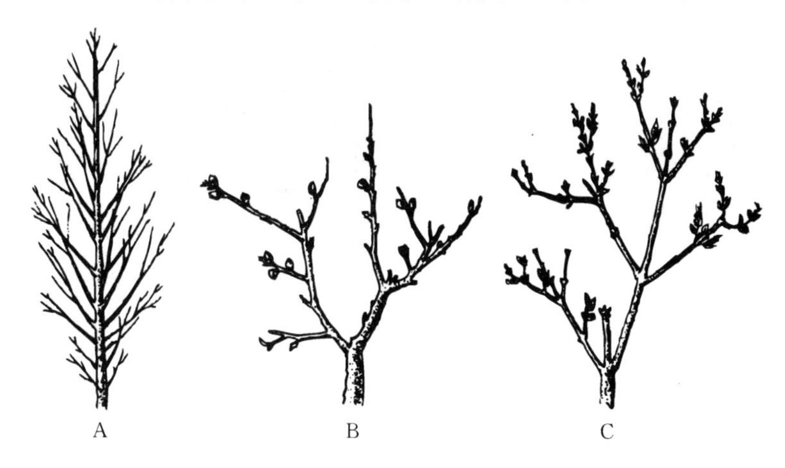

图 3-16　茎的分枝类型
A. 单轴分枝　B. 合轴分枝　C. 假二叉分枝
（王建书，2008. 植物学）

① 单轴分枝。主茎的顶芽生长旺盛，形成直立粗壮的主干，而侧枝的发育远不如主茎。以后，侧枝又以同样方式形成次级侧枝。这种分枝方式，称为单轴分枝，又称为总状分枝，如松树、杨树。

② 合轴分枝。顶芽生长活动一段时间后死亡，或分化为花芽，或生长极慢，而靠近顶芽的一个腋芽迅速发育形成新枝，代替主茎继续生长。不久，这一新枝的顶芽又以同样方式停止生长，再由其一个腋芽萌发生长，如此进行下去。因此，这样形成的主轴是一段很短的主茎与各级侧枝分段连接而成，故称为合轴，具有曲折、节间短和花芽较多等特点。许多农作物和果树，如棉花、柑橘和苹果树等，都具有这种分枝特性。在农业生产上常通过整枝、摘心等措施，人为地培育合轴分枝，以达到早熟和丰产的目的，如桃、梨、棉花的栽培。

③ 假二叉分枝　顶芽生长一段枝条后，停止发育，或分化为花芽，而由靠近顶端的两个对生侧芽同时发育为新枝，新枝的顶芽和侧芽的生长活动与母枝相同，再生一对新枝，如此继续发育。这种分枝方式称为假二叉分枝，如茉莉、丁香等植物的分枝方式属于此种类型。假二叉分枝是合轴分枝的一种特殊形式。真正的二叉分枝是由顶端分生组织一分为二所致，多见于低等植物，苔类植物和卷柏的分枝也属此种方式。

（2）禾本科植物的分蘖　禾本科植物近地面的茎节上产生分枝和不定根的现象，称为分蘖，如水稻、小麦。此种分枝方式与禾本科植物分蘖与其他植物的分枝不同，在生长初期，茎的节间很短，几个节密集于基部。在 4 叶期、5 叶期，基部的某些腋芽开始活动，迅速抽生出新枝，并在新枝的节上形成不定根。产生分枝的节称为分蘖节。随后，新枝的基部又各自形成分蘖节，重复上述分蘖的过程。依次类推，可形成多次分蘖（图 3-17）。

此外，分蘖情况还受温度、养分、光照和水分等多种因素的影响。因此，在生产上加强管理可控制或促进分蘖，提高作物产量。

6. 芽及其类型

（1）芽的概念和结构　芽是未发育的枝、花或花序的原始体。发育形成枝的芽为枝芽，

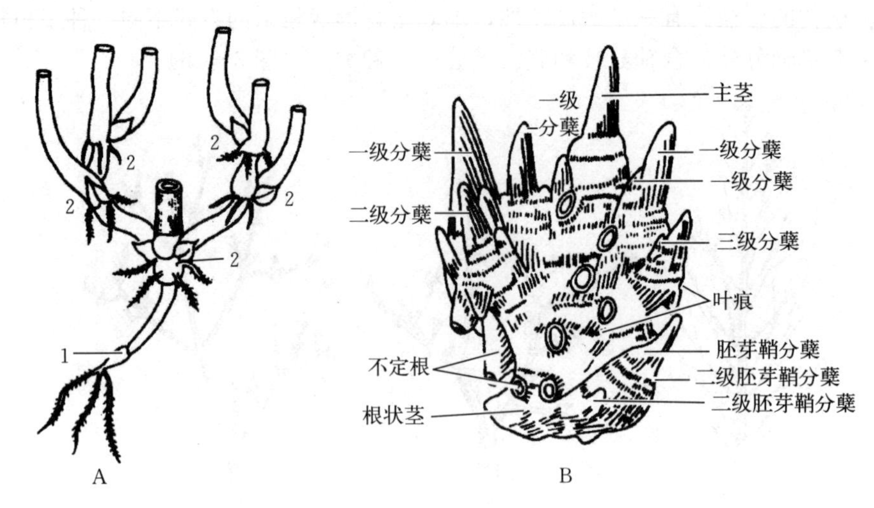

图 3-17　禾本科植物的分蘖

A. 分蘖图解　B. 有 8 个分蘖节的幼苗（示剥去叶的分蘖节）

1. 具初生根的谷粒　2. 生有根系的分蘖节

（朱念德，2006. 植物学）

俗称叶芽；发育形成花或花序的芽为花芽。将枝芽纵切可以看到芽轴、生长锥、叶原基、幼叶和腋芽原基等结构（图 3-18）。

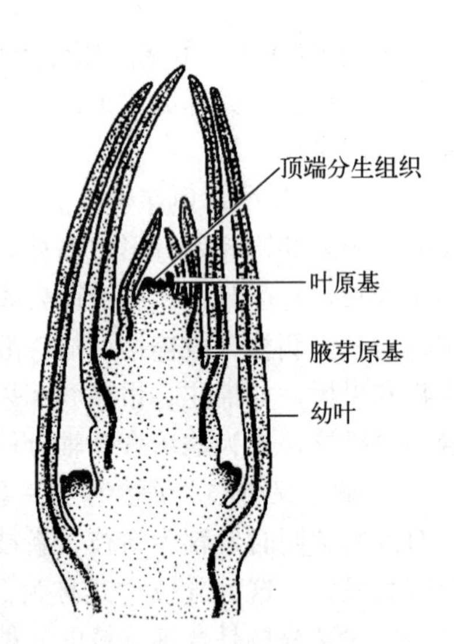

图 3-18　枝芽的纵切面

（贺学礼，2007. 植物学）

（2）芽的类型　按照芽着生的位置、结构、性质和生理状态的不同，可将芽分为以下几种。

① 依据芽着生的位置，可分为定芽和不定芽。有规律地生长在枝条的一定位置的芽称为定芽，定芽又可分为顶芽和侧芽。凡不生在枝顶或叶腋，而是在根、叶或老茎等部位上形成的芽统称为不定芽，如甘薯块根上的芽，秋海棠叶上的芽等。农林生产上常利用植物能形成不定芽的特性，进行营养繁殖。

② 依据有无芽鳞片，可分为鳞芽和裸芽。有芽鳞片包被的芽，称为鳞芽。温带木本植物大多为鳞芽，如梅、悬铃木和杨树等的芽，其芽被鳞片紧紧地包被，有利于抵御寒冷的冬季。无芽鳞片包被、直接暴露在外的芽，称为裸芽。草本植物和生长在热带潮湿环境中的木本植物，如菊花、棉花和枫杨等的芽都为裸芽。

③ 依据芽将发育成的器官性质，可分为枝芽、花芽和混合芽。枝芽是发育为营养枝的芽；花芽是发育为花或花序的芽（图 3-19）；混合芽是同时发育为枝、叶、花或花序的芽，如苹果的芽。通常花芽和混合芽的体积较枝芽大。

④ 依据芽的生理活动状态，可分为活动芽和休眠芽。活动芽是能在当年生长季萌发形成新枝、花或花序的芽，如一年生草本植物的芽；在当年生长季暂时不萌发，保持休眠状态的芽，称为休眠芽。休眠芽有利于植物体内养料的储备和调节，当条件适宜时，休眠打破，休眠芽可转入活动状态。

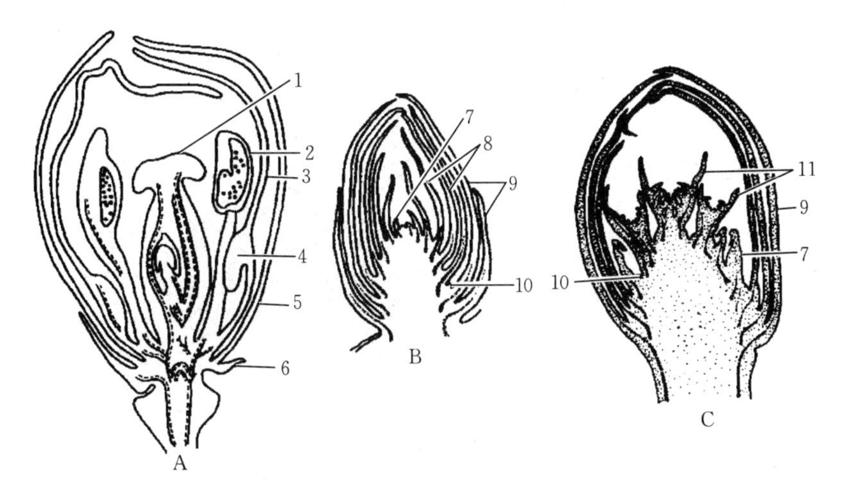

图 3－19　不同植物花芽的纵切面

A. 小檗的花芽　B. 榆树的花芽　C. 苹果的花芽

1. 雌蕊　2. 雄蕊　3. 花瓣　4. 蜜腺　5. 萼片　6. 苞片

7. 叶原基　8. 幼叶 9. 芽鳞　10. 枝原基　11. 花原基

（陆时万等，1991. 植物学）

三、茎的初生结构

（一）双子叶植物茎的初生结构

茎尖顶端分生组织分裂活动所衍生的细胞，经初生生长形成茎的初生结构。双子叶植物的初生结构自外向内可分为表皮、皮层和维管柱 3 部分（图 3－20、图 3－21）。

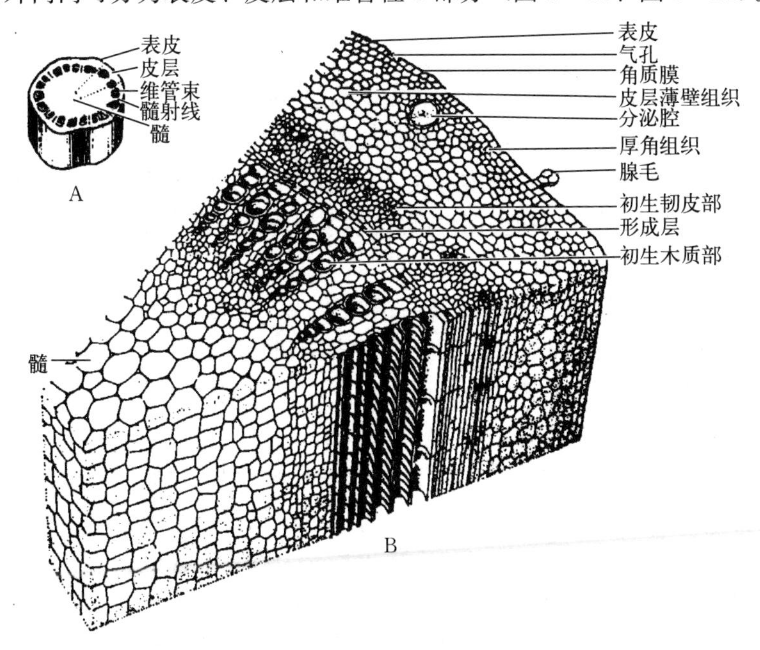

图 3－20　棉花茎的初生结构立体图解

A. 简图　B. 部分结构详图

（徐汉卿，2000. 植物学）

1. 表皮 表皮是幼茎最外一层生活细胞，是茎的初生保护组织。表皮细胞一般呈砖形，其长轴与茎轴平行，细胞的外切向壁较厚，并角化形成角质膜，有的还有蜡质。表皮上还分布有少量气孔器和表皮毛，这些结构有利于防止水分的过度散失和病、虫入侵，又不影响透光和通气。

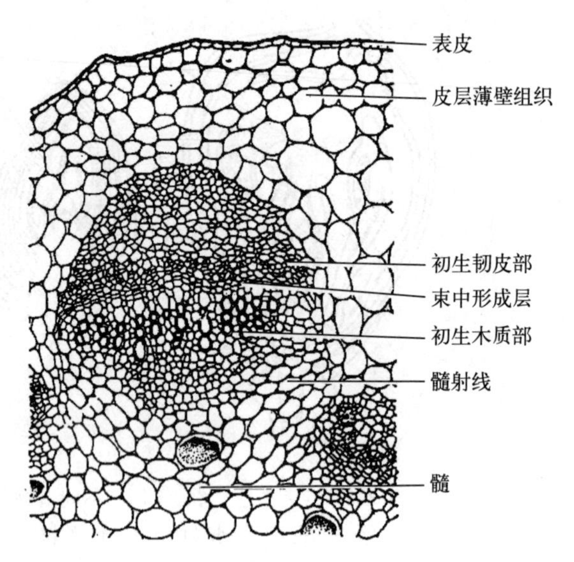

图 3-21 花生幼茎横切面的一部分（示初生结构）
（李扬汉，1978. 植物学）

2. 皮层 双子叶植物茎的皮层在横切面上所占比例不及根皮层大，位于表皮和维管柱之间，其大部分为薄壁组织。靠近表皮的数层皮层细胞往往发育为成束或相连成片的厚角组织，增强了幼茎的支持作用。这些外围的厚角组织和薄壁组织的细胞内常含有叶绿体，因此幼茎常呈绿色，幼根的表皮和皮层薄壁细胞内是不含叶绿体的。有些植物茎的皮层中还有厚壁组织，如南瓜；有的植物皮层中存在分泌结构（如棉花、向日葵）、乳汁管（如甘薯）、树脂道（如松树）等。水生植物的皮层薄壁组织，其细胞间隙特别发达，构成通气系统。茎的皮层一般无内皮层分化，只有少数沉水植物的茎，特别是地下茎才具有较典型的内皮层。有些茎皮层的最内层细胞，富含淀粉粒，称为淀粉鞘，如大豆。

3. 维管柱 维管柱是皮层以内的柱状结构，在横切面上所占比例较大，包括维管束、髓和髓射线。

（1）维管束 维管束成束状，排成一圆环，分布于茎的薄壁组织中。多数植物的维管束为外韧维管束，但也有少数植物为双韧维管束，常见于葫芦科植物的茎中。外韧维管束的初生韧皮部，由筛管、伴胞、韧皮薄壁组织和韧皮纤维组成，其发育方式为外始式。初生木质部由导管、管胞、木薄壁组织和木纤维组成，其成熟方式为内始式，这与根的初生木质部的发育方式不同。在初生木质部与初生韧皮部之间，尚保留一部分具有分裂能力的细胞，称为束中形成层，这是次生生长的基础。

（2）髓和髓射线 髓和髓射线均由薄壁组织组成。髓位于幼茎的中央，其细胞体积较大，常含淀粉粒。髓射线位于维管束之间，连接皮层和髓，具有横向运输的作用。髓射线的一部分细胞还可恢复分裂能力，转变为束间形成层，参与次生生长。

（二）单子叶植物茎的初生结构

由于禾本科植物是单子叶植物的一大科，单子叶植物茎的初生结构以禾本科植物为代表。禾本科植物茎的显著特点是维管束散生在薄壁组织和机械组织之中，维管束仅有韧皮部和木质部组成，无束中形成层，不能进行次生生长，为有限维管束。

1. 表皮 表皮亦为初生保护组织，位于茎的最外层，由表皮细胞和气孔器有规律地排列而成。有的禾本科植物茎表皮上还有蜡被，如甘蔗。

2. 机械组织和薄壁组织 机械组织紧接表皮以内，由数层厚壁细胞组成，厚壁细胞的层数和细胞壁的厚度与抗倒伏和抗病能力有关。

薄壁组织位于机械组织的内侧，薄壁细胞内含少量叶绿体，使禾本科植物的茎在生长期内呈浅绿色。水稻、小麦等禾本科植物的茎中央薄壁细胞在发育初期就已解体，形成空腔，称为髓腔。

3. 维管束　每一维管束的外周为厚壁组织所包围，形成鞘状的结构，即维管束鞘。初生韧皮部在外，初生木质部在内，无形成层，属于有限外韧维管束。大多数单子叶植物具此特征。初生木质部在横切面上呈V形，V形的基部为1～2个环纹和螺纹导管，四周的薄壁细胞互相分离，形成一个隙腔。在V形的两臂部位各有一个大型的孔纹导管，导管之间为薄壁细胞和管胞构成的狭带区。维管束的排列方式有两种：

（1）两轮排列　小麦、水稻等有髓腔的茎中，维管束近似两轮排列，外轮维管束分布于厚壁组织之间，维管束小；位于薄壁组织的内轮维管束则相对较大（图3-22、图3-23）。

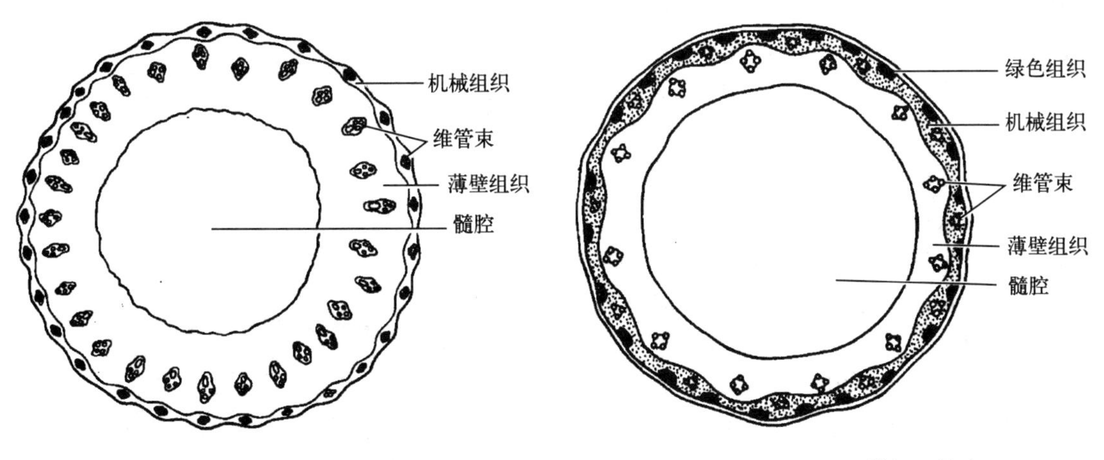

图3-22　水稻茎横切面轮廓
（李扬汉，1978. 植物学）

图3-23　小麦茎横切面轮廓
（李扬汉，1978. 植物学）

（2）散生排列　玉米、高粱等无髓腔的茎中，维管束呈散生状，自外向内维管束数量由多渐少，排列由密渐疏（图3-24）。

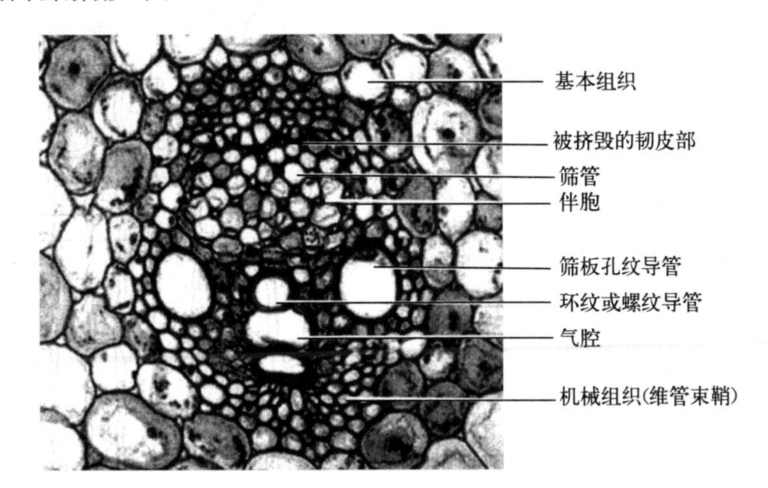

图3-24　玉米茎的一个维管束的放大
（李先源，2008. 植物学）

四、茎的次生构造

大多数双子叶植物在初生生长的基础上出现次生分生组织——形成层和木栓形成层，它们分裂活动的结果形成次生结构，使茎增粗，这一过程称为次生生长。由于单子叶植物维管束是有限维管束，故单子叶植物的茎无次生生长过程。

1. 形成层的发生和活动

（1）形成层的发生　在初生木质部与初生韧皮部之间，保留一层具有分裂能力的细胞，发育为束中形成层，它构成了形成层的主要部分。此外，在与束中形成层相邻接的髓射线细胞，恢复分裂能力，发育为形成层的另一部分，因其位于维管束之间，故称为束间形成层。束中形成层和束间形成层互相衔接后，形成完整的形成层环。形成层的发生如图 3－25 所示。

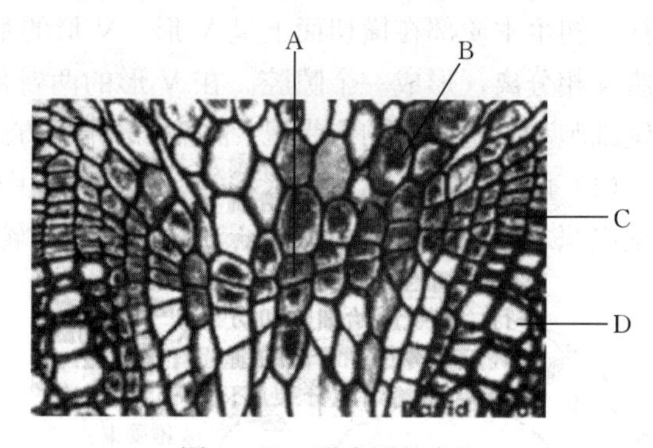

图 3－25　形成层的发生

A. 束间形成层　B. 髓射线　C. 束中形成层　D. 木质部

（李先源，2008. 植物学）

（2）形成层的活动　形成层分裂活动时，向外产生次生韧皮部，向内产生次生木质部，分别添加于原来的初生韧皮部内方和初生木质部外方。形成层细胞也可通过分裂，增加自身细胞的数目，从而使形成层环的周径扩大。在次生木质部和次生韧皮部中形成层还可分裂产生放射状排列的薄壁组织，即维管射线。其中，位于次生木质部的称为木射线，位于次生韧皮部的称为韧皮射线，同时髓射线部分也由于细胞不断分裂而相应延长，它们构成茎内的横向运输系统。形成层活动过程中，往往形成数个次生木质部细胞，才形成一个次生韧皮部细胞，随着次生木质部的较快增加，形成层的位置也逐渐向外推移（图 3－26）。

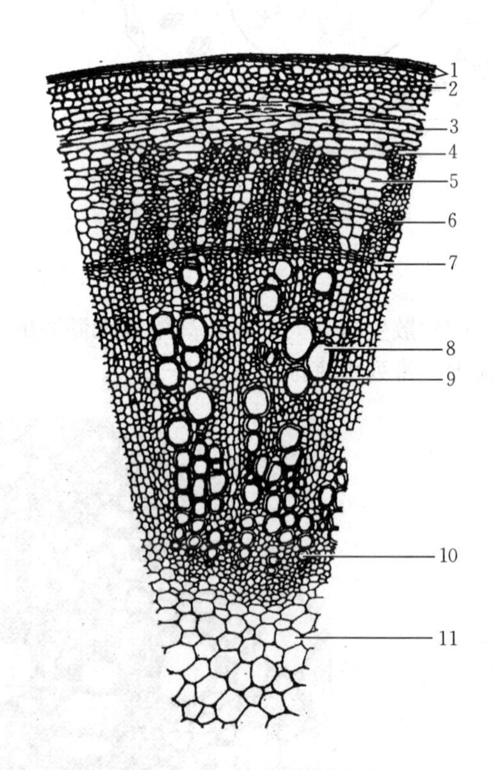

图 3－26　棉花茎横切面

1. 周皮　2. 厚角组织　3. 皮层薄壁组织　4. 初生韧皮部　5. 维管射线　6. 次生韧皮部　7. 形成层　8. 次生木质部　9. 维管射线　10. 初生木质部　11. 髓

（李扬汉，1984. 植物学）

形成层的活动容易受到外界环境条件的影响，在有明显冷、暖季节交替的温带，或有干湿季节交替的热带，多年生木本植物茎的形成层的活动随季节的更替有节奏地发生盛衰变化，产生的细胞直径有大小、壁有厚薄、颜色有深浅、数量有多少之分，从而在次生木质部的形态结构上表现出明显的差异。如在温带的春季，气候条件逐渐变暖，形成层的活动也随之增强，结果形成的次生木质

部细胞多，其中导管和管胞的直径大而壁较薄，木材的颜色较浅，材质也较疏松，称之为早材或春材。在夏末秋初，气候条件逐渐不适宜于木材生长，形成层的活动随之减弱，形成的细胞数目减少，其中的导管和管胞径小壁厚，木材的颜色深，材质也较紧密，称之为晚材或秋材。同一年内的早材和晚材构成一个年轮，它们的细胞形态和木材颜色深浅是一个渐变的过程，没有明显的界线，但前一年晚材与后一年早材之间的界限就十分明显（图 3－27、图 3－28）。年轮的数目可作为推断树木年龄的参考。

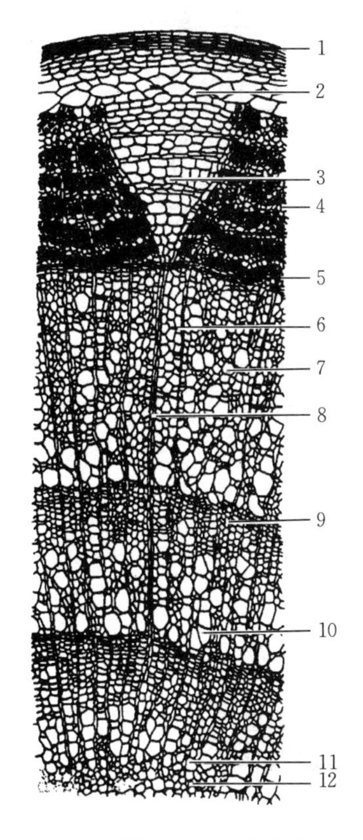

图 3－27　椴树三年生茎的横切面

1. 周皮　2. 皮层　3. 韧皮射线　4. 次生韧皮部
5. 形成层　6. 维管射线　7. 次生木质部
8. 木射线　9. 晚材　10. 早材　11～12. 初生木质部
（贺学礼，2007. 植物学）

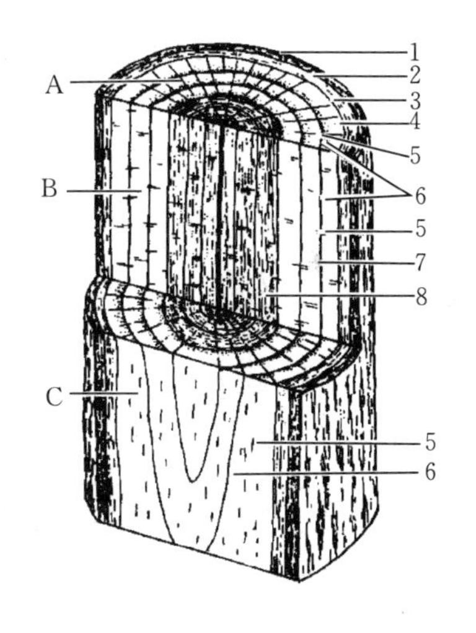

图 3－28　木材的三切面

A. 横切面　B. 径向切面　C. 切向切面
1. 外树皮　2. 内树皮　3. 形成层　4. 次生木质部
5. 维管射线　6. 年轮　7. 边材　8. 心材
（陆时万等，1991. 植物学）

2. 木栓形成层的发生及活动　茎中木栓形成层的来源较为复杂，各种植物有所不同（图 3－29）。第一次木栓形成层，多数植物起源于靠近表皮的皮层细胞，如杨树、榆树；有的起源于第二、三层皮层细胞，如刺槐；有的起源于表皮细胞，如柳树、苹果树和夹竹桃等；有的起源于初生韧皮部中的薄壁组织细胞，如葡萄、茶树。

周皮形成时，枝条的外表同时形成一种通气结构，即皮孔（图 3－30）。皮孔常发生于原来气孔的位置，其内方的木栓形成层，不形成木栓细胞，而形成许多圆球形的、排列疏松的薄壁细胞，组成补充组织。由于补充组织的增加，向外突起，将表皮胀破，形成裂口，即为皮孔。皮孔的形成改善了老茎内的通气状况。

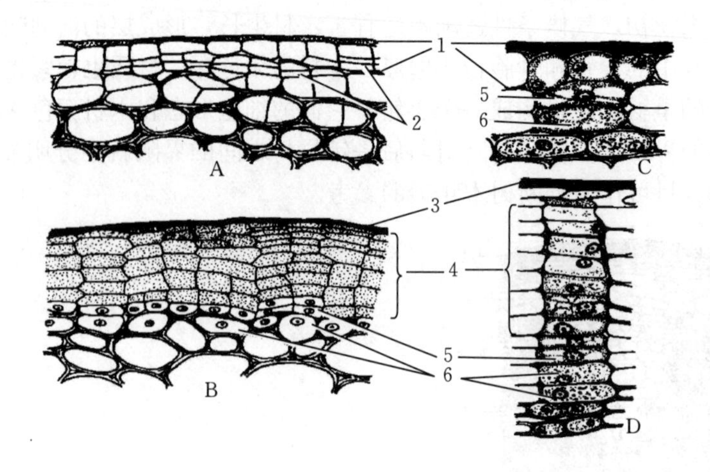

图 3-29　梨（A、B）和梅（C、D）茎的木栓形成层的发生与活动

1. 具角质层的表皮　2. 开始发生周皮时的分裂

3. 挤碎的具角质层的表皮细胞　4. 木栓层

5. 木栓形成层　6. 栓内层

（李扬汉，1984. 植物学）

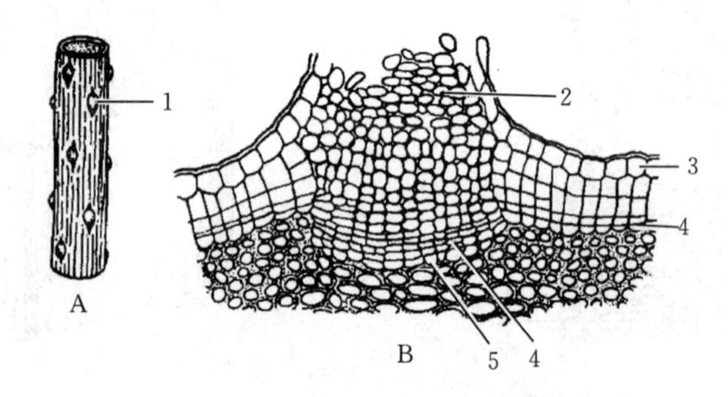

图 3-30　接骨木属植物皮孔的结构

A. 接骨木茎外形（示皮孔）　B. 皮孔的解剖结构

1. 皮孔　2. 补充组织　3. 表皮　4. 木栓形成层　5. 栓内层

（王建书，2008. 植物学）

有些植物的木栓形成层的寿命较长，最初形成的木栓形成层可以保存很多年甚至终生不失其效能（如栓皮栎）。但多数植物木栓形成层的寿命较短，一段时间后转变成木栓组织，而由其内方发生新的木栓形成层。随着茎的增粗，木栓形成层发生的部位逐渐向内推移，甚至可达次生韧皮部部位。新的周皮形成后，其外方的活组织由于得不到养料和水分的供应以及被挤压而死亡，这些组织及其外面多次形成的周皮和死亡组织构成了树皮。但也有将形成层以外的所有组织统称为树皮。

茎的形成层和木栓形成层的活动结果，形成了茎的次生结构，这样茎的结构自外而内依次为周皮、皮层（有或无）、初生韧皮部、次生韧皮部、形成层、次生木质部、初生木质部、髓，除此还有呈辐射状排列的髓射线和维管射线。

五、茎的特性在农林生产中的应用

在农、林、园艺等生产实践中，可利用植物营养器官的繁殖特性，直接利用块茎、鳞茎、球茎、根状茎等进行繁殖，或人为地进行分离、扦插、压条、嫁接等方法来大量繁殖和培育优良的作物品种。

知识3　叶

一、叶的生理功能

叶是由叶原基发育而来的营养器官，它是观赏价值较高的部分，也是鉴别植物较重要的依据。叶的主要生理功能为进行光合作用和蒸腾作用。

1. 光合作用　光合作用是绿色植物利用光能，同化二氧化碳和水，合成有机物质，并同时释放氧气的过程。氧气是生物生存的必需条件，所产生的糖是植物生长发育所必需的有机物质，也是合成淀粉、脂肪、蛋白质等有机物质的重要原料。人类的食物和许多工业原料，都是叶进行光合作用直接或间接的产物。

2. 蒸腾作用　蒸腾作用是水分以气体状态从叶片散失到大气中的过程，在植物生活中有着积极的意义。它既是根系吸水和水分向上运输的主要动力，又有利于矿质元素在植物体内的运输，还可以降低叶片的表面温度，使叶片不致因温度过高而受损害。

此外，叶还有吸收的功能。根外施肥及喷施生长调节剂、农药和除草剂，都是通过叶表面的吸收进入植物体内而起作用的。有些植物的叶有贮藏功能，如甜叶菊、芦荟。还有些植物的叶能进行营养繁殖，在生产实践中，柑橘、秋海棠等常采用叶扦插的方法进行繁殖。

二、叶的组成及形态

（一）叶的组成

一般植物的叶，由叶片、叶柄和托叶3个部分组成，称为完全叶，如棉花、梨（图3-31）。缺少其中任何一部分或两部分的称为不完全叶，如甘薯、油菜等。

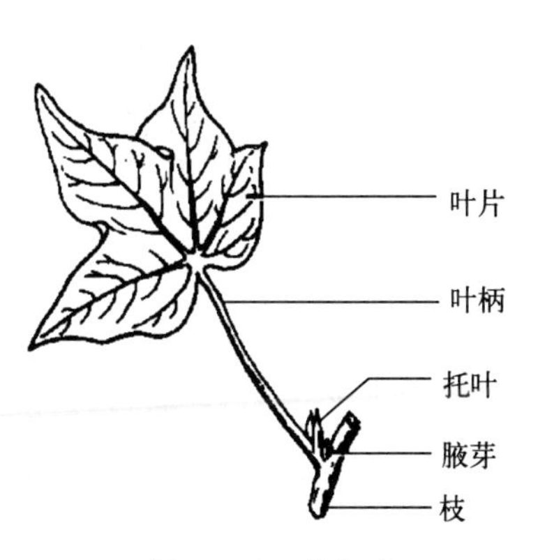

图3-31　完全叶
（王建书，2008. 植物学）

1. 叶片　通常是叶的绿色扁平部分，叶的光合作用和蒸腾作用主要是通过叶片进行的。叶片上分布着大小不同的叶脉，居中最大的为中脉，中脉的分枝为侧脉，侧脉还可形成多级分枝。

2. 叶柄　是叶片基部的柄状部分，其主要功能是输导和支持作用。叶柄还能扭曲生长，改变叶片的位置和方向，以充分接受阳光。

3. 托叶　是叶柄下方的附着物，其形状和作用随植物种类的不同而异，如棉花的托叶为三角形，梨的托叶为线状，豌豆的托叶大，卵形，具有光合作用的功能（图 3-32）。

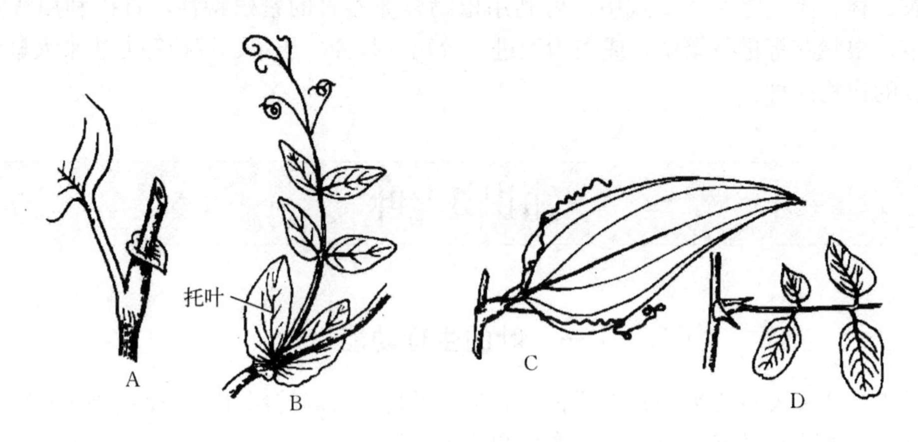

图 3-32　各种形状的托叶

A. 一种廖科植物的托叶鞘　B. 豌豆的托叶　C. 一种菝葜属植物的卷须形托叶　D. 刺槐的针刺形托叶

（贺学礼，2007. 植物学）

禾本科植物的叶与一般叶不同，它由叶片和叶鞘两部分组成（图 3-33）。叶片呈线形或带形，纵列平行脉序。叶鞘狭长而抱茎，具有保护、输导和支持功能。有些植物的叶片和叶鞘相连部位的内方，有膜质片状的叶舌，在叶舌两旁有一对突起的叶耳。叶舌和叶耳的形状、大小、色泽以及有无，常为鉴定禾本科植物的依据之一。

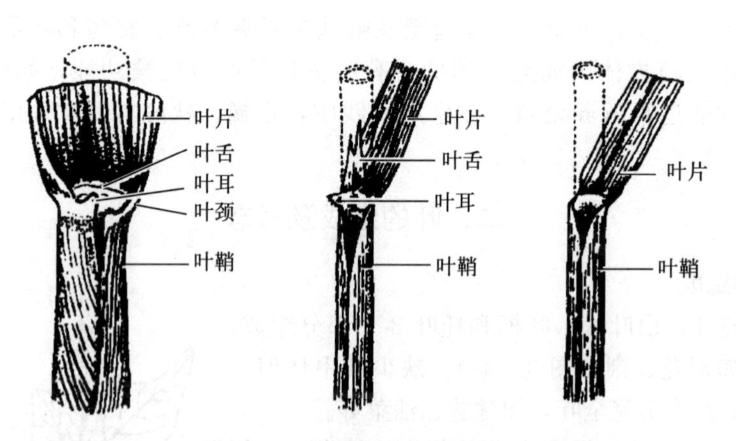

图 3-33　几种禾本科植物的叶

（贺学礼，2007. 植物学）

（二）叶片的形状

叶片的形状随植物种类不同，相差很大。

叶片的形状以叶片的几何形状为基础，加长度与宽度的比例及最宽处所在的位置来确定，如榆树、杏树的叶为卵形，鸢尾、菠萝的叶为剑形（图 3-34）。

叶片的形状虽变化很大，但每一种植物仍有一定的形状，所以叶片是鉴定植物的依据之一。

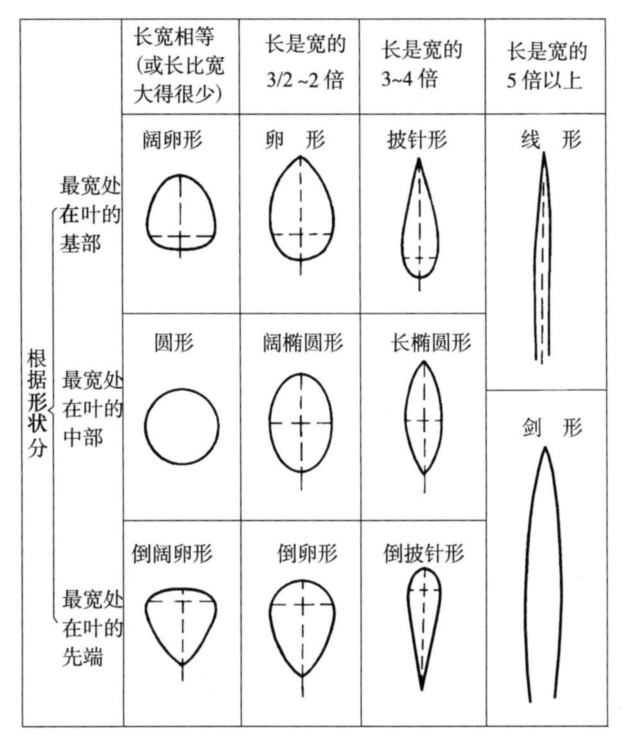

图 3－34　叶片整体形状

（朱念德，2006）

（三）叶缘与叶裂

叶片的边缘称为叶缘。叶缘完整无缺的，称为全缘，如甘蔗；叶缘像锯齿形的，称为锯齿缘，如桃树；叶缘牙齿形的，称为牙齿缘，如桑树；叶缘凹凸像波浪形的，称为波状缘，如茄（图 3－35）。

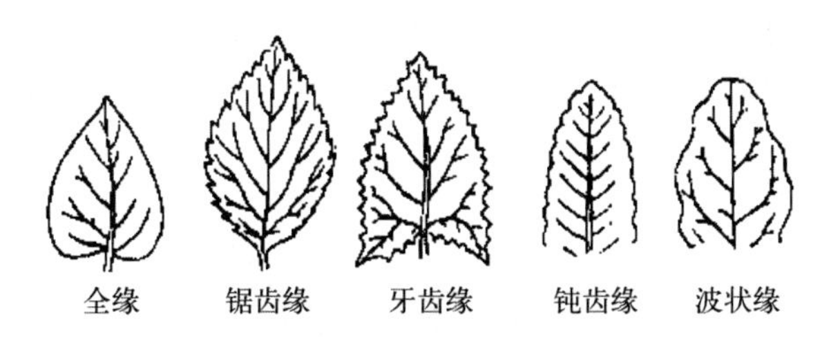

图 3－35　叶缘的基本类型

（李名扬，2008. 植物学）

如果叶缘凹凸很深，称为叶裂。叶裂具有一定的形式，可分为羽状和掌状两种，每种又可分为浅裂、深裂和全裂 3 种。

叶裂不到或仅达叶片宽度一半时，称为浅裂，如油菜、棉花；叶裂超过叶片宽度一半而不到中脉或基部时，称为深裂，如蒲公英、蓖麻、葎草等；叶裂深达中脉或基部的，称为全裂，如木薯、马铃薯等（图 3－36）。

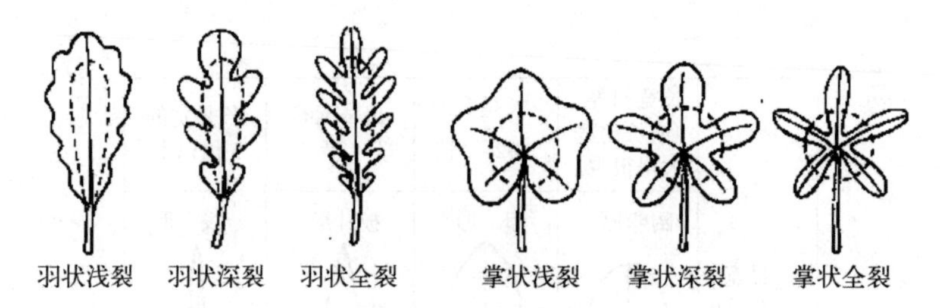

图 3-36　叶裂的基本类型
（注：图中虚线为叶片一半的界线）
（贺学礼，2007. 植物学）

（四）叶脉的类型

根据叶脉在叶片上的分布方式，叶脉可分为网状脉和平行脉两种类型（图 3-37）。

1. 网状脉　叶片上有一条或数条明显中脉，由中脉分出较细的侧脉，由侧脉再分出更细的小脉（也称细脉），各小脉交错连接成网状，称为网状脉。双子叶植物一般为网状脉。凡侧脉由中脉向两侧分出，排成羽状的，称为羽状网脉，如桃树、板栗等；如数条中脉汇集于叶柄顶端，开展如掌状的，称为掌状网脉，如葡萄、棉花等。

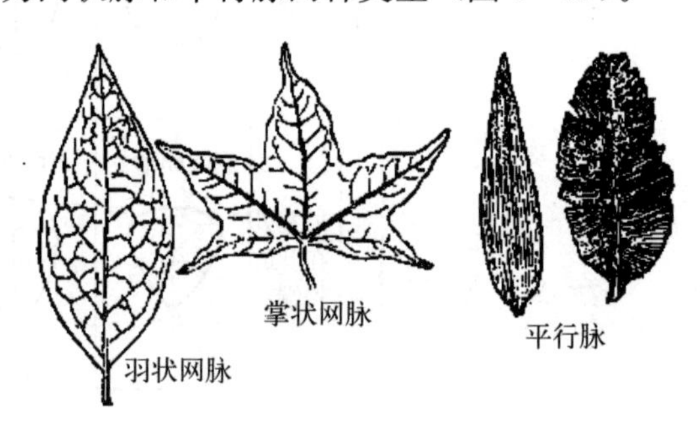

图 3-37　叶脉的类型
（贺学礼，2007. 植物学）

2. 平行脉　叶片中央有一条中脉，中脉两侧有许多侧脉，它们相互平行或近于平行，称为平行脉。单子叶植物一般为平行脉。平行脉又可分为直出平行脉（如水稻、小麦）、弧状脉（如车前、玉簪）、横出脉（如香蕉、美人蕉）和射出脉（如棕榈、蒲葵）4 种。

（五）单叶和复叶

一个叶柄上所生叶片的数目，因植物不同而异，可分为单叶和复叶。

1. 单叶　一个叶柄上只生一个叶片，如棉花、桃树和油菜。

2. 复叶　有两个至多个叶片生于一个总叶柄（总叶轴）上。根据小叶数目及其着生方式，复叶可分为以下几种类型（图 3-38）。

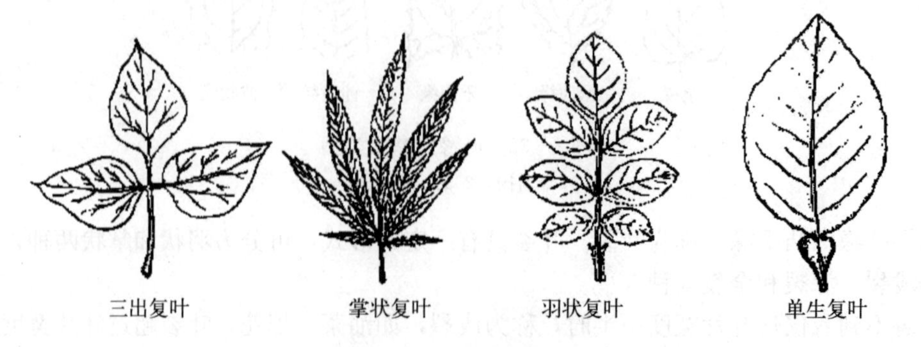

图 3-38　复叶的类型
（李慧，2012. 植物基础）

（1）羽状复叶　小叶排列在总叶柄的两侧呈羽毛状。如果顶生小叶存在，小叶数目为单数，称为奇数羽状复叶，如槐树；如果顶生小叶缺，小叶数目为双数，则称为偶数羽状复叶，如花生。总叶轴的两侧有羽状排列的分枝，分枝上再生羽状排列的小叶，称为二回羽状复叶，依此又有三回羽状复叶和多回羽状复叶。

（2）掌状复叶　小叶都生于总叶柄的顶端，呈掌状排列，如七叶树、大麻等。

（3）三出复叶　仅有 3 片小叶生于总叶柄上。如果 3 片小叶都生于总叶柄顶端，称为掌状三出复叶，如酢浆草。如果总叶柄顶端只生 1 片小叶，另外 2 片小叶在离开总叶柄顶端一段距离的两侧相对而生，称为羽状三出复叶，如大豆。

（4）单生复叶　相当于羽状三出复叶两个侧生小叶退化而成，在总叶柄与顶生小叶连接处有一明显的关节，如柑橘。

（六）叶序

叶在茎上着生的方式称为叶序。叶序可分以下几种类型（图 3－39）。

1. 互生　每个节上只生 1 片叶，如小麦、桃树、向日葵等。

2. 对生　每个节上相对而生 2 片叶，如芝麻、薄荷、丁香等。

3. 轮生　每个节上有 3 片或 3 片以上叶呈轮状着生，如夹竹桃、茜草等。

4. 簇生　叶着生在节间极度缩短的枝条上，如银杏、落叶松短枝上的叶。

5. 基生　整个茎或仅茎下部的节间极度缩短，形似从根上长出许多叶。这种叶序在草本植物中常见，如车前、白菜、荠菜。相对于基生叶，其茎上部正常节上的叶称为茎生叶。

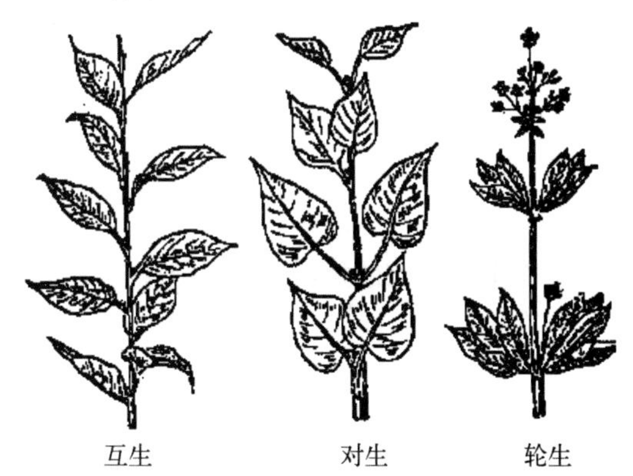

图 3－39　叶序的类型
（贺学礼，2007. 植物学）

有的植物如向日葵，在同一植株上可发生两种叶序，其下部为对生，上部却为互生。

在各种叶序中，一般下部叶柄较长，上部叶柄较短；而且相邻部位节上的叶，排列方向不同，叶柄还可以转动，使同一枝条上的叶互不重叠，彼此镶嵌排列，可充分接受阳光，这种现象称为叶镶嵌。

三、叶片的结构

（一）双子叶植物叶片的结构

一般双子叶植物的叶片由表皮、叶肉和叶脉 3 个部分组成。图 3－40 为棉花叶经主脉的部分横切面。

1. 表皮　为保护组织，有上下表皮之分。表皮通常由一层细胞组成，但也有多层细胞的，称为复表皮，如夹竹桃、印度橡皮树。叶片的表皮由表皮细胞、气孔器以及排水器、表皮附属物等组成。

（1）表皮细胞　一般是形状不规则的扁平细胞，无色透明，不含叶绿体，侧壁凸凹镶嵌，彼此紧密嵌合。表皮细胞在横切面上呈长方形或近方形，外壁较厚，角质化并具角质膜，有的还有蜡被。叶片角质膜和蜡被的存在可以防止水分过度蒸腾和病菌的侵入，起到更

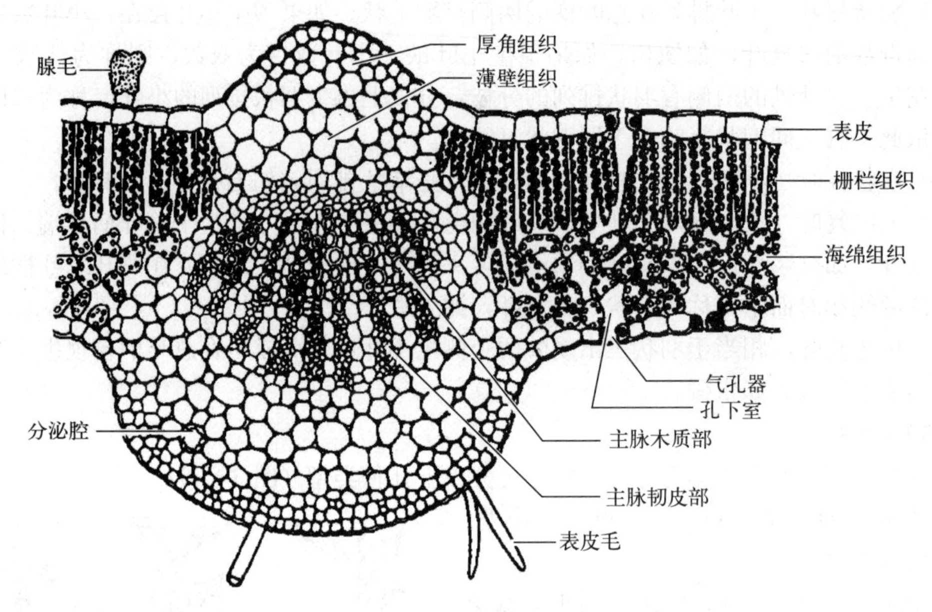

图 3-40　棉花叶经主脉的部分横切面

（徐汉卿，2000. 植物学）

好的保护作用。有的植物表皮细胞内含花色素，使叶片呈红、紫、蓝等颜色。图 3-41 为双子叶植物叶表皮。

（2）气孔器　叶表皮上有许多气孔器，分布在表皮细胞之间，是叶片与外界进行气体交换和蒸腾作用的通道。气孔器是由两个肾形的保卫细胞围合而成，两个保卫细胞之间的间隙称为气孔。

保卫细胞的细胞壁厚薄不均，一般与表皮细胞相接的一面较薄，气孔处较厚。保卫细胞的原生质体与一般表皮细胞不同，有丰富的细胞质、明显的细胞核、较大的叶绿体和淀粉粒，这些都与气孔开闭的自动调节有关。当保卫细胞吸水膨胀时，靠气孔一面的壁较厚，扩张较少，而其他面的壁较薄，扩张较多，致使两个保卫细胞呈相对弯曲状，导致气孔张开。而当保卫细胞失水时，膨压降低，保卫细胞恢复原状，气孔关闭。

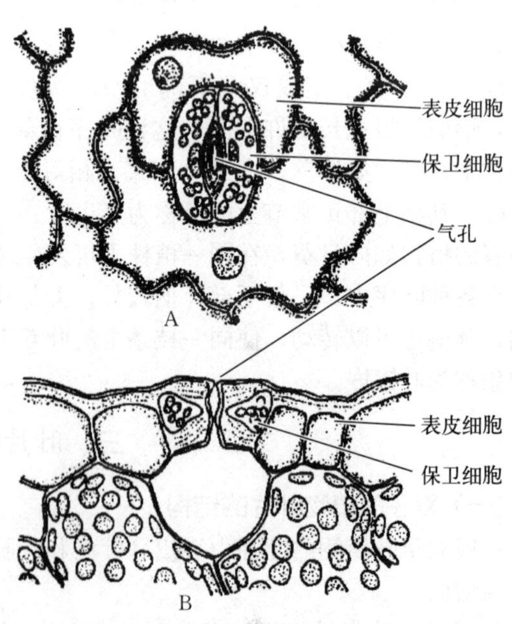

图 3-41　双子叶植物叶表皮（示表皮细胞和气孔器）

A. 表皮顶面观　B. 叶横切面的一部分

（李扬汉，1978. 植物学）

（3）排水器　分布于某些植物的叶尖和叶缘，一种排出水分的结构（图 3-42）。

排水器由水孔和通水组织构成。水孔与气孔相似，但它的保卫细胞分化不完全，没有自动调节开闭的作用。排水器内部有一群排列疏松的小细胞，与脉梢的管胞相连，称为通水组

织。在温暖的夜晚或清晨，空气相对湿度较大时，叶片的蒸腾微弱，植物体内的水分就从排水器溢出，在叶尖或叶缘形成水滴，这种现象称为吐水。吐水现象是根系吸收作用正常的标志。

（4）表皮附属物　有的植物其叶表皮上有许多表皮毛，它是表皮细胞向外突出分裂形成的。表皮毛的种类很多，常随植物种类而不同，有单细胞构成的，有多细胞构成的，有的呈分枝状，有的呈星形或鳞片状。此外，有的叶片表皮上还具有分泌黏液、挥发油等物质的腺毛。

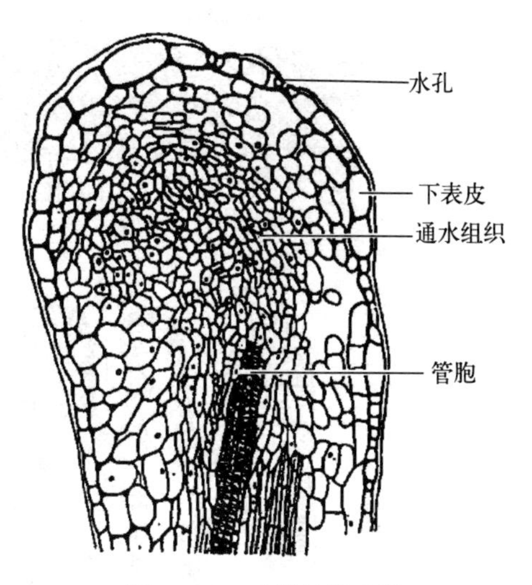

图 3－42　叶缘的排水器
（李扬汉，1984. 植物学）

2. 叶肉　叶肉是叶片内最发达也最重要的组织，由含有许多叶绿体的薄壁细胞所组成，是绿色植物进行光合作用的主要场所。在多数双子叶植物叶片中，叶肉细胞分化为栅栏组织和海绵组织两部分。具有这种结构的叶，称为背腹叶，也称异面叶。有些植物的叶着生于茎上，与茎所形成的夹角小而近于直立状态，这种叶片的两面受光几乎均等，所以叶肉细胞没有栅栏组织和海绵组织的分化，或上下两面同样具有栅栏组织，这种叶称为等面叶。

栅栏组织位于上表皮之下，细胞一层至数层，呈圆柱状，其长轴与表皮呈垂直方向排列，整齐如栅栏状。栅栏组织细胞中含叶绿体较多，因此叶片的上表面颜色较深，光合能力较强。

海绵组织位于下表皮和栅栏组织之间，细胞呈不规则形状，细胞内含叶绿体较少，排列疏松，细胞间隙发达。在气孔内方形成较大的空腔，称为气孔下室。它们与栅栏组织、海绵组织的细胞间隙相连，构成叶片内部的通气系统，并通过气孔与外界相通，以适应气体交换。

3. 叶脉　叶脉分布在叶肉组织中，呈网状，起支持和输导作用。叶脉的内部结构随叶脉的大小而不同。主脉和大的侧脉常由维管束及机械组织、薄壁组织组成。机械组织位于叶脉上下近表皮处，有厚角组织、厚壁组织，特别是叶片背面的尤为发达，因此主脉和大的侧脉在叶片的背面常明显突出。机械组织内方为薄壁组织，维管束则位于薄壁组织内。维管束中木质部在上，韧皮部在下，二者之间还有较少的形成层，但分裂活动弱，时间短。

随着叶脉逐渐变细，结构也愈来愈简单。首先是形成层消失，机械组织减少，以至完全消失。其次是木质部和韧皮部的细胞也逐渐减少，到叶脉末梢，木质部中仅有几个螺纹管胞，韧皮部中只有筛管分子或薄壁细胞。在电子显微镜下观察发现，许多草本双子叶植物脉梢处常具传递细胞，有利于短途运输光合产物和水。

（二）单子叶植物叶片的结构

禾本科植物是单子叶植物一大科，单子叶植物叶片的结构以禾本科植物为代表。禾本科植物叶片也具有表皮、叶肉和叶脉 3 个基本部分，但各部分都有别于双子叶植物叶片（图 3－43）。

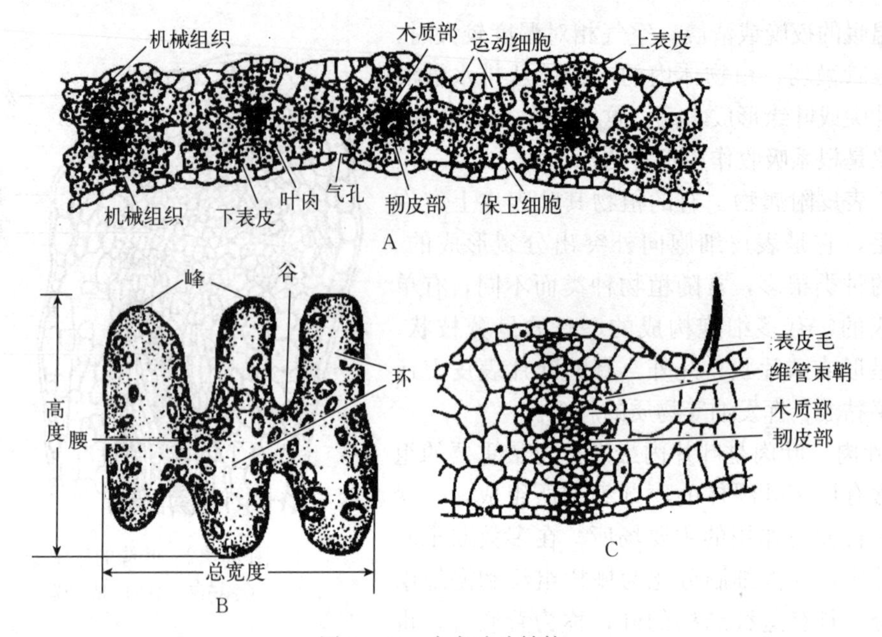

图 3-43 小麦叶片结构

A. 叶片横切面一部分 B. 一个叶肉细胞 C. 一个维管束（叶脉）横切面

（李名扬，2008. 植物学）

1. 表皮

（1）表皮细胞 形状比较规则，排列成行，常包括两种类型的细胞，即长细胞和短细胞。长细胞为长方柱形，长径和叶片的方向一致，细胞外壁不仅角质化，并且高度矿质化，形成了硅质和栓质的乳突。短细胞又分为硅质细胞和栓质细胞两种。

禾本科植物的叶片，往往质地坚硬，这与表皮中存在的硅质细胞有关，对于增强抗病虫害和抗倒伏的能力有一定的适应意义。农业生产上施用硅酸盐或采用无病的稻草还田等措施，均有利于细胞的硅化。栓质细胞是一种细胞壁栓化的细胞，常含有有机物质。在表皮上，往往是一个长细胞和两个短细胞（即一个硅质细胞和一个栓质细胞）交互排列，有时也可见多个短细胞聚集在一起（图 3-44）。

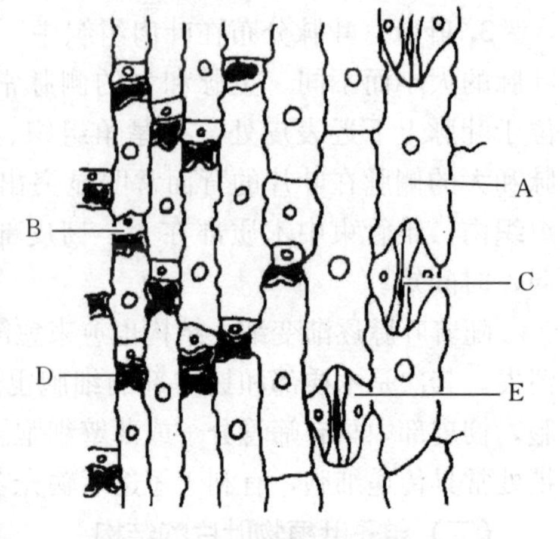

图 3-44 玉米叶片下表皮顶面观

A. 长细胞 B. 栓质细胞 C. 保卫细胞 D. 硅质细胞 E. 副卫细胞

（方炎明，2008. 植物学）

（2）气孔器 禾本科植物叶片的上、下表皮上都有气孔器，呈纵行排列。它除由两个哑铃形的保卫细胞和气孔组成外，在其外侧还有一对近似菱形的副卫细胞（图 3-45）。保卫细胞中部狭窄，壁厚；两端膨大，壁薄。气孔的开闭是保卫细胞两端薄壁部分胀缩变化的结果。当吸水膨胀时，薄壁的两端膨大，互相撑开，于是气孔开放；失水时，两端收缩而使中间部分靠合，气孔关闭。禾本科植物的叶片上、下表皮的气孔数目近乎相等，这个特点是与叶片比较直立，没有背腹结构有关。但是，气孔在近叶尖和叶缘的部分分布较多。气孔多的地方，

有利于光合作用，也增强了蒸腾失水，所以水稻秧田，有时把叶尖割掉，以减少失水。

（3）泡状细胞　是在上表皮上通常分布于两个维束管之间的一些特殊的大型薄壁细胞。在横切面上，由数个泡状细胞排列略呈扇形，中间的细胞较大，两侧的细胞较小。泡状细胞有较大的液泡，其失水与叶片的卷曲和开张有关，当气候干燥时泡状细胞失水而收缩，叶片卷曲，以减少蒸腾；天气湿润时，蒸腾减少，它又吸水膨胀而使叶面展开。因此，泡状细胞又称为运动细胞。气孔、排水器和泡状细胞往往是病菌侵入的途径。

2. 叶肉　禾本科植物叶片的叶肉没有栅栏组织和海绵组织的分化，属于等面叶。小麦、水稻的叶肉细胞排列为整齐的纵行，细胞间隙小，细胞壁向内皱褶，形成具有“峰、谷、腰、环”的结构（图 3-43），这有利于接受更多的二氧化碳和光照，进行光合作用。当相邻叶肉细胞的“峰”“谷”相对时，可使细胞间隙加大，便于气体交换。小麦叶肉细胞的环数随叶位上升而增加，旗叶的叶肉细胞比低叶位的叶肉细胞短而宽，环数增多，光合面积与胞间隙增大，从而提高了旗叶的光合效率。

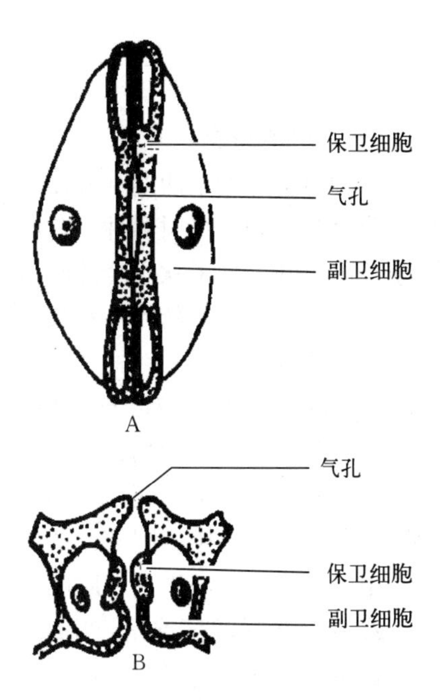

图 3-45　水稻的气孔器

A. 顶面观　B. 侧面观（气孔器中部横切面）

（贺学礼，2007. 植物学）

3. 叶脉　禾本科植物的叶脉为平行脉，由维管束及其外围的维管束鞘组成。维管束与茎内维管束相似，为有限外韧维管束。在维管束外围有一层（薄壁细胞）或两层（薄壁细胞和厚壁细胞各一层）排列整齐的细胞包围，组成维管束鞘（图 3-46）。维管束鞘的细胞层数在禾本科植物划分亚科时有参考意义。维管束鞘细胞的内部结构以及维管束鞘和其周围叶肉细胞的排列状态与光合作用的效率有很大关系。

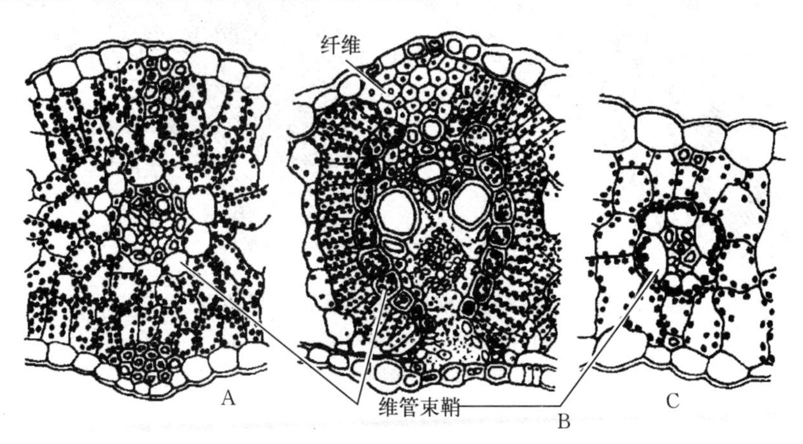

图 3-46　几种禾本科作物叶片横切面的一部分

A. 小麦叶片（C_3 植物）（示大小两层细胞组成的维管束鞘）

B. 苞茅属一种（C_4 植物）（示维管束鞘与其外围的一层叶肉细胞形成“花环结构”）

C. 玉米（C_4 植物）（示由一层细胞组成的维管束鞘，其细胞中含较大的叶绿体）

（王建书，2008. 植物学）

四、叶的衰老与脱落

(一) 叶的寿命

各种植物叶的生活期（寿命）不同，草本植物叶的寿命只有一个生长季。多年生木本植物，分落叶树和常绿树两种。落叶树如桃、李、梨、苹果等，它们的叶只有一个生长季，春夏季长出新叶，到了秋季全部脱落。常绿树如松、柏、柑橘等，它们的叶的寿命为一年至数年，老叶不断脱落，新叶不断长出，因而终年常绿。

(二) 落叶

1. 落叶的意义 落叶是植物对不良环境（如低温、干旱）的一种适应性，对植物提高抗性具有积极意义。例如，冬季气候寒冷，土壤结冻，根部不能吸收到足够的水分，叶的存在就会引起植物缺水而死亡，落叶则可以避免这种现象的发生。同时，落叶还可排除废物，起到一定的更新作用。因此，落叶对植物并不是一种损失，而是正常的生命现象。但栽培作物，由于干旱、光照不足等原因而引起的大量落叶，则对植物生长是不利的。

2. 落叶的过程 首先，叶绿素加速解体，使叶黄素、胡萝卜素的颜色显现出来，叶片变成黄色（有些植物形成大量的花色素，叶片变成红色），叶内的营养物质很快分解转移到其他器官。接着，叶柄基部的几层细胞的细胞壁发生化学变化，使纤维素和果胶质分解，称为离区。在重力或风雨的作用下，叶很容易从离区断裂而脱落。叶脱落后，伤口表面的几层细胞木栓化，成为保护层（图 3－47）。以后，保护层又被下面发育的周皮所取代，并与整个茎的周皮相连。

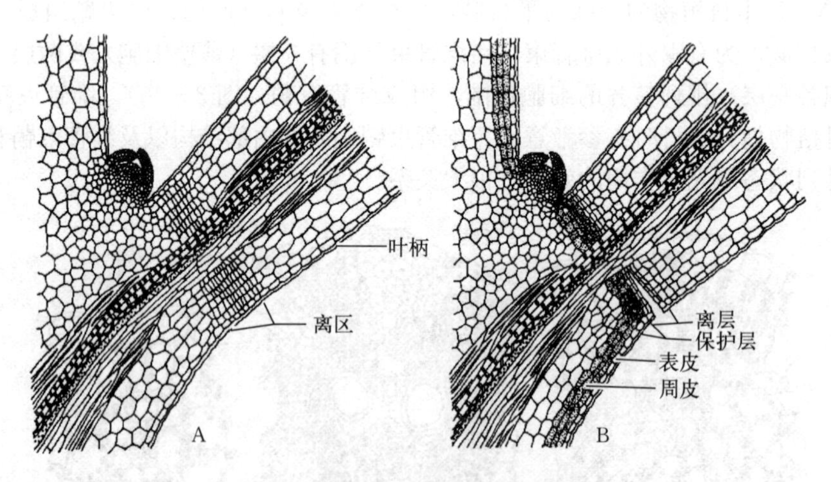

图 3－47　落叶前后形成的离区和保护层

A. 离区的形成　B. 离层和保护层的形成

（陈忠辉，2007. 植物与植物生理）

五、叶的特性在园林绿化中的应用

植物是园林绿化的基础材料和主题，具有美化环境、净化空气和陶冶情操的作用。园林植物除本身在大小、形态等方面有着变化以外，还具有明显的季相特点。因此，一方面可以利用树木外形、结构和叶片色彩的丰富多变将植物进行有意识的配置；另一方

面，每种植物本身叶色的变化是极其丰富的，尤其是彩叶树种，其叶色常因季节的不同发生明显变化，这些变化在园林造景中起着举足轻重的作用，如青皮槭、茶条槭、黄栌、枫香等。

知识4 植物营养器官的变态

以上讲述了大多数被子植物营养器官的一般形态、结构和生理功能。但有些植物的营养器官，由于长期适应某种特殊的环境条件，在形态、结构及生理功能上发生了显著变异，并成为该种植物的遗传特性，这种变异称为变态。变态不是病态，而是一种健康、正常的现象。下面介绍常见的植物营养器官的变态类型。

一、根的变态

（一）贮藏根

贮藏根通常生于地下，富含薄壁组织，贮藏大量养分。

1. 肉质直根 常见于二年生或多年生的草本双子叶植物，主要由主根发育而成，所以每株植物只有一个肉质直根，如萝卜、胡萝卜和甜菜、人参等，这些植物的营养主要贮藏在根内。肉质直根的上部由下胚轴发育而成，这一部位没有侧根发生；下部由主根基部发育而成，具有二纵列或四纵列侧根（图3-48）。

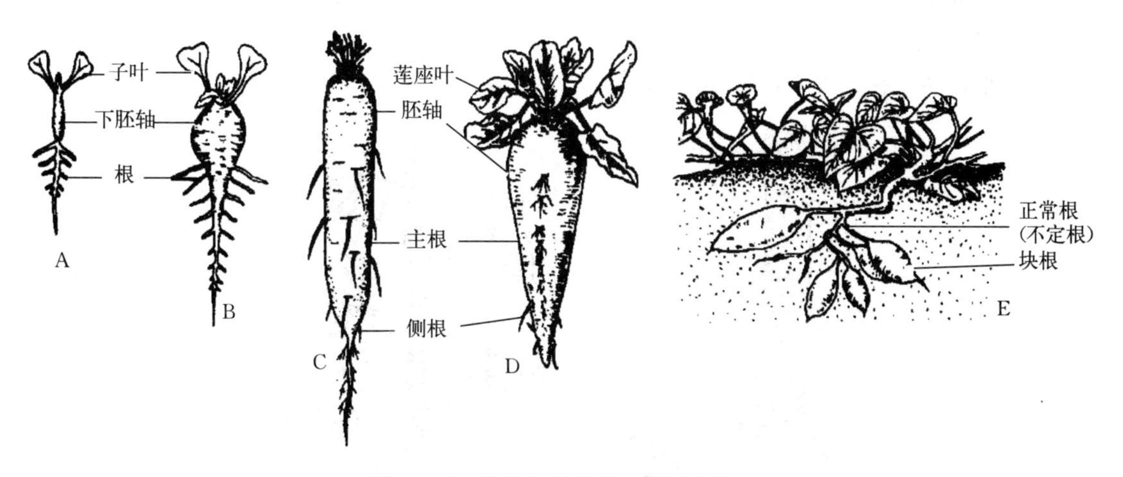

图3-48 几种肉质直根、块根的形态

A～B. 萝卜肉质直根的发育及外形 C. 胡萝卜肉质根 D. 甜菜的肉质根 E. 甘薯的块根与正常根

（郑湘如等，2006. 植物学）

萝卜根的增粗主要是形成层活动的结果，产生的次生木质部比次生韧皮部发达。在木质部中又以木薄壁组织最发达，所占比例较大，贮藏大量养料，导管相对较少，没有纤维。有些部位的木薄壁细胞可以恢复分裂能力，转变成副形成层，由副形成层再产生三生木质部和三生韧皮部，共同构成三生结构。次生韧皮部不发达，它与外面的周皮构成肉质直根的皮部。

胡萝卜的增粗主要是形成层活动形成大量次生韧皮部的结果。其中，韧皮组织非常发达，贮藏大量养分，而木质部居中，仅占很小比例（图 3-49、图 3-50）。

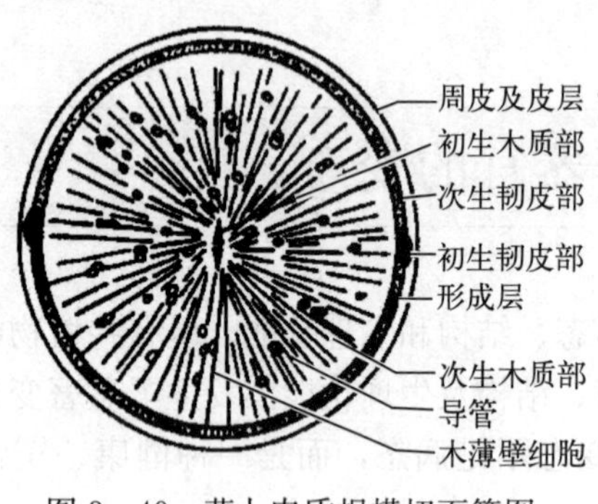

图 3-49　萝卜肉质根横切面简图

（强胜，2008. 植物学）

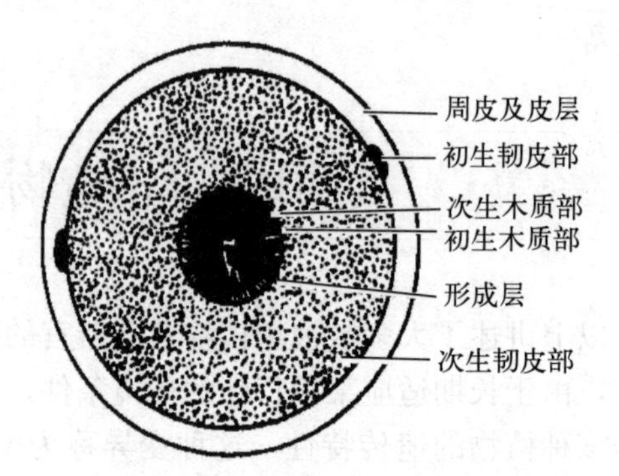

图 3-50　胡萝卜贮藏根横切面简图

（强胜，2008. 植物学）

2. 块根　由不定根（营养繁殖的植株）或侧根（实生苗发育的植株）经过增粗生长而形成，在一株植物上可形成多个块根，其外形也不如肉质直根规则，如甘薯、大丽花、麦冬（图 3-48）。

甘薯在栽插后 20～30 d，其不定根即开始膨大。开始是形成层活动产生次生结构，其中有大量木薄壁组织和分散在其中的导管。以后，在许多导管周围的木薄壁细胞，恢复分生能力转变为副形成层，相继产生块根的三生结构。在三生结构的薄壁细胞中贮藏大量糖分和淀粉，在韧皮部中还有乳汁管。副形成层可多次发生而使块根不断膨大。

（二）气生根

气生根常生长在空气中，因功能不同分以下几类（图 3-51）。

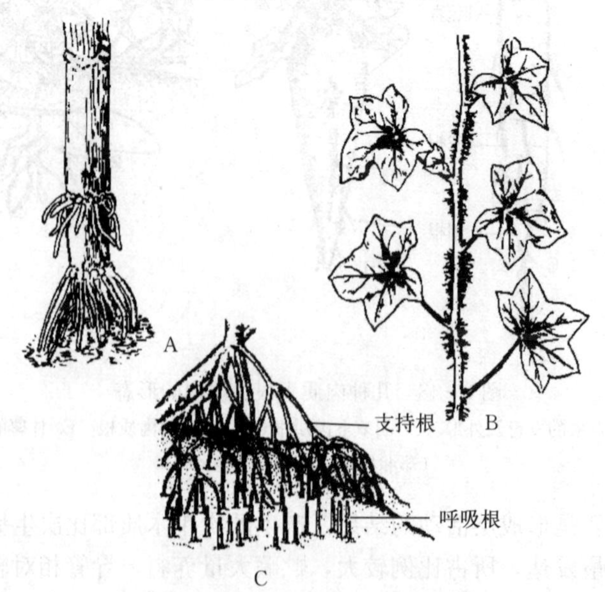

图 3-51　几种植物的气生根

A. 玉米的支持根　B. 常春藤的攀缘根　C. 红树的支持根和呼吸根

（陈忠辉，2007. 植物与植物生理）

1. 支持根　有些植物，如玉米、甘蔗等常从近地面的茎节上生出不定根伸入土中，并继续产生侧根，成为支持植物体的辅助根系，因此称为支持根。培土和施肥可促进不定根发生。此外，在榕树的树干上，也可产生多数不定根，这些根向下生长，穿入土中，并能通过次生生长逐渐增粗。

2. 攀缘根　有些藤本植物，如凌霄、常春藤等植物的茎细长柔弱，不能直立，从茎的一侧产生许多不定根，这些根的根端扁平，易固着在其他树干、山石或墙壁等物体的表面而攀缘上升，称为攀缘根。

3. 呼吸根　存在于一些生长在沼泽或热带海滩地带的植物，如水松、红松等，由于它们生长在泥水中，呼吸十分困难，因而有部分根垂直向上生长，进入空气中进行呼吸，称为呼吸根。呼吸根内部常有发达的通气组织。

（三）寄生根

有些寄生植物如菟丝子的茎缠绕在寄主茎上，形成不定根变为吸器，伸入寄主体内，与寄主的维管组织相连通，吸取寄主的水分和有机养料供自身生长发育所需（图 3－52、图 3－53）。

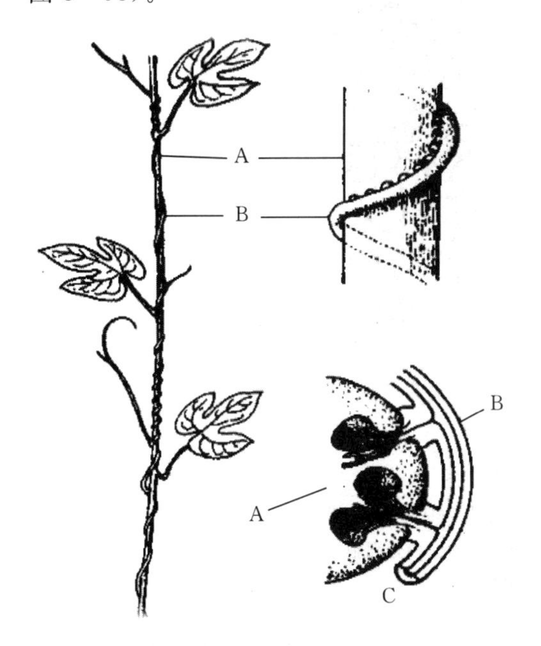

图 3－52　菟丝子的寄生根

A. 寄主　B. 菟丝子茎　C. 寄生根图解

（陈忠辉，2007. 植物与植物生理）

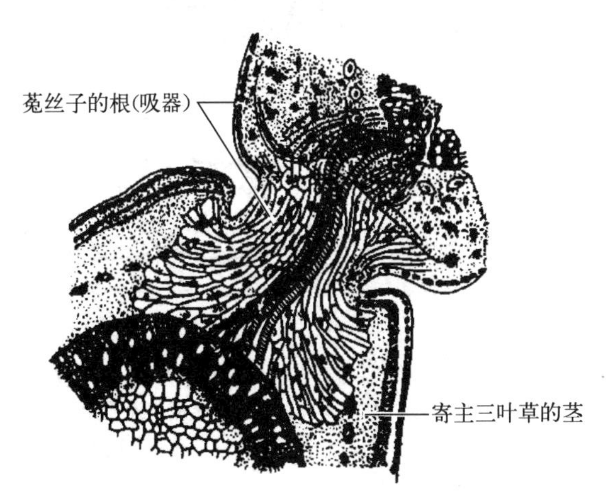

图 3－53　菟丝子寄生根纵切面

（刘仁林，2008. 植物学）

二、茎的变态

（一）地下茎的变态

地下茎均为变态茎，常见的有以下几种类型。

1. 块茎　是节间缩短的变态茎。最常见的块茎是马铃薯（图 3－54），它是由地下茎的先端膨大并积累养料所形成的。块茎的顶部有一个顶芽，四周有许多凹陷，称为芽眼，它相当于节的部位，幼时具退化的鳞叶，后脱落。块茎上的芽眼呈螺旋状排列，每个芽眼内有几个芽。块茎的内部结构由外至内分别为周皮、皮层、外韧皮部、形成层、木质部、内韧皮部及髓。

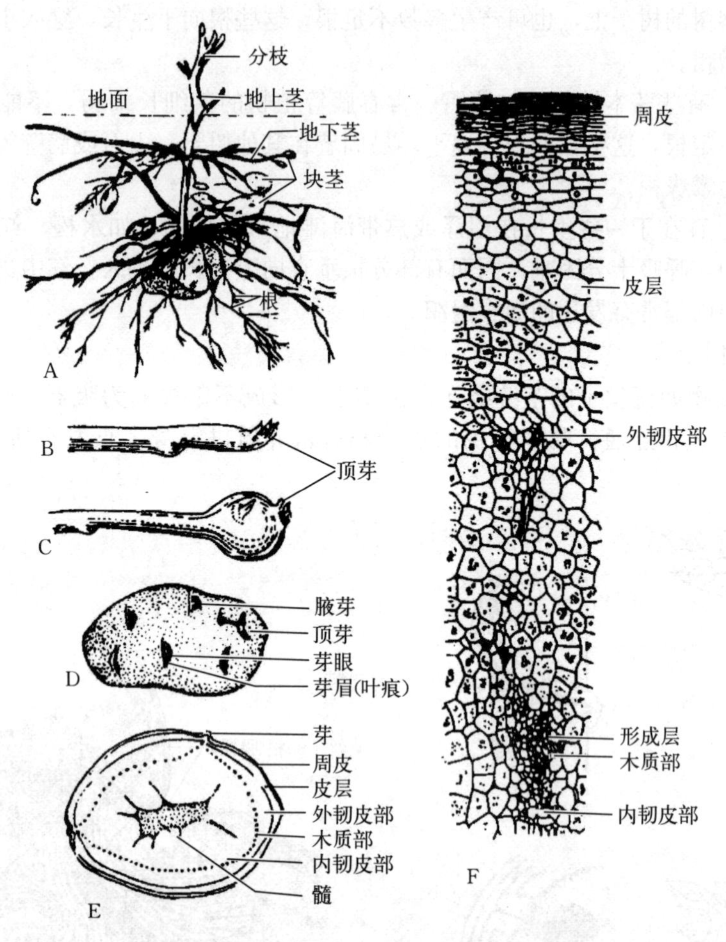

图 3-54　马铃薯的块茎

A. 植株外形　B～D. 地下茎前端积累养料膨大成块茎

E. 块茎横切面简图　F. 块茎横切面的一部分细胞

（朱念德，2006. 植物学）

2. 鳞茎　是节间极度缩短的变态茎。圆葱、大蒜、百合、水仙等单子叶植物都具有鳞茎，并以此作为营养繁殖的器官。圆葱鳞茎基部有一个节间极度缩短的呈扁平状的鳞茎盘，其上部中央生有顶芽，四周有鳞叶层层包裹着（鳞叶为叶的变态），鳞叶的叶腋有腋芽，鳞茎盘下端可产生不定根（图 3-55）。

3. 球茎　是圆球形或扁圆球状的地下茎。荸荠（图 3-56）、慈姑的球茎都是地下匍匐枝先端膨大而成，唐菖蒲则是由主茎基部膨大而成。球茎有明显的节和节间，节上具褐色膜状物，即鳞片，为退化变态的叶，起保护作用。球茎的顶端有顶芽，有时有数个腋芽。

4. 根状茎　外形与根很相似，但横生于土壤中，除顶端有顶芽外，还有明显的节和节间，节上有退化的鳞叶和腋芽。腋芽可长成地上枝，节上还可长出不定根。根状茎贮藏着丰富的营养物质，可生活一年至多年。耕锄时，它们往往被切断，但每一小段的腋芽仍可发育

成新枝，故一般具根状茎的禾本科植物的杂草不但蔓延迅速，而且不易根除。芦苇、白茅、姜、莲、菊芋等都具有不同形状的根状茎（图 3－57）。

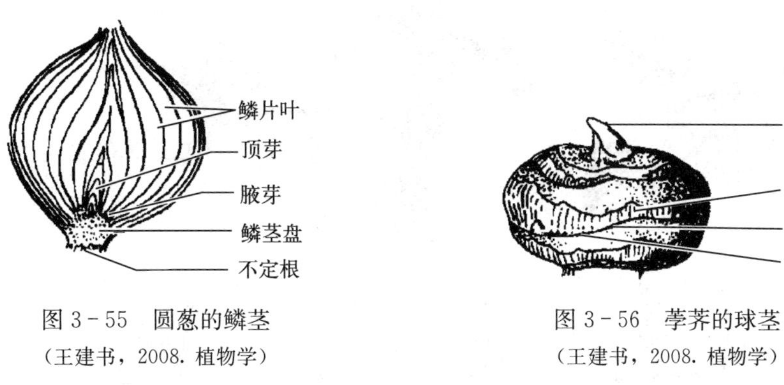

图 3－55　圆葱的鳞茎
（王建书，2008. 植物学）

图 3－56　荸荠的球茎
（王建书，2008. 植物学）

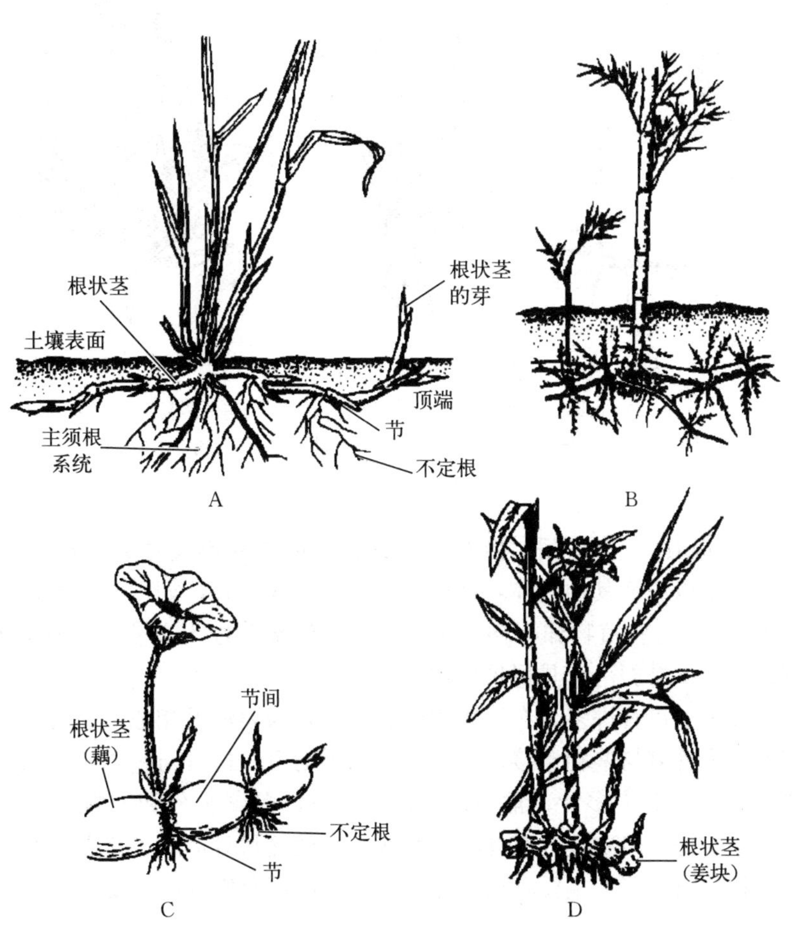

图 3－57　几种根状茎
A. 禾本科杂草　B. 竹　C. 莲　D. 姜
（张淑平，2008. 植物学）

（二）地上茎的变态

地上茎的变态有以下几种类型（图 3－58）。

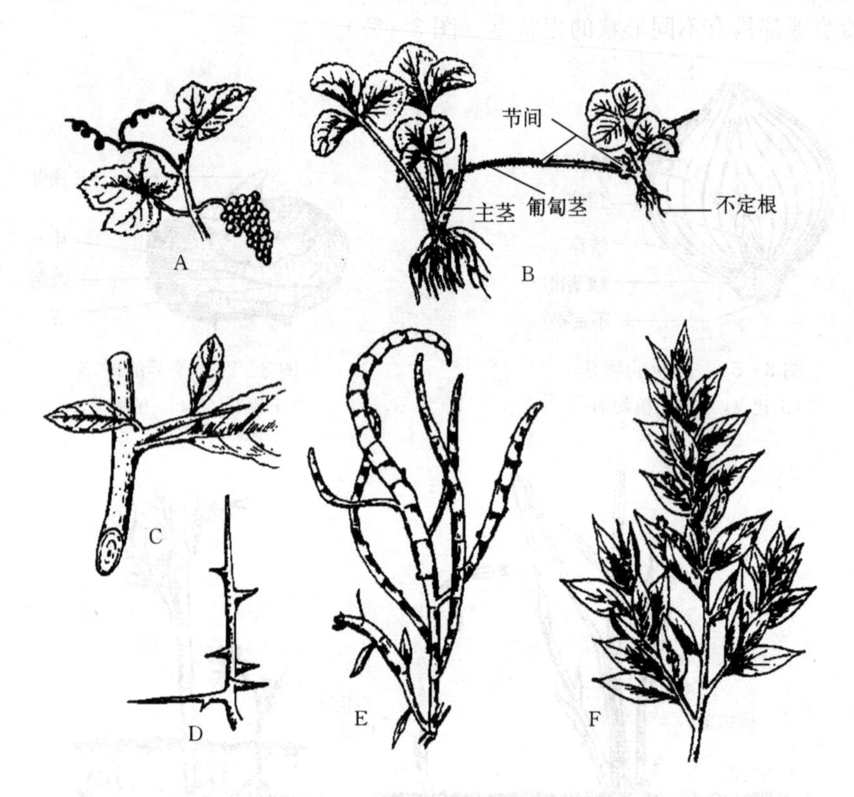

图 3-58　地上茎的变态

A. 葡萄的茎卷须　B. 草莓的匍匐茎　C. 山楂的茎刺
D. 皂荚具分枝的茎刺　E. 竹节蓼的叶状枝　F. 假叶树的叶状枝
（郑湘如等，2006. 植物学）

1. 茎卷须（枝卷须）　有些藤本植物的部分腋芽或顶芽不发育成枝条而变为卷曲的细丝，其上不生叶，用以缠绕其他物体，使植物体得以攀缘生长，如瓜类、葡萄等。

2. 茎刺（枝刺）　有些植物如柑橘、山楂、皂荚的部分地上茎变态为刺，常生于叶腋。它由腋芽发育而成，不易剥落，具保护作用。

蔷薇、月季等茎上也有许多分布不规则的刺，它是与表皮毛相似的表皮突出物，称为皮刺。因它内部没有维管束与茎相连接，所以容易用手掰下，这可与茎刺相区别。

3. 肉质茎　这种茎肥大多汁，常为绿色，不仅可以贮藏水分和养料，还可以进行光合作用。许多仙人掌植物具肉质茎，有球状、块状、多棱柱状等形状，茎上有变成刺状的变态叶。莴苣亦有粗壮的肉质茎，主要食用部分为发达的髓部及周围的韧皮部。

三、叶的变态

叶的变态有以下 4 类（图 3-59）。

（一）苞片（苞叶）

苞片是生于花下面的一种特殊叶，具有保护花和果实的功能，如棉花外面的副萼为 3 片苞片。苞片数多而聚生在花序外围的称为总苞，如菊花、向日葵等菊科植物。

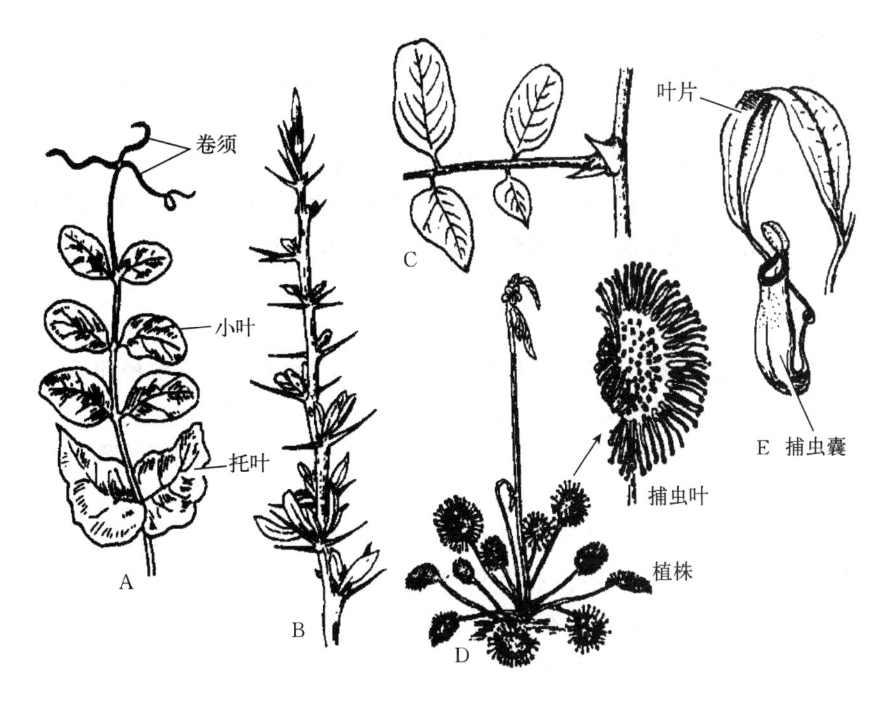

图 3－59　叶的变态

A. 豌豆的叶卷须　B. 小檗的叶刺　C. 刺槐的托叶刺

D. 茅膏菜的植株及捕虫叶　E. 猪笼草的捕虫瓶（叶片前端形成的变态）

（徐汉卿，1996. 植物学）

（二）叶卷须

叶卷须是由叶的一部分变成卷须状，适于攀缘生长，如豌豆复叶顶端的 2～3 对小叶变为卷须。

（三）鳞叶

叶变态成鳞片状，称为鳞叶。一种是鳞芽外面的鳞叶，常具有茸毛和黏液，具有保护幼芽的功能，另外两种是地下茎上的鳞叶，分别有肉质和膜质两种，肉质鳞叶出现在鳞茎上，如圆葱、百合、水仙的鳞茎盘周围着生的许多肉质鳞叶，贮藏着丰富的养料；在肉质鳞叶的外面，还有少量膜质鳞叶，起保护作用。

（四）叶刺

有些植物的叶或叶的某一部分变为刺状，称为叶刺，如仙人掌肉质茎上的刺由叶变成；刺槐、酸枣叶柄基部的一对叶刺由托叶变成。虽然叶刺来源不同，但对植物都具有保护作用。叶刺都有维管束与茎相通。

此外，有少数植物的叶变成捕虫叶，如猪笼草的叶呈瓶状，狸藻的叶呈囊状。它们的叶上具有分泌黏液和消化液的腺毛，能捕捉昆虫并消化其体内的蛋白质加以吸收，此类叶为食虫植物所特有。

四、同功器官与同源器官

根据营养器官的来源或生理功能，将变态器官分为两类，即同功器官和同源器官。凡是来源不同，但形态相似、功能相同的变态器官称为同功器官，如茎刺与叶刺、茎卷须与叶卷须、块茎与块根等。凡是来源相同，但形态各异、功能不同的变态器官称为同源器官，如茎卷须、根状茎和鳞茎。

同功器官和同源器官的形成是由于被子植物在漫长的进化过程中，其营养器官长期处于某种环境条件下，在执行相似的生理功能过程中逐渐发生同功变态；而来源相同的营养器官，在长期适应不同的环境并执行不同的功能过程中则发生同源变态。

单元小结

根具有吸收、合成、贮藏、繁殖、固着和支持等作用。根有主根、侧根和不定根 3 种。根系可分为直根系和须根系。根的初生结构从外到内分为表皮、皮层和维管柱 3 个部分。根的次生结构从外到内分为周皮、韧皮部、形成层、木质部和维管射线等。侧根起源于中柱鞘细胞。

茎具有支持、输导、贮藏、繁殖、光合等生理功能。按茎的生长习性分为直立茎、攀缘茎、缠绕茎和匍匐茎。双子叶植物茎的初生构造自外向内分为表皮、皮层和维管柱 3 个部分；次生构造自外向内包括木栓层、木栓形成层、栓内层、皮层（有或无）、初生韧皮部、次生韧皮部、形成层、次生木质部、初生木质部、髓（有或无）和维管射线。禾本科植物的茎多数没有次生构造，维管束分散排列。

叶的主要功能是光合作用和蒸腾作用。完全叶由叶片、叶柄和托叶组成；禾本科植物的叶由叶片和叶鞘两部分组成。叶有单叶和复叶两类，复叶可分为三出复叶、掌状复叶、羽状复叶和单生复叶。叶脉有两种类型，分别为网状脉和平行脉。叶序有 3 种，分别为互生、对生、轮生。

单子叶、双子叶植物叶的解剖构造都分为表皮、叶肉和叶脉 3 个部分。双子叶植物的叶脉为网状脉，叶肉分为栅栏组织和海绵组织，气孔器的保卫细胞呈半月形；单子叶植物叶的叶脉为平行脉，叶肉没有明显的栅栏组织和海绵组织，气孔器的保卫细胞呈哑铃形，上表皮中有许多扇形排列的泡状细胞（运动细胞）。

植物的营养器官，由于长期适应某种特殊的环境条件，在形态、结构及生理功能上发生了可遗传性的变异，称为变态。

知识拓展：被子植物的营养繁殖

单元三复习思考题

单元四

植物生殖器官的形态结构

知识目标

1. 了解花的发生；了解花与植株的性别；了解雄蕊和雌蕊的发育与结构。
2. 掌握花的组成及花序的类型，以及植物开花、传粉和受精的过程。
3. 掌握果实的特征及主要类型。

技能目标

1. 能利用显微镜观察花药和子房的结构。
2. 会识别种子及果实的类型。

被子植物的生长分为营养生长和生殖生长两个阶段。当植物完成从种子萌发到根、茎、叶形成的营养生长过程之后，便转入生殖生长，即在植物体的一定部位分化出花芽，继而开始开花、传粉、受精，最终形成果实和种子。

由于花、果实和种子与植物的有性生殖有关，故又称为生殖器官。植物借助于生殖，使它们的种群得以延续和发展。果实和种子是被子植物有性生殖的产物，同时也是许多农作物的主要收获对象。所以，学习植物生殖器官的形态、结构和发育的过程，在植物生产中具有十分重要的意义。本单元将分别介绍被子植物花、果实、种子 3 种生殖器官的功能、形态和结构等内容。

知识 1　花

一、花的发生与组成

（一）花芽分化

花芽分化是植物由营养生长阶段转入生殖生长的重要标志。植物在进入花芽分化时，部分芽内的顶端分生组织不再分化成为叶原基，而是形成若干轮的小突起，成为花各部分的原基。将茎尖的分生组织分化形成花或花序的过程，称为花芽分化。大多数植物花芽的分化，是依次按花萼、花冠、雄蕊、雌蕊的顺序进行的（图 4 - 1）。当花的各部分原基形成后，芽的顶端分生组织就不再存在了。

有些植物的花芽只分化成一朵花，如梅、玉兰等。有些植物的花芽在分化过程中产生分枝，分化成许多花而形成花序，如杨树、柳树、泡桐、紫藤等。水稻、小麦、高粱和玉米等禾本科植物的花序形成，一般称为穗分化。

花芽分化的时期因植物的种类和品种而不同，如苹果、梨等落叶果树，大部分在前一年夏季进行，花各部分的原基形成后，花芽转入休眠，翌年早春或春天开花；茶树、山茶等秋冬开花的植物，则在当年夏天分化，无休眠期。

（二）花的组成

一朵典型的花由花柄、花托、花被（花萼、花冠）、雄蕊群、雌蕊群几部分组成（图 4－2）。从形态发生和解剖结构特点看，花是节间极度缩短以适应生殖功能的变态短枝。一朵花中花萼、花冠、雄蕊和雌蕊四部分齐全的称为完全花；缺少其中任何一部分的，称为不完全花。

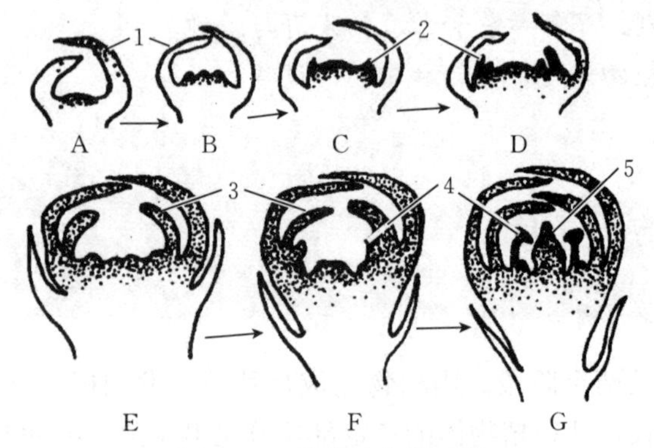

图 4－1　花芽的分化过程

A. 叶芽期　B. 分化初期　C. 花原基分化期　D. 萼片分化期
E. 花瓣分化期　F. 雄蕊分化期　G. 雌蕊分化期
1. 苞叶　2. 花萼　3. 花冠　4. 雄蕊　5. 雌蕊
（李扬汉，1984. 植物学）

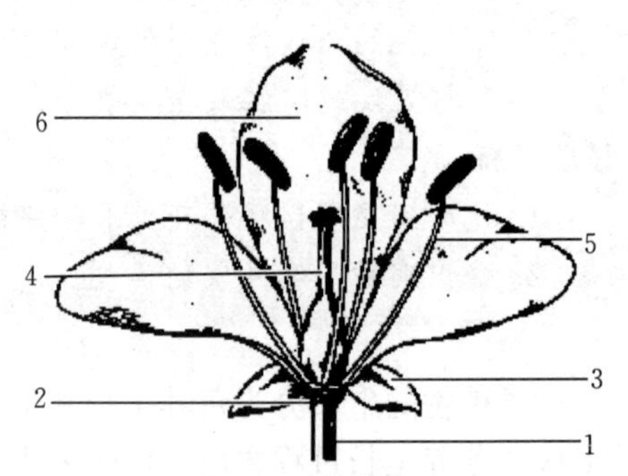

图 4－2　花的组成

1. 花柄　2. 花托　3. 花萼　4. 雌蕊
5. 雄蕊　6. 花冠
（郑汉臣，2008. 植物学）

1. 花柄　是着生花的小枝，不同植物的花柄长短不同，主要起支持和输送作用。

2. 花托　花柄顶端膨大的部分称为花托。花托的形状有多种，有的伸长呈圆柱状，如玉兰、含笑；有的凸起呈圆锥形，如草莓；也有的凹陷呈杯状，如桃、梅、蔷薇；还有的膨大呈倒圆锥形的，如莲。

3. 花萼　是植物花冠外面的绿色被片，在花朵未开放时，起着保护花蕾和光合作用的功能。有的植物花萼大而具彩色，利于昆虫传粉，如一串红、绣球花等；有的植物花萼之外还有一轮绿色瓣片，称副萼，如棉花。花萼一般由若干萼片组成，各萼片之间完全分离的称为离生萼，如油菜、茶树等；彼此连合的称合生萼，如丁香、棉花等。萼片通常在开花后脱落又称落萼，但也有不脱落，随果实一起发育而宿存的称为宿萼，如番茄、柿树、茄等。菊科植物如蒲公英、莴苣等的萼片变成毛状，称为冠毛，有利于果实和种子的传播。

4. 花冠　是一朵花中所有花瓣的总称，位于花萼的上部或内轮，排列成一轮或数轮。多数植物的花瓣，由于细胞内含有花色素或有色体，故呈现鲜艳的颜色，有的还能分泌蜜汁和味道，所以花冠除具有保护雌蕊、雄蕊外，还有招引昆虫传送花粉的作用。

按花瓣的离合情况，花冠可分为离瓣花冠和合瓣花冠两种（图 4 - 3）。

（1）离瓣花冠　一朵花中的花瓣基部彼此完全分离的称为离瓣花冠，这种花称为离瓣花。常见的离瓣花冠有以下几种。

蔷薇形花冠：由 5 个花瓣排列成五星辐射状，如桃、月季、梅、梨等。

十字形花冠：由 4 个花瓣排列成“十”字形，为十字花科植物的特征之一，如油菜、白菜、诸葛菜、萝卜等。

蝶形花冠：花瓣 5 片离生，花形似蝶。花冠外面一片最大的称为旗瓣，两侧的称为翼瓣，最里面的两瓣，顶部稍联合或不联合，称为龙骨瓣，如花生、大豆、紫荆、皂荚等。

（2）合瓣花冠　一朵花的花瓣，全部连合或基部互相连合的，称为合瓣花冠，这种花称为合瓣花。连合的部分称为花冠筒，分离的部分称为花冠裂片。常见的合瓣花冠有以下几种。

唇形花冠：花冠下部合生成管状，上部裂片呈上下两唇，如薄荷、芝麻、紫苏等。

漏斗状花冠：花冠下部合生成漏斗状，如牵牛花、打碗花、甘薯等。

钟状花冠：花冠合生成宽而较短的筒状，上部展开似钟形，如南瓜、桔梗等。

筒状花冠：花冠合生成圆筒状或管状，上下粗细相似，花冠裂片向上伸展，如菊科植物向日葵、菊花等花序中央的盘花。

舌状花冠：花冠筒较短，花冠裂片向一侧延伸成舌状，如菊科植物蒲公英、向日葵花序周边的边花；莴苣花序的花，全为舌状花。

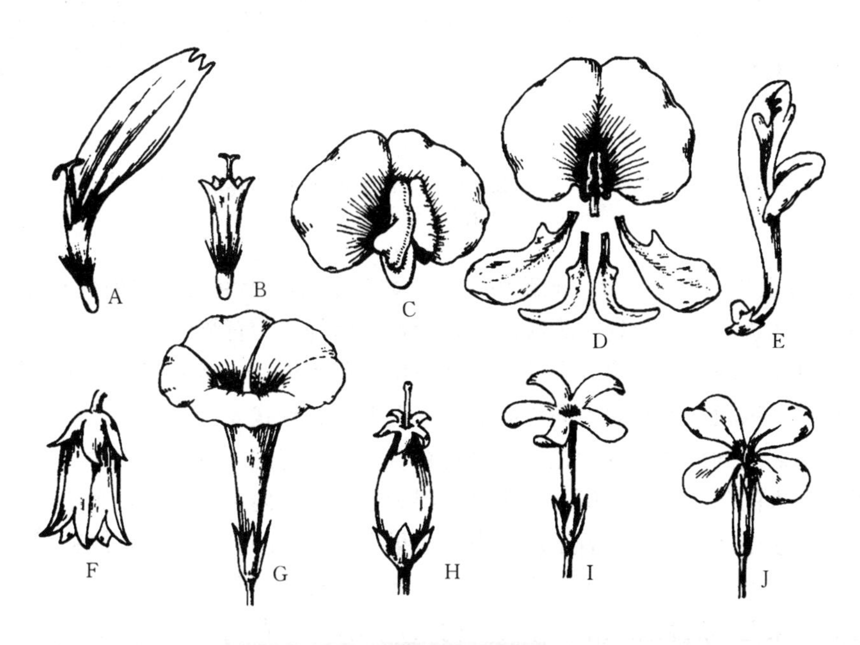

图 4 - 3　花冠的类型

A. 舌状花　B. 管状花　C. 蝶形花　D. 蝶形花解剖　E. 唇形花　F. 钟状花
G. 漏斗形花　H. 壶形花　I. 高脚蝶形花　J. 十字形花

（郑汉臣，2008）

5. 雄蕊　种子植物产生花粉的器官。雄蕊位于花冠的内侧，每个雄蕊由花丝和花药两部分组成，花丝细长，花药着生于花丝的顶端。

雄蕊的数目及类型是鉴别植物的标志之一。雄蕊根据离合情况，有如下类型（图 4-4）。

（1）离生雄蕊　花中全部雄蕊各自分离，如蔷薇、石竹等。典型的类型有以下几种。

二强雄蕊：雄蕊 4 枚，2 长 2 短，如芝麻、泡桐、益母草等。

四强雄蕊：雄蕊 6 枚，4 长 2 短，如萝卜、白菜等。四强雄蕊为十字花科植物所特有。

（2）合生雄蕊：花中各雄蕊形成不同程度的联合，主要的有以下几种类型。

单体雄蕊：雄蕊多数，其花丝下部连合成花丝筒，花丝上部和花药仍相互分离，如木槿、棉花。

二体雄蕊：雄蕊 10 枚，其中 9 枚花丝连合，1 枚单生，如大豆、紫藤。

多体雄蕊：雄蕊多数，花丝基部连合成多束，上部分离，如蓖麻、金丝桃、椴树等。

聚药雄蕊：花丝分离，花药聚合成筒状，如向日葵、菊花、南瓜、凤仙花等。

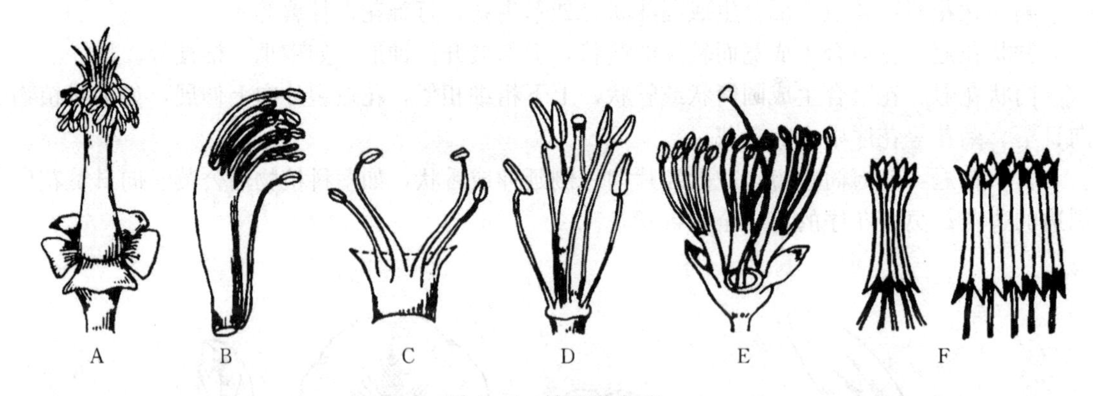

图 4-4　雄蕊的类型

A. 单体雄蕊　B. 二体雄蕊　C. 二强雄蕊　D. 四强雄蕊　E. 多体雄蕊　F. 聚药雄蕊

（赵桂芳，2009）

6. 雌蕊　位于花的中央部分。雌蕊由一个或数个变态叶所组成，这种变态叶称为心皮。心皮卷合时，其边缘相互连合处称为腹缝线，叶片中脉处称为背缝线。

雌蕊包括柱头、花柱和子房 3 个部分。柱头位于雌蕊顶端，略微膨大，是接受花粉的地方。柱头的形状，因植物不同而不同，有头状、羽毛状、盘状等。

柱头与子房之间的部分，称为花柱，是花粉管进入子房的通道。

雌蕊基部膨大的部分称为子房。子房最外层为子房壁，内有一个或几个子房室。每个子房室内有一个至多个胚珠。受精后子房会发育成果实，里面的胚珠则发育成种子。

（1）雌蕊的类型　根据雌蕊中心皮的数目和离合，雌蕊可分为以下几种。

单雌蕊：一朵花中的雌蕊只由一个心皮构成，如大豆、花生、桃、李等。

离生单雌蕊：一朵花中有数个彼此分离的单雌蕊，如木兰、八角、草莓、莲、毛茛等。

合生雌蕊（复雌蕊）：一朵花中有一个由 2 个或 2 个以上心皮合生构成的雌蕊，如柑橘、油菜、梨、棉花、小麦等（图 4-5）。

（2）子房的位置　根据子房在花托上着生的位置和与花托连合的情况，子房可分为以下几种类型（图 4-6）。

上位子房：是指子房仅以底部与花托相连。如果花萼、花冠、雄蕊着生的位置低于子房，称为上位子房下位花，如油菜、牡丹、毛茛、玉兰等。如果花托呈杯状，花被、雄蕊着生于杯状花托的边缘，这种花称为上位子房周位花，如桃、李等。

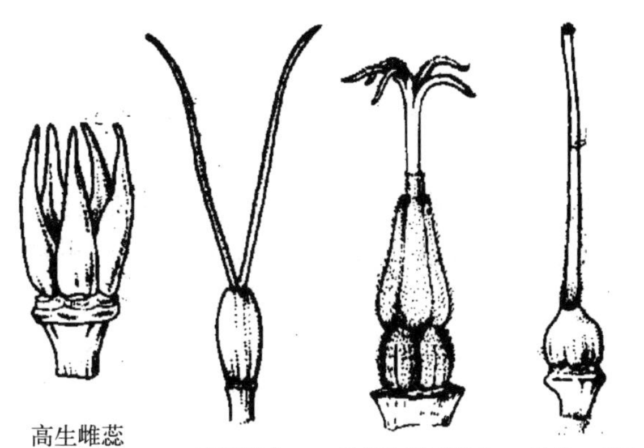

图 4－5　雌蕊的类型

（李慧，2012. 植物基础）

中位子房：子房的下半部陷于杯状花托中，并与花托愈合，上半部仍露在外，花被和雄蕊着生于花托的边缘，称为中位子房，其花称为周位花，如马齿苋、甜菜、菱角等。

下位子房：子房埋于下陷的花托中，并与花托愈合，花的其余部分着生在子房上面花托的边缘，称为下位子房，其花称为上位花，如苹果、梨、南瓜、向日葵等。

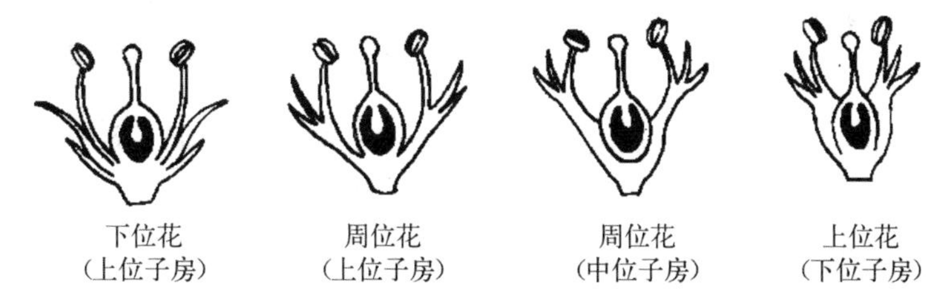

图 4－6　子房位置的类型

（李慧，2012. 植物基础）

（3）胎座的类型　胚珠通常沿心皮的腹缝线着生于子房中，着生的部位称为胎座。因心皮卷合形成雌蕊的情况不同，胎座也有几种类型（图 4－7）。

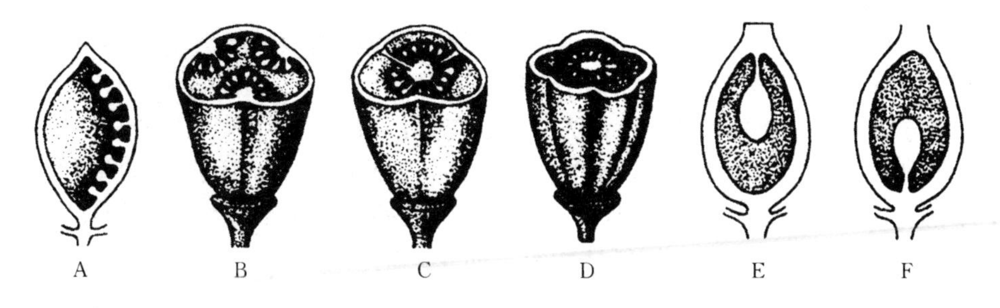

图 4－7　胎座的类型

A. 边缘胎座　B. 侧膜胎座　C. 中轴胎座　D. 特立中央胎座　E. 顶生胎座　F. 基生胎座

（李先源，2008）

边缘胎座：单雌蕊，子房1室，胚珠生于心皮的腹缝线上，如豆类。

侧膜胎座：合生雌蕊，子房1室或假数室，胚珠生于心皮的边缘，如黄瓜、油菜、西瓜等。

中轴胎座：合生雌蕊，子房数室，各心皮边缘聚于中央形成中轴，胚珠着生在中轴上，如棉花、柑橘、苹果、茄、番茄等。

特立中央胎座：合生雌蕊，子房1室或不完全的数室，子房室的基部向上有一个短的中轴，但不达到子房顶，胚珠生于此轴上，如石竹、马齿苋等。

基生胎座和顶生胎座：胚珠生于子房室的基部（如向日葵）或顶部（如桃树、梅、桑树）。

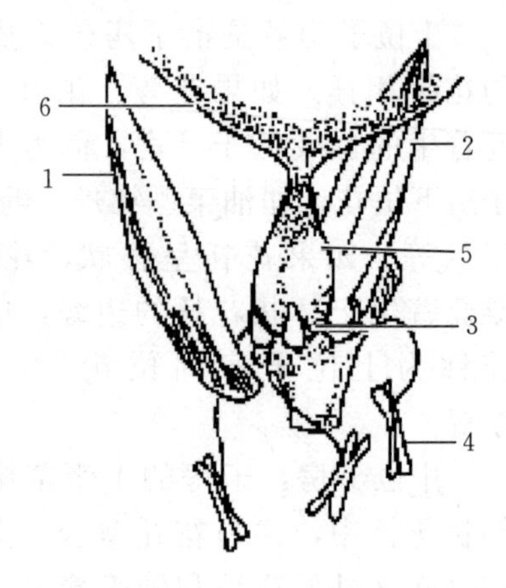

图4-8　小麦花的结构
1. 外稃　2. 内稃　3. 浆片　4. 雄蕊
5. 雌蕊的子房　6. 雌蕊的柱头
（李慧，2012. 植物基础）

（三）禾本科植物花的组成

禾本科植物是被子植物中的单子叶植物，花的形态和结构比较特殊。例如，小麦花的结构（图4-8），每一个小穗基部有2片坚硬的颖片，称为外颖和内颖。每一朵能够发育的花的外面又有2片鳞片状薄片包住，称为稃片，外边的一片称为外稃，是花基部的苞片，里面一片称为内稃。内稃里面有2片小形囊状突起，称为浆片。内稃和浆片是由花被退化而成的。

二、花　序

有些植物的花是单独着生于叶腋或枝顶，称为单生花，如棉花、桃、广玉兰的花序。但大多数植物是许多花按一定顺序着生在花轴上的，称为花序。

根据花轴的生长和分枝方式、开花顺序及花柄长短，可把花序分为无限花序和有限花序两大类型。

（一）无限花序

花轴在开花期间顶端可以继续生长，开花的顺序是自下而上，由外而内（由边缘及中央）。无限花序常见的有以下几种类型（图4-9）。

1. 总状花序　花序轴长，其上着生许多花柄大致等长的花，如油菜、大豆等花序。有些植物的花序轴具有若干次分枝，如每个分枝构成一个总状花序时，称为复总状花序，又因整个花序形如圆锥，又称圆锥花序，如水稻、燕麦、葡萄、女贞的花序及玉米的雄花序。

2. 穗状花序　长长的花序轴上着生许多无柄或柄极短的花，如车前等的花序。如花序轴上的每个分枝构成一个穗状花序，称为复穗状花序，如小麦、大麦等的花序。穗状花序的花轴膨大呈肉质，着生许多无梗花，称为肉穗花序，如马蹄莲的马序、玉米的雌花序。

3. 伞形花序　花序轴顶端集生很多花柄几乎等长的花，全部花排列成圆顶状，呈伞骨状，如人参、常春藤、韭菜及五加科植物等。如花序轴顶端分枝，每一分枝构成一伞形花序，称为复伞形花序，如胡萝卜、小茴香等的花序。

4. 伞房花序　花序轴较短，其上着生许多花柄但不等长，下部的花柄长，上部的花柄短，整个花几乎排成一个平面，如梨、苹果、山楂等的花序。

5. 柔荑花序　花序轴长而细软，常下垂，许多单性花排列于其上，缺少花冠或花被，

开花后或结果后整个花序一起脱落，如柳树、杨树、桑树的花序以及板栗和胡桃的雄花序。

6. 头状花序　花序轴短或宽大，常膨大为球形、半球形或盘状，其上着生无柄或近无柄的花，如三叶草、喜树、向日葵等植物的花序。

7. 隐头花序　花序轴顶端膨大，中央部分凹陷如囊状，内壁着生许多无柄或短柄花，如无花果、榕树等的花序。

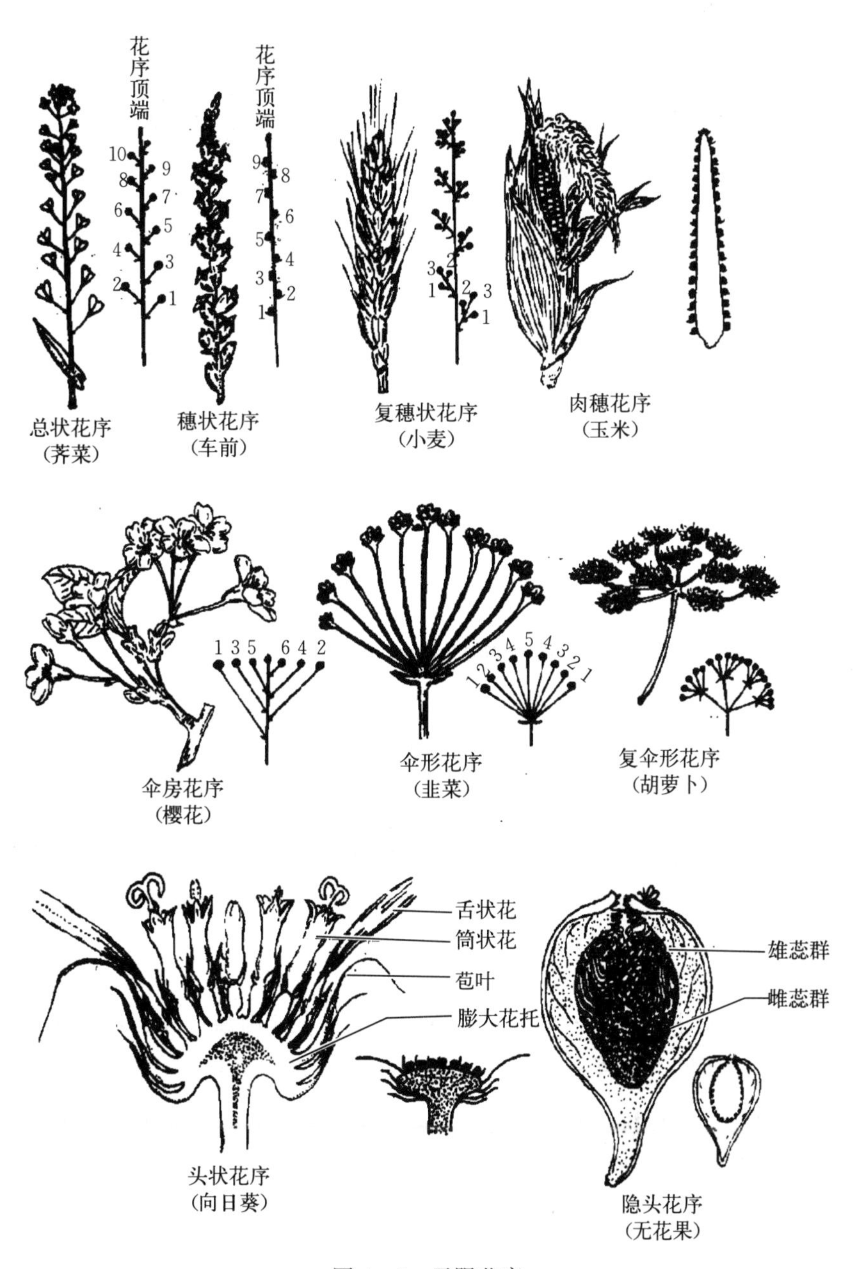

图 4-9　无限花序
（李慧，2012. 植物基础）

（二）有限花序

有限花序又称聚伞花序，花序轴为合轴分枝，因此花序顶端或中央的花先开，开花的顺序是自上而下、由内而外，因而花轴的伸长受到限制，如甘薯、番茄、马铃薯等（图 4-10）。根据轴分枝与侧芽发育的不同，可分为单歧聚伞花序（如附地菜、勿忘我等）、二歧聚伞花序（如卷耳等）、多歧聚伞花序（如泽漆等）、轮伞花序（如益母草等）。

图 4-10　有限花序
（右侧为图解，数字为开花顺序）
（李慧，2012. 植物基础）

在自然界中，有些植物是有限、无限花序混生，如葱、韭菜是伞形花序（为无限花序），但却是中间的花先开，这是有限花序的特点；水稻是圆锥花序（为无限花序），但却是上部枝梗的花先开，下部的花后开，每个枝梗上又是顶端的花先开，而后自下而上顺序开花，最后是顶端第二小花开放这又具有无限花序的特点。

三、花与植株的性别

（一）花的性别

自然界中，不是所有的花都有雄蕊和雌蕊，将一朵花中同时具有雄蕊和雌蕊的花，称为两性花，如小麦、水稻、大豆、桃树等的花。一朵花中只具有雌蕊或雄蕊的花，称单性花。在单性花中，只具雄蕊的称为雄花，只具雌蕊的称为雌花。而有些种子植物有时雄蕊和雌蕊会完全退化消失或由于发育不完全，不能结出种子的花称为无性花或中性花，如八仙花周边的不孕花及向日葵花序周边的舌状花。

（二）植株的性别

单性花的植物，雌花和雄花若生于同一植株上的，称为雌雄同株，如玉米、蓖麻等。而雌花和雄花分别生于不同的两棵植株上的，称为雌雄异株，如银杏、杨树、柳树、菠菜等。只有雄花的植株，称为雄株；只有雌花的植株，称为雌株。如一株植物上既有两性花，又有单性花或无性花，则称为杂性同株，如柿树、荔枝、向日葵等。

四、雄蕊的发育与构造

（一）雄蕊的构成

雄蕊是由花丝和花药组成的。花丝的构造比较简单，最外一层为表皮，内部是薄壁组

织，中央有一个纤维束。纤维束自花托经花丝进入花药。花丝除支持花药外，还运送花药所需要的水分和养料。花药一般为黄色，由药隔和花粉囊组成。大多数植物的花药有 4 个花粉囊。花粉囊是产生花粉的地方，药隔连接花粉囊，由薄壁组织构成。

（二）花药的发育与构造

花药在发育的初期是一团具有分裂能力的细胞，外面有一层表皮包被。随后，在这团组织的四角表皮内方出现一些壁薄、核大的分生细胞群，称为孢原细胞。每一个孢原细胞又进行分裂，形成内外两层，外层称为周缘细胞，将来经分裂分化形成花粉囊壁；内层为造孢细胞，经分裂（或直接长大）形成花粉母细胞。周缘细胞经分裂由外至内依次分化形成药室内壁、中层和绒毡层，三者与表皮共同组成花粉囊壁。在花粉囊壁发育的同时，花粉囊内的造孢细胞分裂形成多个花粉母细胞。每个花粉母细胞进行减数分裂，形成 4 个子细胞，称为四分体。以后每个子细胞发育成为一个花粉粒。当花药将成熟时，药室内壁细胞径向延长，壁上出现不均匀的条纹状加厚，只有外切向壁是薄壁的，加厚壁的物质一般是纤维素，略微木质化，因此药室内壁又称纤维层。最后，花药成熟，花粉囊壁由于纤维层的干缩，花药开裂散出花粉粒，绒毡层为花粉粒形成提供营养而被吸收，中层解体消失，此时花药壁只剩下表皮和纤维层。花药中部的细胞逐渐分裂分化形成维管束和薄壁组织，构成药隔。花药的发育与结构如图 4－11 所示。

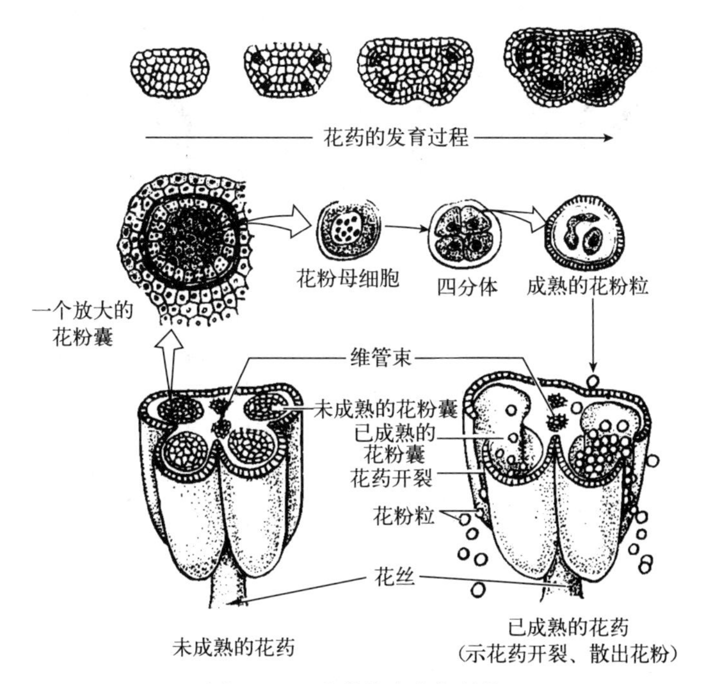

图 4－11　花药的发育与结构

（李扬汉，1984. 植物学）

（三）花粉粒的发育

通过减数分裂产生的花粉粒，开始只有一个核在细胞的中央，此时称为单核花粉粒。单核花粉粒继续生长发育，花粉粒中的细胞核经有丝分裂分为两个核，大的为营养细胞，小的为生殖细胞，此时的花粉粒称为二核花粉粒。最后生殖细胞再分裂一次，成为两个精子，称为三核花粉粒。大多数植物的花药干燥开裂准备传粉时，花粉粒已发育到二核花粉粒时期，也有少数在传粉前已经发育到三核花粉粒时。现将花药结构和花粉粒的发育过程图解如图 4－12、图 4－13 所示。

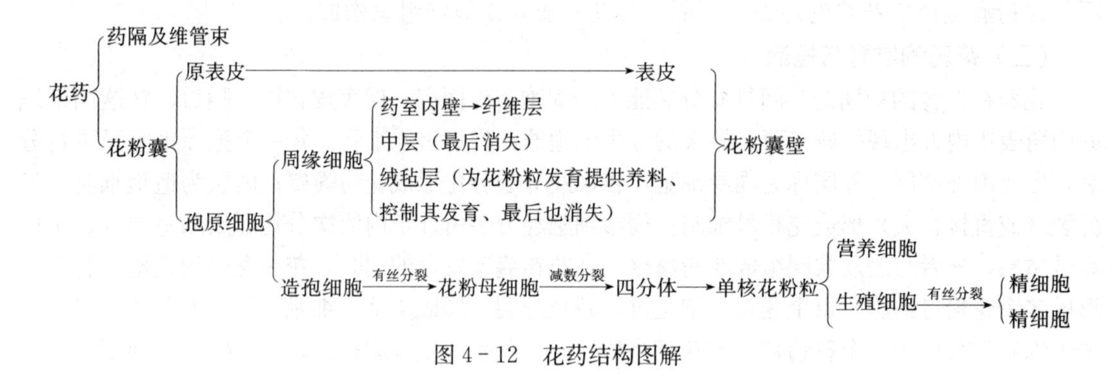

图 4－12　花药结构图解

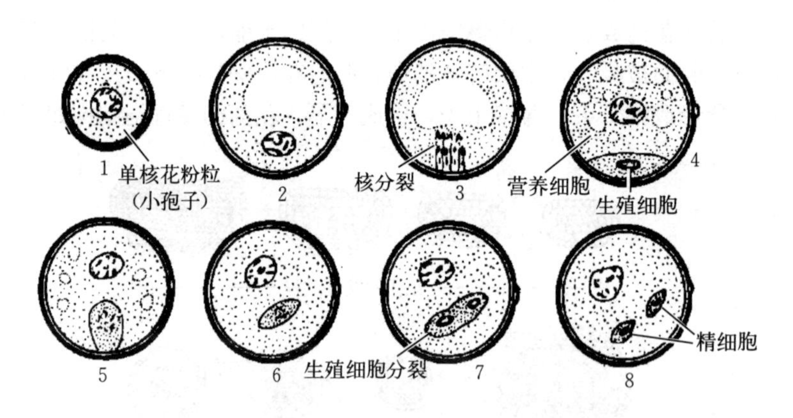

图 4－13　花粉粒的发育

1. 幼期单核花粉粒　2. 中期单核花粉粒（单核靠边期）　3. 单核花粉粒核分裂　4. 二细胞时期，示营养细胞和生殖细胞　5. 生殖细胞开始于花粉内壁分离　6. 生殖细胞游离存在于营养细胞的细胞质中　7～8. 生殖细胞分裂，形成两个精细胞

（李扬汉，1984. 植物学）

五、雌蕊的发育与构造

雌蕊是由心皮原基发育而来，成熟的雌蕊由柱头、花柱、子房 3 部分组成。

（一）子房的构造

子房是指雌蕊基部膨大的部分，是被子植物产生种子的重要部位。子房的结构由 4 个部分构成：子房壁、子房室、胎座和胚珠。子房壁有外表皮和内表皮，两层表皮之间有维管束和薄壁组织。子房壁上着生胚珠的部位称为胎座。胚珠是雌蕊中最重要的结构，它是发育出胚囊并产生卵细胞的地方。

（二）胚珠的发育与构造

成熟的胚珠结构包含珠柄、珠心、珠被、珠孔、合点 5 个部分（图 4－14）。随着雌蕊的发育，在子房内壁的胎座上首先产生一团突起，称为胚珠原基，原基的前端发育为珠心，基部发育为珠柄。由于珠心基部的细胞分裂较快，产生一圈突起并逐渐向上延展将珠心包

围，仅在珠心前端留下一小孔称为珠孔。包围珠心的组织称为珠被，有的植物只有一层珠被，如胡桃、番茄、向日葵等，而有的植物则有两层珠被，如水稻、小麦、油菜、棉花、百合等，内层为内珠被，外层为外珠被。在珠心基部，珠被、珠心和珠柄连合的部位称为合点。胎座内的维管束经珠柄到合点，分枝进入胚珠内部，将水分和养分源源不断地输入。

在珠被发育的同时，珠心薄壁组织近珠孔的一端有一个细胞体积增大，发育为胚囊母细胞。胚囊母细胞经过减数分裂产生 4 个细胞，其中近珠孔的 3 个逐渐消失，只有近合点端的一个继续生长，发育为胚囊。胚囊是一个只有一个核的单倍体细胞，这个时期的胚囊称为单核期胚囊。单核的胚囊继续发育，核进行 3 次有丝分裂产生 8 个细胞核（核外都有细胞质，但无细胞壁）。位于胚囊中央的两个细胞称为极核细胞（极核）。近珠孔的一端有 3 个细胞，位于中间的大细胞是卵细胞（卵核），两旁两个较小的是助细胞。位于合点端的 3 个细胞，称为反足细胞。胚囊发育成具有 8 个细胞核的胚囊即为成熟，称为八核胚囊，胚囊便以此状态准备受精（图 4－15）。受精后，卵细胞发育为胚，胚珠发育为种子。胚囊发育的过程见图 4－16。

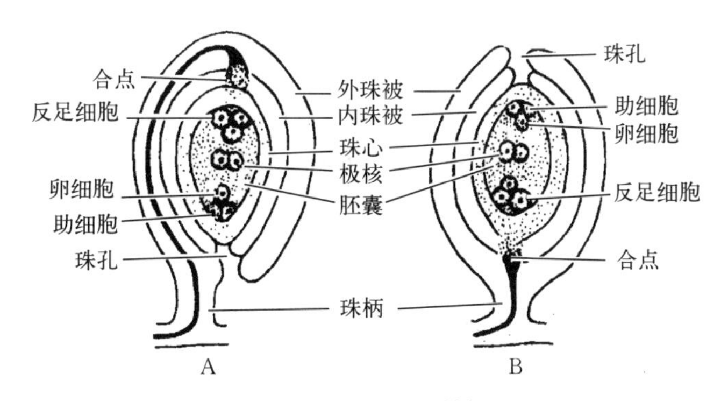

图 4－14　胚珠的结构

A. 倒生胚珠　B. 直生胚珠

（李扬汉，1984. 植物学）

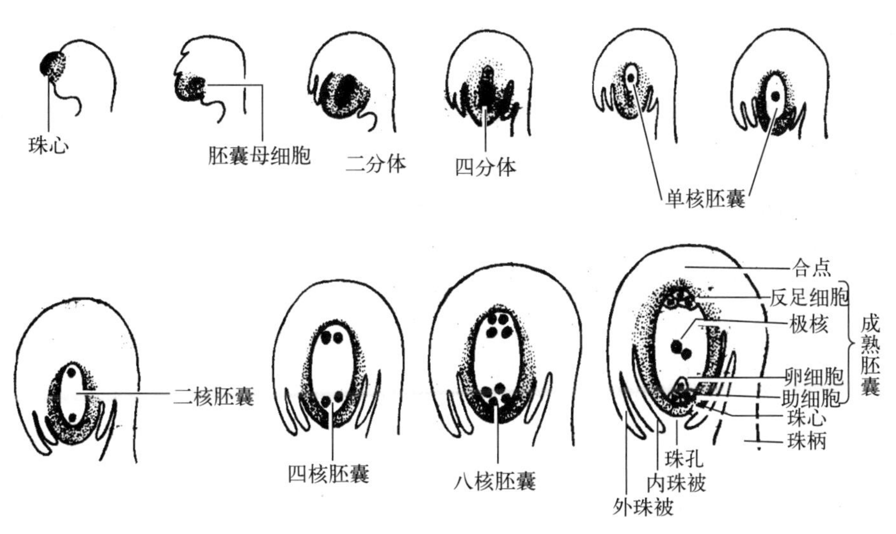

图 4－15　胚珠和胚囊发育过程模式图

（顾德兴等，2000. 植物与植物生理学）

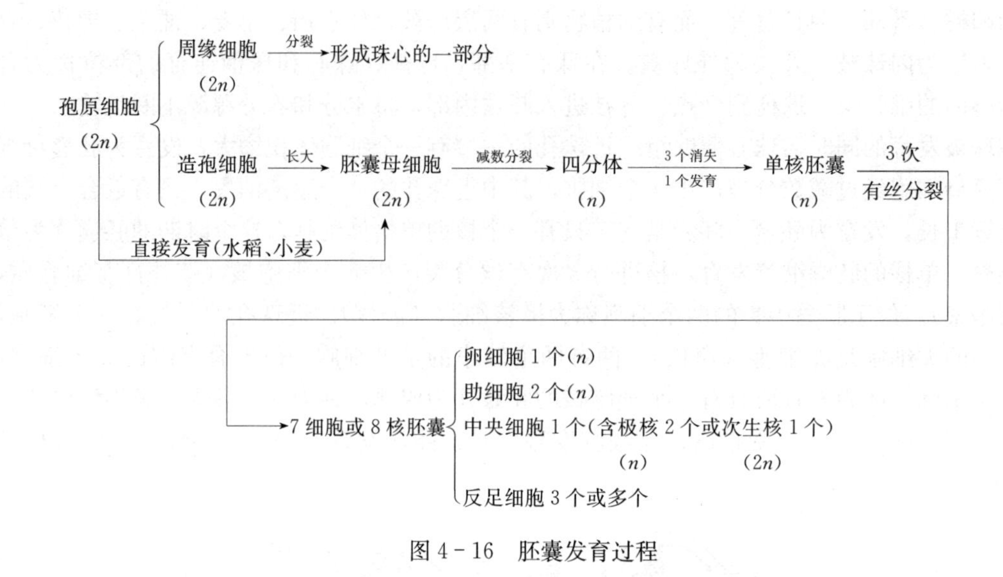

图4-16　胚囊发育过程

六、开花、传粉和受精

(一) 开花

当花中花粉粒和胚囊（或二者之一）成熟时，花被展开，露出雄蕊和雌蕊，这种现象称为开花。禾本科植物开花则是指内、外稃张开的时候。各种植物的开花年龄、开花季节和花期的长短都各不相同。如一、二年植物，生长几个月后就开花，一生只开一次花，开花结实后整株植物枯死；多年生植物，在达到开花年龄后，每年到时都能开花；也有少数植物，一生只开一次花，如竹、剑麻等。就开花季节来说，多数植物在早春至春夏之间开花，少数在其他季节开花。有些花卉植物几乎一年四季都开花。在冬季和早春开花的植物，常有先花后叶的，如梅、木棉等。也有花叶同放的，如梨、李、桃等。但大多数植物是先叶后花。

一株植物中，从第一朵花到最后一朵花开毕经历的时间，称为花期。各种植物的花期长短，取决于植物的种类，也与所处的环境密切相关。如早稻的花期5～7 d，晚稻为9～10 d，小麦为3～6 d，柑橘、梨、苹果为6～12 d，油菜为20～40 d，棉花、花生和番茄等的花期可持续一至几个月。至于一朵花开放的时间长短，也因植物的种类而异，如小麦只有5～30 min，水稻为1～2 h，棉花为3 d，番茄为4 d。

大多数植物，开花都有昼夜周期性。在正常条件下，水稻在上午7～8时开花，11时左右最盛，午时减少；玉米在上午7～11时；小麦在上午9～11时和下午3～5时；油菜在上午9～11时。

(二) 传粉

植物开花后，成熟的花粉粒传到雌蕊柱头上的过程称为传粉。在自然界中有自花传粉和异花传粉两种方式。

1. 自花传粉　是指成熟的花粉粒传到同一朵花的柱头上的过程。自花传粉中比较典型

的是闭花受精，即花尚未开放，花蕾中的成熟花粉粒就直接在花粉囊中萌发形成花粉管，把精子送入胚囊受精，如豌豆、花生等。在实际应用中，农作物的同株异花间的传粉和果树栽培上同品种异株间的传粉，也称为自花传粉。

2. 异花传粉　植物学上把不同朵花之间的传粉，称为异花传粉。果树栽培上是指不同品种间的传粉，作物栽培上指的是不同植株间的传粉。异花传粉植物有玉米、油菜、向日葵、苹果、桃、南瓜等。异花传粉必须借助外力传送花粉，主要利用昆虫和风。靠昆虫传送花粉的花称为虫媒花，如向日葵、油菜、柑橘、泡桐、茶树及瓜类等；靠风力传送花粉的花称为风媒花，如玉米、板栗、核桃等。

风媒花一般花小，无鲜艳的花被甚至没有花被，也无特殊的气味或蜜腺，花粉粒轻，数量多，容易被风吹送。雌蕊柱头通常成羽毛状，便于接受花粉。有些植物具长而下垂的柔荑花序，随风飘扬，散出花粉，或先开花后长叶，这样更能发挥风的传粉作用。

虫媒花的花被鲜艳，有香味和蜜腺，花粉粒较大，外壁粗糙带黏性，易被昆虫黏附。虫媒花色彩、气味和蜜汁均能招引昆虫访花、觅食，从而起到了传粉的作用。

植物的传粉方式，除风媒、虫媒外，还有少数是靠鸟、兽和水传播的。

在自然界中，异花传粉比较普遍，而且在生物学意义上比自花传粉优越，因为异花传粉的精细胞、卵细胞分别来自不同的花朵或不同的植株，遗传差异较大，相互融合后，其后代具有较强的生活力和适应性。而自花传粉，父母本遗传差异较小，其后代的生活力和适应性都较差，长期的自花传粉，会引起种质的逐渐衰退。

（三）受精作用

雌、雄配子，即卵细胞和精子相互融合的过程，称为受精。由于被子植物的卵细胞位于胚珠的胚囊中，精子必须依靠由花粉粒在柱头上萌发形成的花粉管传送，经过花柱进入胚囊，受精作用才能进行。

1. 花粉粒的萌发和花粉管的伸长　传粉后，落在柱头上的花粉粒经识别，若亲和的则吸收柱头上的水分和分泌物，内壁开始从萌发孔突出，继续伸长，形成花粉管，这个过程称为花粉粒的萌发。

花粉粒萌发后，花粉管进入柱头，穿过花柱而达到子房。当花粉管生长时，花粉粒中的营养核和两个精子（或一个生殖细胞），随同细胞质都进入花粉管内（生殖细胞在花粉管内也分裂成为两个精子），成为具有 3 个细胞的花粉管。花粉管达到子房后，即向一个胚珠伸进，进入胚囊。

2. 双受精过程及其意义　当花粉管进入胚囊后，花粉管顶端破裂，两个精子和其他内含物射入胚囊。其中一个精子和卵细胞融合成为合子（受精卵），合子将来发育成胚；另一个精子和两个极核融合，形成初生胚乳核，将来发育成胚乳。花粉管中的两个精子分别和卵细胞及极核融合的过程，称为双受精作用。

双受精现象在被子植物中普遍存在，也是被子植物所特有，它是植物界中最进化的生殖方式。双受精具有重要的生物学意义：①单倍体的精细胞和卵细胞融合形成二倍体的合子，恢复了植物体原有的染色体数目，保持了物种遗传性的相对稳定；②经过减数分裂后形成的精细胞、卵细胞在遗传上常有差异，受精后形成具有双重遗传性的合子，由此发育的个体有可能形成新的变异；③精子与极核融合发育形成三倍体的胚乳，同样结合了父、母本的遗传特性，生理上更为活跃，作为营养被胚吸收利用，后代的变异性更大、生活力更强、适应性更广。所以，双受精作用不仅是植物界有性生殖的最进化、最高级的受精方式，是被子植物在植物界占优势的重要原因，也是植物遗传和育种学的重要理论依据。

知识 2　种子和果实

经过开花、传粉和受精之后，在种子发育的同时，花的各个部分都发生显著的变化。花萼枯萎或宿存；花瓣和雄蕊凋谢；雌蕊的柱头、花柱枯萎，而子房膨大发育成果实；花柄成为果柄。受精后由花发育成果实和种子的过程如图 4－17 所示。

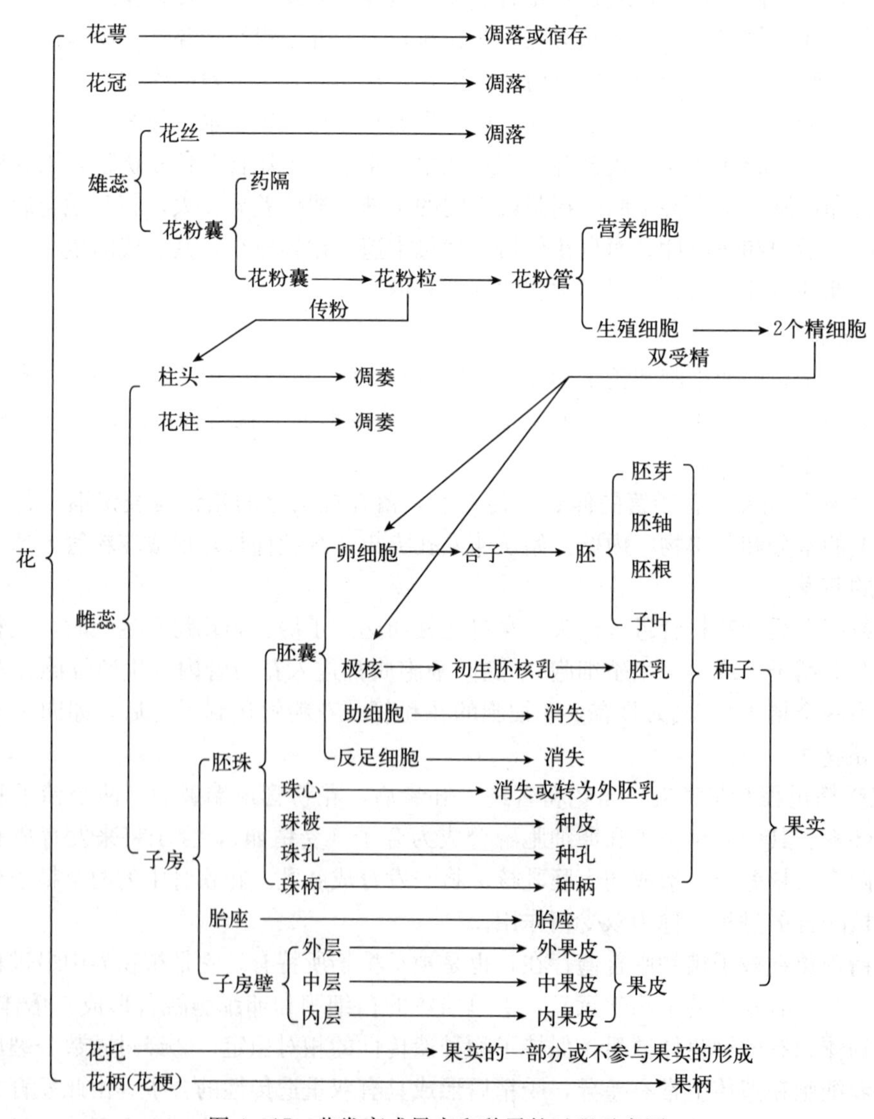

图 4－17　花发育成果实和种子的过程示意图

一、种子的形成、结构与类型

（一）种子的形成

1. 双子叶植物胚的发育　双子叶植物胚的发育一般具有以下几个阶段：原胚时期、心形胚时期、鱼雷形胚时期、成熟胚时期。图 4－18 为荠菜胚的发育过程。

（1）原胚时期　从受精卵（合子）开始，首先受精卵有丝分裂成两个细胞，近珠孔端的细胞较大，称为基细胞，远珠孔端的细胞较小，称为顶细胞。顶细胞继续分裂形成球形，即球形胚体；基细胞分裂形成柄，即胚柄。胚囊周围有许多游离核，游离核在胚周围较多。

（2）心形胚时期　球形胚进一步发育，细胞开始分化，在球形胚顶端部分的两侧细胞分裂快于中央部分而形成两个突起使胚成心形，称为心形胚，此时游离核已逐渐形成胚乳细胞。

（3）鱼雷形胚时期　整个胚体进一步伸长，两个突起以后发育为子叶，两子叶中凹陷的部分发育成胚芽，同时球形胚的基部和胚柄的与胚相接的一个细胞逐渐发育成胚根，胚根与子叶之间为胚轴，此时胚体呈鱼雷形，胚柄逐渐退化，胚囊中胚乳已减少，将来发育成无胚乳种子。

（4）成熟胚时期　子叶进一步长大并弯曲呈马蹄形占满整个胚囊，形成马蹄形的成熟胚，此时胚柄已基本消失，胚乳和珠心组织也几乎全被胚吸收，珠被发育成种皮。

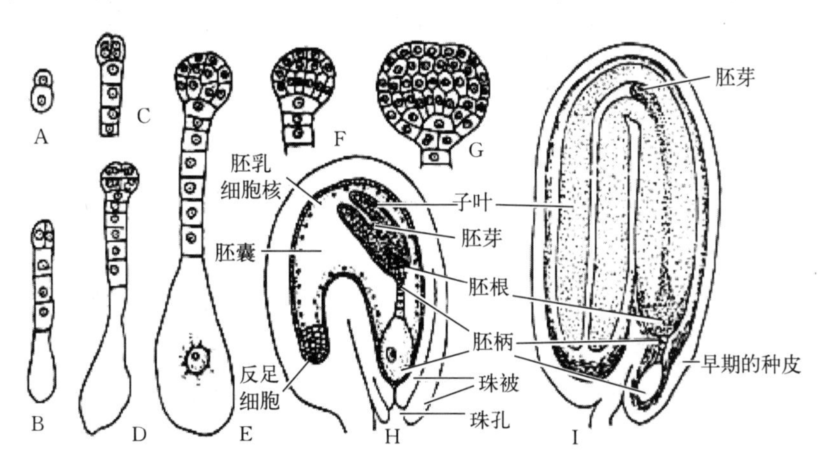

图 4－18　荠菜胚的发育

A. 合子分裂，形成一个顶细胞和一个基细胞　B～E. 基细胞发育为胚柄，顶细胞分裂成球形胚
F～G. 胚继续发育　H. 胚在胚珠中发育，心形胚体形成　I. 胚和种子初步形成，胚乳消失
（李扬汉，1984. 植物学）

2. 单子叶植物胚的发育　单子叶植物胚发育早期与双子叶植物胚的发育相似，在分化为成熟胚时出现较大差异。这里以小麦为例，来说明单子叶植物胚的发育过程。小麦合子的第一次分裂，常是倾斜的横分裂，形成一个顶细胞和一个基细胞，接着它们各自再分裂一次，形成 4 个细胞的原胚。4 个细胞又不断从不同方向进行分裂，增大胚的体积，形成基部稍长的梨形胚。此后，在胚中上部一侧出现一个凹沟，凹沟以上部分将来形成盾片的主要部分和胚芽鞘的大部分；凹沟处，即胚中间部分，将来形成胚芽鞘的其余部分和胚芽、胚轴、外胚叶；凹沟的基部形成盾片的下部。小麦胚的发育如图 4－19 所示。

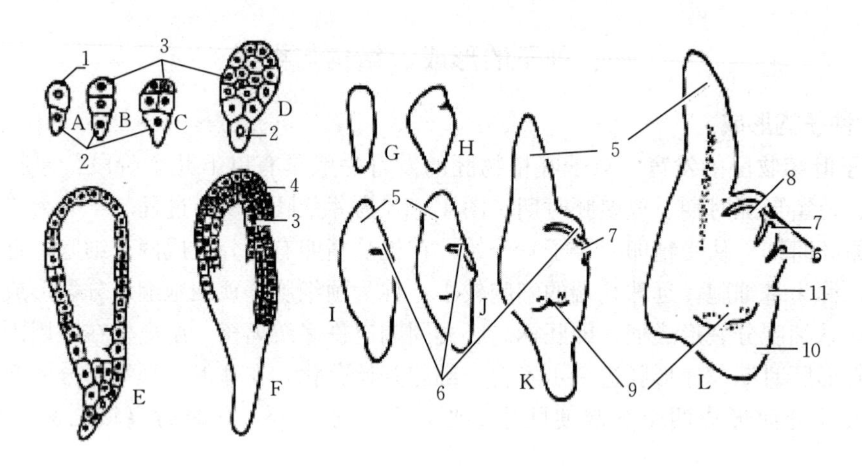

图 4-19 小麦胚的发育

A～F. 小麦胚初期发育的纵切片，示发育各期 G～L. 小麦胚发育过程图解
1. 胚细胞 2. 胚柄细胞 3. 胚 4. 子叶发育早期 5. 子叶（盾片） 6. 胚芽鞘
7. 第一营养叶 8. 胚芽生长锥 9. 胚根 10. 胚根鞘 11. 外子叶
（李扬汉，1984. 植物学）

3. 胚乳的发育 极核受精后发育形成初生胚乳核，初生胚乳核经过短暂休眠即进行第一次分裂，胚乳的发育总是早于胚的发育，为幼胚的发育创造条件。小麦胚乳的初生胚乳核的分裂不伴随细胞壁的形成，各个胚乳核呈游离状态分布在胚囊中，待发育到一定阶段，胚囊最外面的胚乳核之间先出现细胞壁，此后由外向内逐渐形成胚乳细胞。

（二）种子的结构

种子是由胚（胚轴、胚芽、胚根、子叶）、胚乳（或无）、种皮 3 个部分组成（图4-20、图 4-21）。

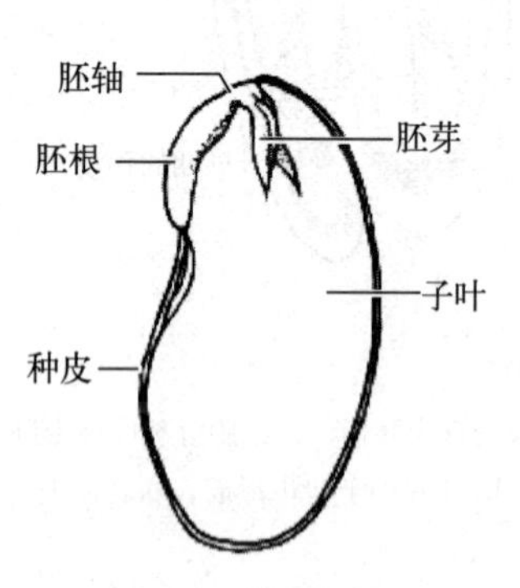

图 4-20 菜豆种子结构
（李扬汉，1984. 植物学）

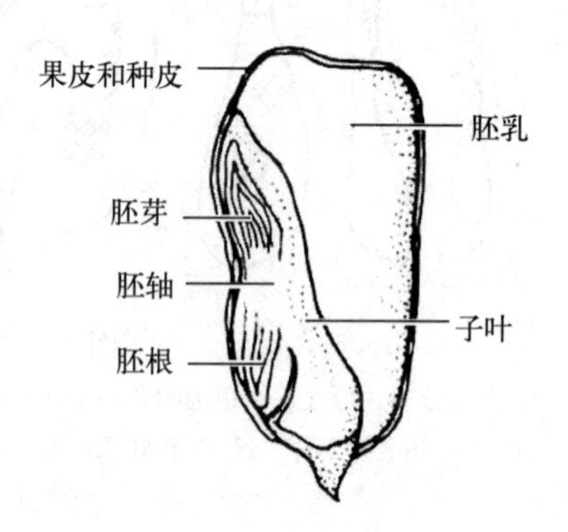

图 4-21 玉米种子纵切结构
（李扬汉，1984. 植物学）

（三）种子的类型

根据种子成熟时胚乳的有无，把种子分为无胚乳种子和有胚乳种子。

1. 无胚乳种子 双子叶植物中的白菜、萝卜、桃、梨、苹果及豆类、瓜类等，单子叶植物中的慈姑、眼子菜、泽泻等的种子是由胚和种皮两部分组成，没有胚乳（图 4-22）。

2. 有胚乳种子 这类种子是由种皮、胚和胚乳 3 个部分组成，如蓖麻、荞麦、茄、番

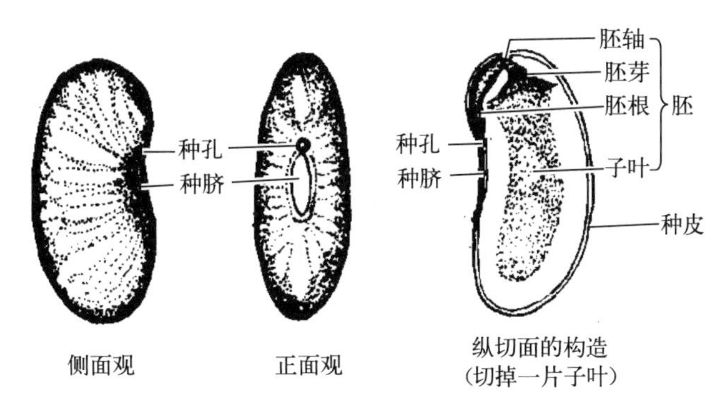

图 4－22　菜豆种子的结构

（李慧，2012. 植物基础）

茄、辣椒、葡萄等的种子都属此类（图 4－23）。大多数单子叶植物的种子都是有胚乳种子（图 4－24）。

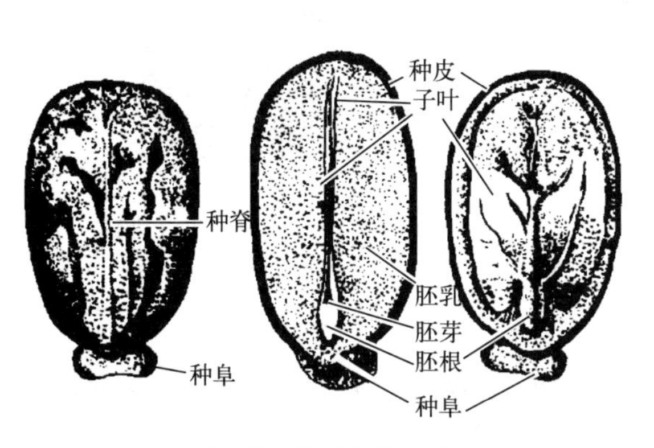

图 4－23　蓖麻种子的结构

（李慧，2012. 植物基础）

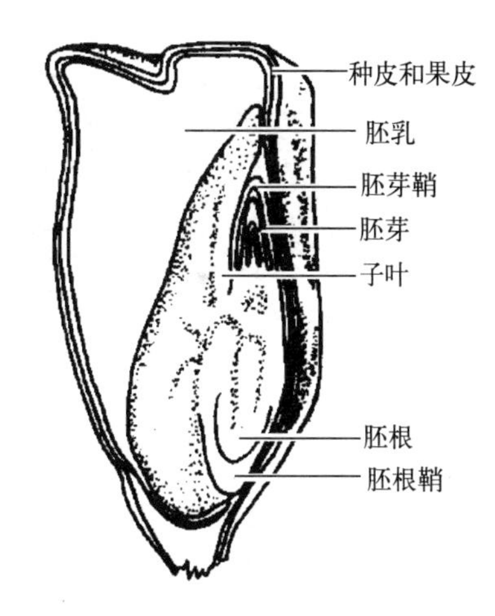

图 4－24　玉米籽粒纵切面

（李扬汉，1984. 植物学）

二、果实的形成、结构与类型

（一）果实的形成

通常情况下，植物结实一定要经过受精作用，受精是促成结实的重要条件之一。植物有时花多果少，多半是由于很多花没有受精的缘故。但是，有的不经受精，子房也能发育为果实，这样形成的果实，里边不含种子，因此称为无子结实或单性结实，如葡萄、橘、香蕉、凤梨、南瓜、黄瓜等都有无子结实的现象。无子结实也可以人工诱导，用同类植物或亲缘关系相近的植物的花粉浸出液或 2,4－D（2，4－二氯苯氧乙酸）等喷到柱头上，可以引起无子结实。

有些植物的结实，还需要其他特殊的环境条件。例如，花生结实必须在土壤中结实，称为地下结实。花生受精后，子房柄很快地向地下生长，将比较坚硬的子房伸入土中，当进入土中 10 cm 左右深度时，子房柄停止生长，这时子房逐渐膨大，形成果实，没有伸进土中的子房虽然也稍有膨大，但不能正常结实。所以，花生结实不仅需要受精，而且必须有土壤环境因素（主要是黑暗条件）的影响才行。

（二）果实的类型

多数植物的果实，只由子房发育而来的，称为真果。也有些植物的果实，除子房外尚有花的其他部分参与，最普遍的是子房、花被和花托一起形成的果实，这样的果实称为假果，如梨、苹果、石榴、向日葵以及瓜类作物的果实。

多数植物一朵花中仅一雌蕊，形成一个果实，称为单果。也有些植物，一朵花中具有许多聚生在花托上的离生雌蕊，以后每一雌蕊形成一个小果，许多小果聚生在花托上，称为聚合果，如莲、草莓、悬钩子、玉兰等植物的果实（图 4－25）。还有些植物的果实，是由一个花序发育而成的，称为复果（花序果、聚花果），如桑树、凤梨、无花果等（图 4－26）。

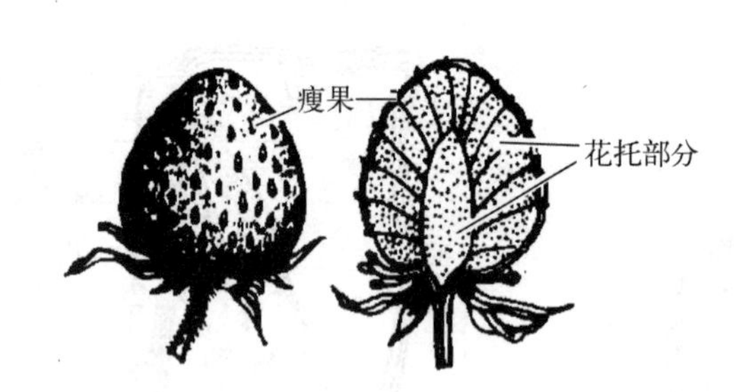

图 4－25　聚合果（草莓）
（强胜，2008. 植物学）

图 4－26　聚花果（凤梨）
（强胜，2008. 植物学）

1. 单果的结构与类型

单果的结构比较简单，外为果皮，内为种子。果皮可分为 3 层：外果皮、中果皮和内果皮。果皮的结构、色泽以及各层发达程度，因植物的种类而不同。根据果皮是否肉质化，单果又分为两大类型：肉果和干果。

（1）肉果及其类型　果实成熟后，通常肉质多汁，肉果又分为以下几种类型（图 4－27）。

① 浆果。果皮除外面几层细胞外，其余部分都肉质化并充满汁液，内含多数种子，如茄、番茄、葡萄、柿树等。

② 柑果。外果皮革质，有挥发油腔；中果皮疏松，具有分枝的维管束；内果皮薄膜状，每个心皮的内果皮形成一个囊瓣。其食用部分是囊瓣内伸出的许多肉质多浆的表皮毛，如柚、橙、柑橘等。

③ 核果。外果皮薄，中果皮肉质，内果皮坚硬木质化为果核，核内有一粒种子，如桃、梅、杏、李、樱桃等。

④ 梨果。为下位子房形成的假果。果的外层是花托发育成，果肉大部分由花筒发育而成，由子房发育的部分很少，位于果实的中央。由花筒发育的部分和外果皮、中果皮均为肉质，内果皮纸质或革质，如梨、苹果、枇杷、山楂等。

⑤ 瓠果。瓠果类似浆果，但它是由下位子房和花托一并发育而成的假果。花托和外果皮结合成坚硬的果壁，中果皮和内果皮肉质，胎座很发达。例如，南瓜、冬瓜供食用的部分

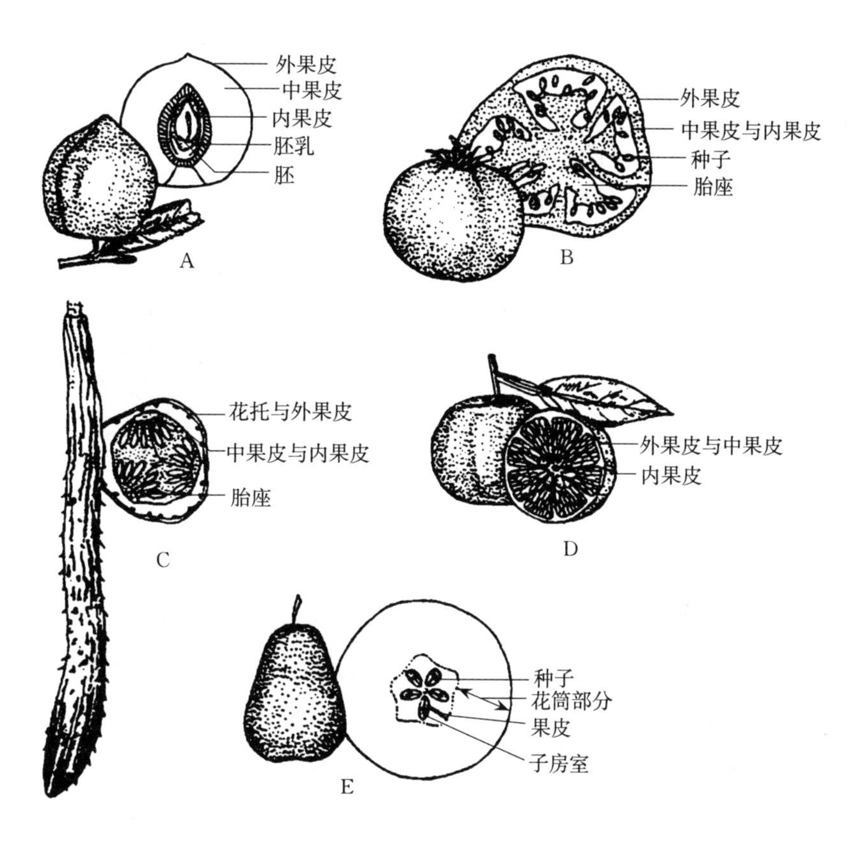

图 4-27　肉果的主要类型

A. 核果（桃）　B. 浆果（番茄）　C. 瓠果（黄瓜）　D. 柑果（柑橘）　E. 梨果（梨）

（朱念德，2006）

主要是果皮，西瓜供食用的部分主要是胎座。

（2）干果及其类型　果实成熟后，果皮干燥，又分裂果和闭果两类。

① 裂果。因心皮数目，卷合及开裂方式不同，又分以下几种类型（图 4-28）。

a. 蓇葖果。蓇葖果是由单心皮或离生心皮发育而成的果实，子房 1 室，成熟时仅沿腹缝线或背缝线开裂，如梧桐、芍药、牡丹、八角茴香、飞燕草等。

b. 荚果。由单心皮发育成，子房 1 室，成熟时沿腹缝线和背缝线两面开裂，如大豆、豌豆等；也有不开裂的，如花生、合欢、含羞草等。

c. 蒴果。由两个以上心皮的合生雌蕊形成的果实，有 1 室或多室，成熟时有多种开裂方式，如棉花、油茶、百合、马齿苋、罂粟等。

d. 角果。由两个心皮的合生雌蕊发育而成，子房 1 室，后来由心皮边缘合生处生出隔膜，将子房隔为 2 室，这一隔膜称为假隔膜。果实成熟后沿两个腹缝线自下而上开裂，呈两片脱落，只留隔膜，这是十字花科植物的特征。角果细长的称为长角果，如油菜、白菜等；角果短呈圆形或三角形的称为短角果，如荠菜、独行菜等。

② 闭果。干果成熟后果皮不开裂，又可分为以下几种类型（图 4-29）。

a. 瘦果。子房 1 室，含 1 粒种子，果皮种皮分离，如向日葵、蒲公英等。

b. 颖果。含 1 粒种子，果皮与种皮紧密愈合不易分离，为小麦、水稻、玉米等禾本科植物果实所特有的类型。

c. 翅果。果皮伸展成翅，如榆树、槭树、臭椿等。

d. 坚果。果皮坚硬，内含1粒种子，如栗、榛等。

e. 分果。果实由两个或两个以上心皮组成，每室含1粒种子，成熟时，各心皮沿中轴分开，如胡萝卜、芹菜等伞形科植物的果实。

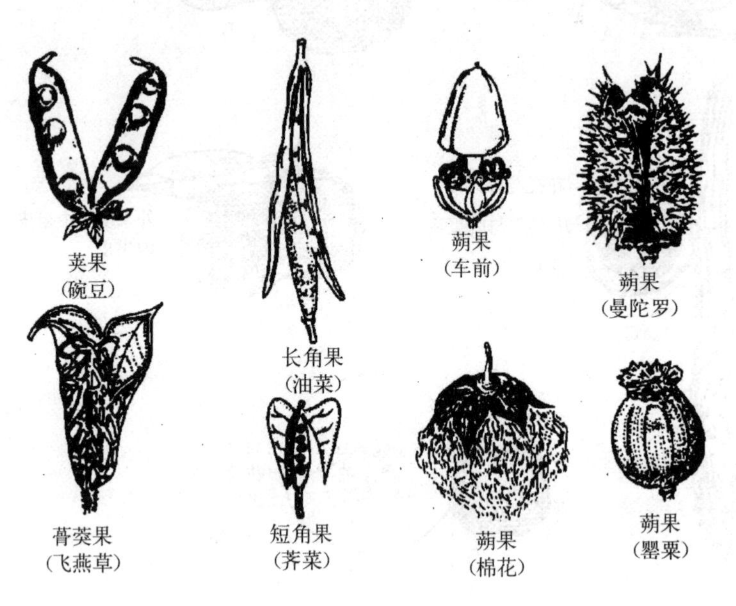

图4-28 裂果的类型
（陈忠辉，2001. 植物与植物生理）

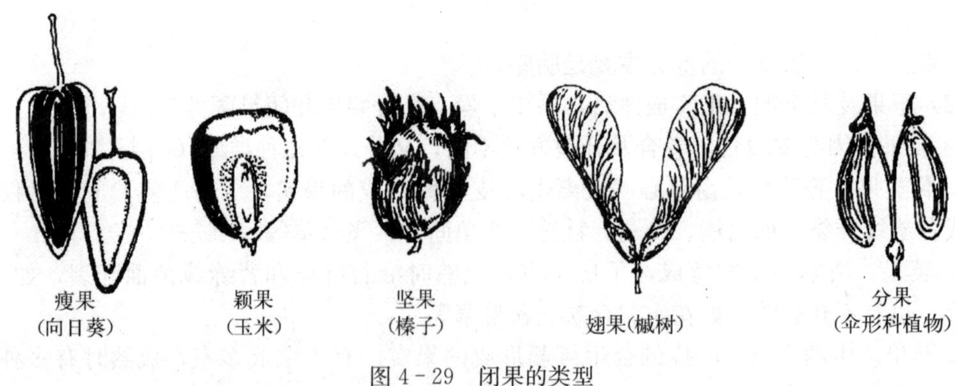

图4-29 闭果的类型
（郑湘如等，2006. 植物学）

2. 聚合果 聚合果是由一朵具有离心皮雌蕊的花发育而成，形成许多小果聚生在花托上的果实。根据小果本身的性质不同可分为聚合瘦果（如草莓）、聚合核果（如悬钩子）、聚合蓇葖果（如八角）、聚合坚果（如莲）等。

3. 聚花果（复果） 聚花果的果实是由整个花序发育而成的。例如，桑葚是由一个葇荑花序发育而成的，其上多数为单性花，每朵花的4个萼片变为肉质多浆的结构，包裹着由子房发育而来的小坚果，形成聚花果。

单元小结

植物生长发育到一定阶段，在适宜条件下进行花芽分化。花是适应于生殖的变态短枝，一朵典型的花由花柄、花托、花被（花萼、花冠）、雄蕊、雌蕊几部分组成。

有些植物的花是单独着生于叶腋或枝顶，称为单生花。大多数植物是许多花按一定顺序着生在花轴上，称为花序。根据花轴的生长和分枝方式、开花顺序及花柄长短，花序分为无限花序和有限花序两大类型。

花药是雄蕊的主要部分，具有 4 个或 2 个花粉囊，花粉囊是产生花粉粒的场所。成熟的花粉粒为二核花粉粒或三核花粉粒。

胚珠着生在子房内壁腹缝线的胎座上，是种子的前身，一个成熟的胚珠由珠心、珠被、珠孔、珠柄和合点等几部分组成。胚囊发生于珠心组织中，成熟的胚囊为八核胚囊。

当花中花粉粒和胚囊成熟时，植物开始开花、传粉，传粉的方式有自花传粉和异花传粉两种。传粉后，落在柱头上的花粉粒经识别，花粉粒萌发，花粉管伸长，花粉管中的两个精子分别和卵细胞及极核融合的过程，称为双受精作用。双受精之后，胚珠发育成种子，子房发育成果实。果实分为单果、聚合果和复果。

知识拓展：农业上对传粉规律的利用

单元四复习思考题

单元五

植物的分类

知识目标

1. 了解植物分类目的。
2. 掌握植物分类的方法及单位。
3. 了解植物的命名方法。
4. 掌握植物检索表的编制及使用。
5. 掌握植物界的基本类群。
6. 了解被子植物分科的主要概况。

技能目标

1. 能将常见植物判定出门、纲、目的归属。
2. 能使用植物检索鉴定野外常见植物的科、属、种名及其学名。

知识1　植物分类的基础知识

一、植物分类的方法

植物从来就是人类生活中不可缺少的物质基础，随着社会不断发展，人们对植物的认识在逐渐加深，很自然地要对它进行分类分群。但自然界植物种类繁多，现生存在地球上的植物约有50万种以上，要利用植物，首先对植物要认识，要认识植物就必须对植物进行分类。

由于社会需要，最早被鉴别定名、分门别类的是各种经济作物，但使用的分类标准很不一致，有按照枝、茎形态分类或按照叶片特点分类或者用途分类等，这种分类方法具有明显的人为标准。但随着科学的进步，研究者纷纷寻找物种间、各类群间的亲疏关系与进化途径，并努力按此特征建立自然的分类系统。

目前，人们在认识、利用植物的历史过程中，建立了两种植物分类方法，即人为分类法和自然分类法。

人为分类法是指仅就植物形态、习性、用途上的不同进行分类，往往用一个或少数几个性状作为分类依据，而不考虑植物彼此间在演化上的亲疏关系。例如，李时珍的《本草纲

目》将所收集的一千多种植物分成草部、谷部、菜部、果部与木部，部下共分“六十类为目”，如木部内含香木类、乔木类、灌木类、寓木类和苞木类；瑞典人林奈在他的著作（《植物属志》，1737）中记载了近万种植物，他将有花植物分成24纲，分类的根据是雄蕊的数目和长短及雌蕊中心皮的联合情况等，这种采取的生殖器官分类也是人为分类法。

自然分类法是根据植物在进化过程中亲疏关系的远近进行分类，主要是以形态、构造和生理上的差异为依据，19世纪达尔文在《物种起源》一书中明确指出，一切有生命的形态之间皆存在着亲疏关系，起源于共同祖先，每个物种不是永恒存在的，都经历了或经历着形成发展和灭亡的过程，新种不断产生，老种走向灭亡，物种不断进化发展，只有最能适应环境者才得以生存下去，从此推动了植物亲疏关系的研究，加上古生物学、细胞学的研究，使不少植物学家提出了各种较为科学的植物自然分类法。

二、植物分类的各级单位

现在采用的植物分类单位在全世界范围是一致的，其基本单位是界、门、纲、属、种，每个单位还可以分出亚级或一些辅助等级。现以黄连为例示其分类等级如下：

界 …………………………………… 植物界
　门 …………………………………… 被子植物门
　　纲 …………………………………… 双子叶植物纲
　　　目 …………………………………… 毛茛目
　　　　科 …………………………………… 毛茛科
　　　　　属 …………………………………… 黄连属
　　　　　　种 …………………………………… 黄连

种在自然界客观存在，是分类学的基本单位，种是起源于共同祖先，具有相似形态特征，表现一定的生物学特性和要求一定生存条件的无数个体的总和，在自然界是有一定的地理分布区。

种以下的分类单位有亚种和变种，亚种是指同一种内由于地理分布上、生态上或季节上的隔离，而形成的形态上多少有变异的个体群；变种是在形态上多少有变异，变异比较稳定，分布范围比亚种小得多，与种内其他变种有共同的分布区。

三、植物命名的方法

植物的名称在不同的地区和国家不尽相同，如马铃薯在我国广州称为荷兰薯，在上海称为甘薯，在东北称为土豆等。为了统一名称，国际上采用瑞典植物学家林奈所倡导的“双名法”命名。

双名法是以两个拉丁文单词作为一种植物的名称，第一个单词是属名，多为名词，其第一个字母要大写，第二个单词是种名，多为形容词，末尾附加命名人的姓名或姓名的缩写，这种国际上统一规定的名称称为植物的学名。例如，桃的学名是 *Prunus persica* Batsch，银杏的学名是 *Ginkgo biloba* L.。如果是变种，则在种名的后边加 var.，然后再加上变种名及变种的定名人，如龙爪槐是槐的变种，学名是 *Sophora japonica* var. *pendula* Loud。

四、植物检索表的编制及使用

植物检索表是植物分类中识别和鉴定植物不可缺少的工具，它是根据法国拉马（Lamarck，1744—1829）二歧分类原则，用一对显著不同的特征，将一群植物分成为非此即彼的两个分支，再把每个分支中相对的性状分成相对应的两个分支，依次下去直到编制到科、属或种为止。为了便于使用，各分支按其出现先后顺序，前边加上一定的顺序数字，相对应的两个分支前的数字或符号应是相同的，并写在距左边有同等距离的地方，这称为定距式检索表。还有一种为平行检索表，它与定距式检索表不同处在于每一对相对性状的紧紧相连，易于比较，在一行叙述之后为一数字或名称。

定距检索表：

1. 植物体无根、茎、叶的分化，雌性生殖结构由单细胞构成，不产生胚 …………………… 低等植物
  2. 植物体不含叶绿素
    3. 细胞内无细胞核分化 ………………………………………………………………………… 细菌
    3. 细胞内有细胞核分化
      4. 植物体不形成菌丝 …………………………………………………………………………… 黏菌
      4. 植物体通常形成菌丝 ………………………………………………………………………… 真菌
  2. 植物体含有叶绿素
    5. 植物体不与真菌共生 ………………………………………………………………………… 藻类
    5. 植物体与真菌共生 ……………………………………………………………………………… 地衣
1. 植物体绝大多数有根、茎、叶的分化，雌性生殖结构由多细胞构成 ……………………… 高等植物
  6. 植物无花，无种子，以孢子繁殖
    7. 植物体不具真正的根和维管束 ……………………………………………………………… 苔藓植物
    7. 植物体有根的化化，并有维管束 …………………………………………………………… 蕨类植物
  6. 植物有花，以种子繁殖
    8. 胚珠裸露，不包于子房内 …………………………………………………………………… 裸子植物
    8. 胚珠包于子房内 ……………………………………………………………………………… 被子植物

平行式检索表：

1. 植物体构造简单，无根、茎、叶的分化，无胚（低等植物） ………………………………………… 2
1. 植物体构造复杂，有根、茎、叶的分化，有胚（高等植物） ………………………………………… 4
  2. 植物体为菌类和藻类所组成的共同体 ……………………………………………………………… 地衣类
  2. 植物体不为菌类和藻类所组成的共同体 ……………………………………………………………… 3
    3. 植物体含有叶绿素或其他光合色素，自养生活方式 ……………………………………… 藻类植物
    3. 植物体不含有叶绿素或其他光合色素，营寄生或腐生 …………………………………… 菌类植物
      4. 植物体有茎、叶和假根 ……………………………………………………………………… 苔藓植物门
      4. 植物体有根、茎、叶 ………………………………………………………………………………… 5

植物检索表有分科、分属和分种检索表。当应用检索表鉴定植物时，检索表要具备相应的植物学知识和对术语含义的准确理解，当检索一种植物时，先以检索表中次第出现的两个分支的形态特征，与植物相对照，选其与植物符合的一个分支，在这一分支下边的两个相对性状中继续检索，直到检索出植物的科、属、种名为止。然后，再对照植物的有关描述或插图，验证检索中是否有误，最后定出植物的准确名称。

知识 2　植物的主要类群

根据植物在长期演化过程所产生的形态结构、生活习性以及进化顺序，可将植物界分为低等植物和高等植物两大类。

一、低等植物

低等植物是比较原始的类群，植物体的构造简单，没有根、茎、叶的分化，生殖器官多为单细胞，有性生殖时，合子不形成胚，而是直接发育成新的植物体。

按照植物体结构和营养方式不同，低等植物可分为地衣、菌类和藻类三大类群。

（一）地衣植物

地衣是一类特殊的植物群，它是由藻类与真菌共同组成的复合体。真菌菌丝能吸收水分和无机盐供藻类制造有机物，还能保护藻类在干燥条件下不至于死，藻类通过光合作用制造有机物供给菌类作养料，它们相互依存形成共生关系。

地衣分为3种类型：壳状、叶状和枝状（图5-1）。壳状地衣，紧贴树皮或岩石上不易剥离；叶状地衣，有背腹性，以假根或脐附着在基质上，易剥离；枝状地衣，直立或下垂如丝，多分枝。

地衣分布世界各地，适应能力很强，但对空气的污染极为敏感，故城市少见地衣。因此，地衣常用来作为空气污染的监测植物。

地衣对岩石的风化、土壤的形成起开拓先锋作用。地衣还可提取染料，如可提取地衣红等色素物质；地衣中的一些种类还可入药，如地衣多糖类可抗癌等；有些地衣种类可食用或作饲料，但也有的能危害森林植物。

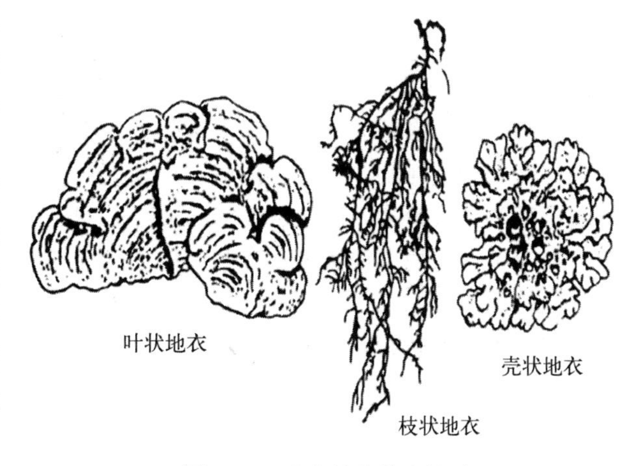

图5-1　地衣的几种生长型
（武吉华等，1991. 植物地理学）

（二）菌类植物

菌类植物一般无光合色素，是一群营异养生活的低等植物，异养方式有寄生和腐生等，凡是从活的动植物体吸取养分的称为寄生，凡是从死的动植物体或无生命的有机物质吸取养分的称为腐生。

菌类广泛分布于水、空气、土壤、人和动植物体内外，常见的多为细菌和真菌。

1. 细菌门　细菌为最古老的也是最小的生物，已记载的约1 600种，它是属于单细胞原核植物，绝大多数不含叶绿素，为异养生活。

细菌按形状特征常区别出球菌、杆菌和螺旋菌（图5-2），其中很多种是严重影响人体和动物健康的异养型病菌，也有些种类是可以进行光合作用或化能合成作用的自养型细菌。

细菌中的根瘤菌能够直接固定大气中的氮，为无此能力的其他生物提供必需的氮素营养。

一些细菌生活在缺氧的环境中，称为厌氧菌，另一些则只能在有氧时生活，称为好氧菌，也有两类环境都能忍受的兼性厌氧菌。

细菌经常以裂殖方式进行繁殖。在最适宜的环境条件下，每20～30 min即可分裂一次，其繁殖速度是十分惊人的。在自然条件下，由于受营养和代谢物质因素限制，不能使细菌按几何级数繁殖下去。

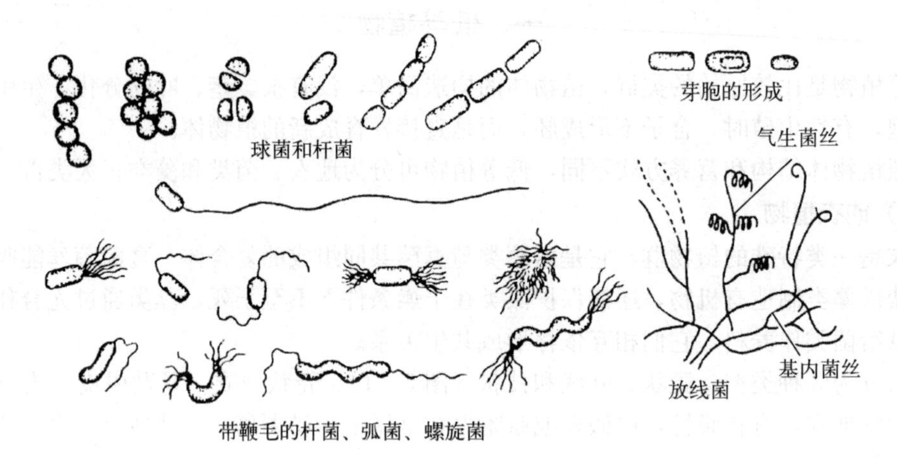

图 5-2　细菌的形态
（武吉华等，1991. 植物地理学）

2. 真菌门　真菌是一类不含色素的异养植物，其菌体比细菌大，细胞结构比较完善，有明显的细胞核。真菌的繁殖方式多种多样，在各类孢子囊中产生的各类型孢子，其传播方便，在空气中到处浮游，遇适应环境即可萌发长出菌丝。

真菌种类异常繁多，已记载 2 850 属约 25 万种。很多真菌是经济植物的大敌和动物的病源，如导致白粉病、锈病等；有些可供食用和药用，如灵芝、茯苓、猴头菇、木耳、银耳等。常见的真菌，如根霉属腐生于面包、果实、蔬菜和粪便等潮湿的有机物上面，还有青霉、曲霉和各种伞状蘑菇（图 5-3）。

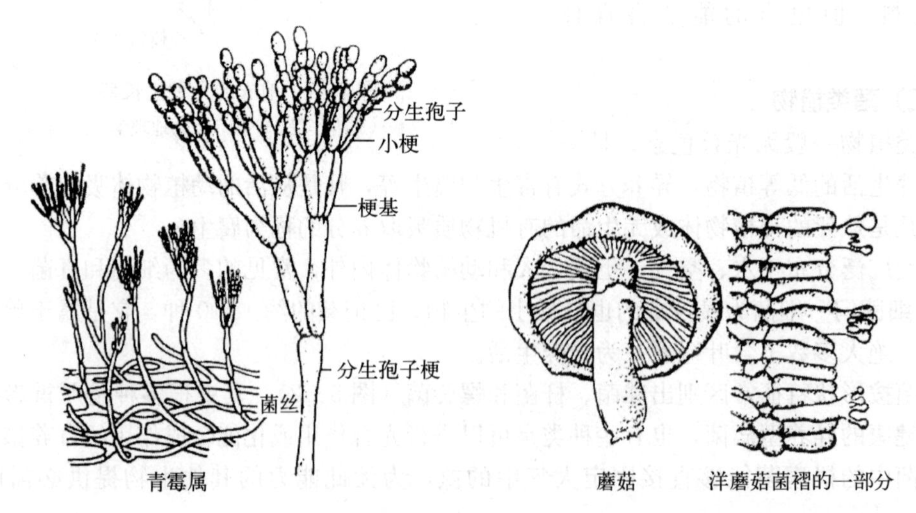

图 5-3　真　菌
（武吉华等，1991. 植物地理学）

（三）藻类植物

藻类植物大多数生活在海水或淡水中，细胞中含有叶绿素和其他色素，能进行光合作用，制造有机物，为自养植物。植物体的大小和形态结构差异很大，有肉眼看不见的单细胞

植物，如衣藻、小球藻等；有些为多细胞的丝状体或叶状体，如水藻；有的构造复杂，体型也很大，如海带等。但植物体都没有根、茎、叶的分化，其生态习性多为水生，少数生活在潮湿的岩石上、墙壁上、树干上或土地上，目前自然界已发现的藻类约3万种。

藻类植物依其所含色素、结构、贮藏养料及生殖方式等的不同，常分为8个门，其中比较重要的有蓝藻门、绿藻门、红藻门和褐藻门。

蓝藻是藻类中最原始的植物（图5-4），细胞没有真正的核，只有分散的核质，属原核植物，所含色素是叶绿素和藻蓝素，植物体是蓝绿色，如可供食用的普通念珠藻（地木耳）、发状念珠藻（发菜）等。绿藻的细胞结构及所含色素与高等植物基本相同，故呈绿色，多生活在淡水中，植物体有单细胞、群体、丝状体和叶状体等多种形态，如衣藻、团藻、水绵等。红藻和褐藻是藻类中比较高级的类群，多生活于海水中，常见的有紫菜、石花菜、裙带菜和海带等。

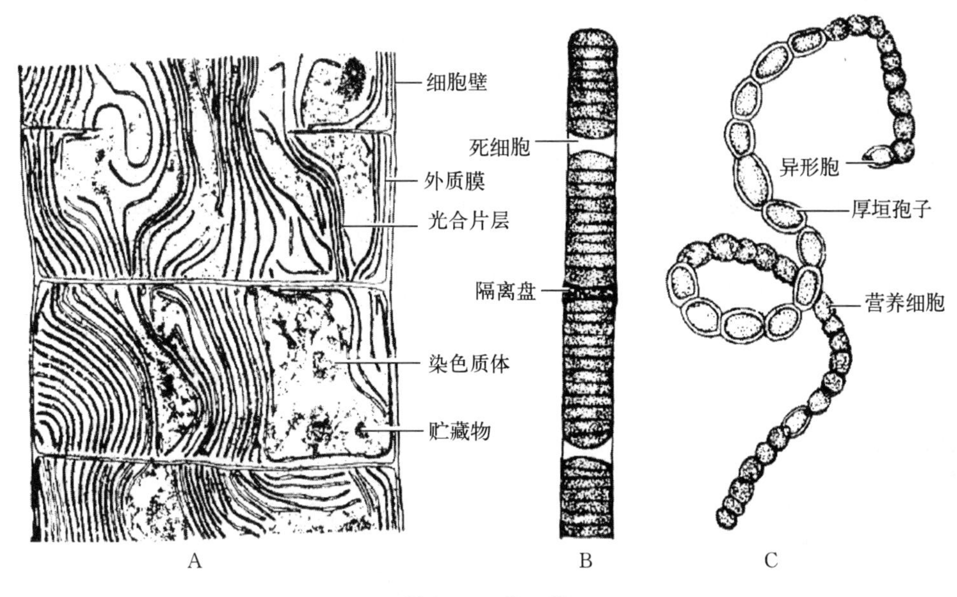

图5-4　蓝　藻

A. 鱼腥藻　B. 颤藻　C. 念珠藻

（武吉华等，1991. 植物地理学）

藻类是自然界有机物的主要制造者，地球上每年靠绿色植物合成的有机物，有90%由海洋中的藻类完成。许多藻类可作为食品，如海带、裙带菜、鹿角菜、紫菜、石花菜等。有些藻类可作为药用，如褐藻含有大量碘，可治疗和预防甲状腺肿大。还有许多可作为工业的原料，如提取藻胶酸、琼脂和碘化钾等。也有一些藻类对作物生长和养殖业的发展有一定危害，如稻田内的水绵，鱼塘中的绿球藻和丝藻等。

二、高等植物

绝大多数高等植物都是陆生的，植物体常有根、叶的分化（苔藓植物除外）。它们的生活周期，具有明显的世代交替，即有性世代的配子体和无性世代的孢子体有规律地交替出现，完成生活史，雌性生殖器官由多细胞构成，受精卵形成胚，再生长成植物体。

(一) 苔藓植物门

苔藓植物是高等植物中最原始，结构简单的陆生类群，它们虽然脱离了水生环境而进入陆地生活，但大多数仍然生活在阴湿的环境中，是植物从水生过渡到陆生形式的代表。比较低级的种类，如地钱、角苔，其植物体为扁平的叶状体；比较高级的种类，如葫芦藓、泥炭藓，其植物体有茎、叶的分化，可是没有真正的根，吸收水、无机盐和固着植物体的机能由一些表皮细胞的突起物假根来完成（图 5－5）。苔藓植物没有维管束那样的输导组织，世代交替中，配子体占优势，孢子体不能离开配子体独立生活。

苔藓植物门分为苔纲和藓纲。苔纲约有 9 000 种，我国约有 650 种，叶无中肋，成熟的孢蒴多纵裂，如地钱属。藓纲植物约 3 万种，我国有 1 500 种，叶常有 1～2 个中肋，成熟的孢蒴多盖裂，常见的有葫芦藓、泥炭藓等。苔藓植物能生活于其他植物不能生活的环境，分布甚广。

(二) 蕨类植物门

蕨类植物一般陆生，有根、茎、叶的分化和维管束系统，世代交替明显，孢子体发达，配子体和孢子体都能独立生活（图 5－6、图 5－7）。常见的蕨类植物的营养体是孢子体。

蕨类植物共分 5 纲：石松纲、水韭纲、松叶蕨纲、木贼纲和真蕨纲，常见的代表植物有石松、卷柏、木贼、水龙骨、满江红、槐叶苹等。

蕨类植物与苔藓植物均大量繁生孢子，由孢子长成众多配子体，然后进行有性生殖，在配子体上形成胚。但蕨类配子体型小，便于有性过程，孢子体有机物生产能力较强，产生更多的孢子以及相应增多的配子体，所以比苔藓类更为强大繁盛。

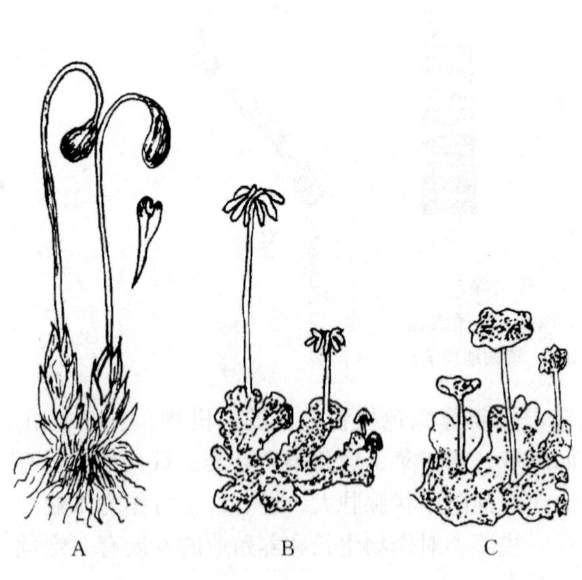

图 5－5　苔　藓

A. 葫芦藓　B. 地钱雌株　C. 地钱雄株

［金银根，2011. 植物学（第二版）］

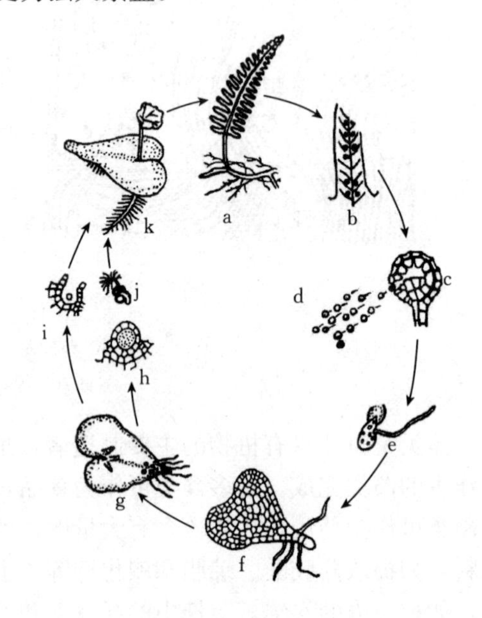

图 5－6　水龙骨生活史

a. 成熟孢子体　b. 孢子叶的一部分　c. 孢子囊　d. 孢子
e. 孢子萌发　f. 地钱幼株（雌株）　g. 成熟配子体
h. 精子器　i. 颈卵器　j. 精子　k. 幼孢子体

［金银根，2011. 植物学（第二版）］

有的蕨类的孢子有大小型区别。大孢子发生于大孢子囊中，以后长成雌配子体，小孢子发生于小孢子囊中，以后长成雄配子体，如果大（小）孢子囊着生在叶片上，则后者称为大（小）孢子叶。

（三）种子植物门

种子植物的特征是能产生种子，种子的出现，是长期适应陆地生活的结果，在种子有性生殖过程中，精子由花粉管输送到胚囊与卵细胞结合，不受水的限制，它们的孢子体发达而且高度分化，配子体极度简化，并在孢子体的孕育下成长发育，这都有利于陆地生活和种族的繁衍。因而，种子植物是现代地球上适应性最强、分布最广、种类最多、最进化的植物类群。

根据种子有无果皮包被，将种子植物分为裸子植物和被子植物两大类。

1. 裸子植物亚门　裸子植物的大孢子囊裸露在外，里面部分称为珠心，外有珠被包围，珠心内分化出大孢子，但只有一个发育成雌配子体；小孢子囊又称花粉囊，里面产生小孢子，小孢子则在壁内形成2～3个细胞的雄配子体。花粉被风传送到胚珠中，长出管状细胞将已形成的精子直接输入珠心并与雌配子体中卵细胞结合。受精卵在胚珠内长成胚，连同由珠被转化而成的种皮等共同构成种子。由于胚珠裸露，由它转化而成的种子也是裸露的，所以本类群称为裸子植物。

裸子植物花单性，雌雄同株或异株。

裸子植物最早出现于古生代，在石炭纪、二叠纪时已较繁盛，在三叠纪和侏罗纪时它取代蕨类植物而占优势，之后则逐渐衰退，到现代大多数已灭绝，仅存71属，近800种。裸子植物通常分为5纲：苏铁纲（图5－8）、银杏纲、松柏纲、红豆杉纲和买麻藤纲。我国是裸子植物最多、资源最丰富的国家，有41属，236种，其中银杏、水松、水杉是我国裸子植物三大特产，在国际上被誉为“活化石”。

图5－7　蕨

［金银根，2011. 植物学（第二版）］

图5－8　苏　铁

（邱国金，2001. 园林植物）

2. 被子植物门　被子植物是植物界进化最高级的类群，它的形态极其多样，生活特征各异，种类占植物总数一半以上。被子植物最突出的特点是种子被真正的果实包藏。它的胚珠不裸露，使下一代的幼小植物体有更好的生活环境。当胚萌动生长时从胚乳中吸取养料，因此使新个体的生存更有保障。

被子植物具有高度发达的营养器官，输导功能效率很高，因此有利于生长发育和大量繁衍后代。

这些结构都使得被子植物具有更强的适应陆地生活的能力，因此被子植物是种类最多、数量最大、进化地位较高的一大类植物，广泛分布于山地、丘陵、平原、沙漠、湖泊、河溪。它们的用途也最广，如全部的禾本科作物、果树、蔬菜等都是被子植物，许多轻工业、建筑、医疗等原料也取自被子植物。因此，被子植物是人们衣、食、住、行和国家建设不可缺少的植物资源，对被子植物的利用已成为国民经济的重要组成部分。

三、植物界进化概述

据考证，地球上最原始的植物是原核的藻类植物，诞生于38亿年前的海洋，陆地植物的出现至少有26亿年的历史，陆地上出现真核植物至少有20亿年。植物经过长期的进化发展，出现了形态结构、生活习性等方面的差别。有些类群繁盛起来，有些类群衰退下去，老的物种不断消亡，新的物种不断产生，植物从无到有，从少到多，从简单到复杂，从水生到陆生，从低级到高级，进化着并繁荣着。直至现今，植物已遍布于地球的每一个角落，现将植物进化规律概述如下。

1. 植物体在形态结构方面是由简单到复杂的方向进化　植物体由单细胞个体到多细胞群体，再进化到多细胞有机体，逐渐出现细胞的分工，组织的分化和不同器官的形成，随着生境环境的不断变化和进一步复杂化，植物体形态结构发展也就更加完善、更加复杂和更具多样性。

2. 植物体在生态习性方面是由水生到陆生的方向进化　植物的保护组织、机械组织和维管组织等的逐渐发育和发展，各器官之间有了明确的分工和强化，适应性不断增强，植物能够在复杂多样甚至很恶劣的生境环境中生存。

3. 植物在生殖方式方面是由无性生殖到有性生殖　在有性生殖中，植物又由同配生殖发展到异配生殖进而到卵式生殖，由简单的卵囊和精囊进化到复杂的颈卵器和精子器，由无胚到有胚，植物的生殖从以单细胞的孢子进行生殖到以有复杂结构的种子来生殖。

4. 植物的世代交替从不明显到同型世代交替再到异型世代交替，由配子体世代占优势到孢子体世代占优势的进化　衣藻是单细胞，单倍体藻类植物，只有有性生殖过程的合子阶段是双倍体，生活史中只有核相交替而没有明显的世代交替过程。石莼属藻类植物的孢子体与配子体在形状、大小等方面基本相同，因而其世代交替属于同型世代交替，是较原始类型的世代交替。苔藓植物的孢子体寄生在配子体上，是配子体占优势的异型世代交替。蕨类植物的孢子体比较发达，配子体简单，但能独立生活，是孢子体占优势的异型世代交替。种子植物，尤其是被子植物，孢子体高度进化发达和多样性，配子体则极其简化，完全寄生在孢子体上。因此，被子植物的世代交替是植物界中最高级、最复杂和最进化的类型。

植物界的总体进化方向，粗略地讲就是由藻类植物演化为蕨类植物，由蕨类植物进一步演化为裸子植物，再由裸子植物演化到被子植物，这就是植物界进化中的主线。

知识3　被子植物分科简介

被子植物是植物界种类最多、结构最复杂、进化最高级的一大类群植物，自新生代以来，它们在地球上占着绝对优势，根据其形态特征的异同，可分为双子叶植物纲（木兰纲）和单子叶植物纲（百合纲），共300多科，8 000多属，它们与人类的关系最为密切。

一、双子叶植物纲

1. 主要特征　胚大多具有2片子叶，极少数为1片、3片或4片；主根发达，多为直根系；茎中维管束呈环状排列，具有形成层，有次生生长和次生结构；叶具有网状脉；花部5或4基数，花粉粒具3个萌发孔。

2. 主要分科

（1）木兰科　它是现存被子植物中最原始的类群之一，有不少是孑遗种，且处于濒危或稀有状态，重要属有木兰属、含笑属、木莲属和鹅掌楸属。

主要特征：木本，单叶互生，全缘，托叶包被芽，早脱落，枝具环状托叶痕；花单生，两性，辐射对称，花被呈花瓣状。雄蕊及雌蕊多数且分离，螺旋状排列于柱状花托上，子房上位，种子有胚乳（图5－9）。

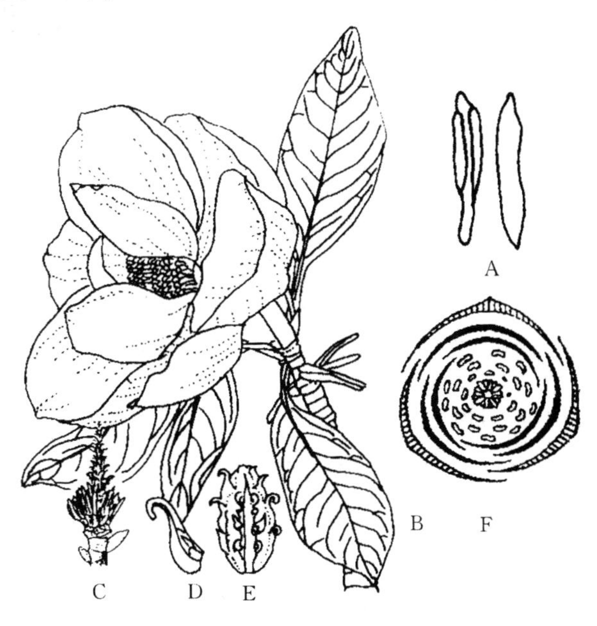

图5－9　玉　兰

A. 雄蕊　B. 花枝　C. 雄蕊和心皮的排列　D. 一个雌蕊　E. 雌蕊群　F. 花图式

（邱国金，2001. 园林植物）

主要分布：木兰科共15属，约335种，分布于亚洲的热带和亚热带地区，少数在北美南部和中美洲，我国有11属，165种，主要分布于华南和西南地区。

（2）樟科

主要特征：木本，具油腺，单叶互生，革质全缘，无托叶，三出脉或羽状脉，花两性，整齐，花部3基数，轮状排列，花药瓣裂，子房上位，1室，核果，种子无胚乳（图5-10）。

主要分布：本科约45属，2 000余种，主产于热带和亚热带。我国有24属，430余种，多产于长江流域及以南各省份，樟科植物为我国南部常绿阔叶林的主要树种。

（3）毛茛科

主要特征：草本，花两性，整齐，多为5基数，花萼和花瓣均离生，雄蕊和雌蕊多数，离生，螺旋状排列于膨大突起的花托上，子房上位（图5-11）。

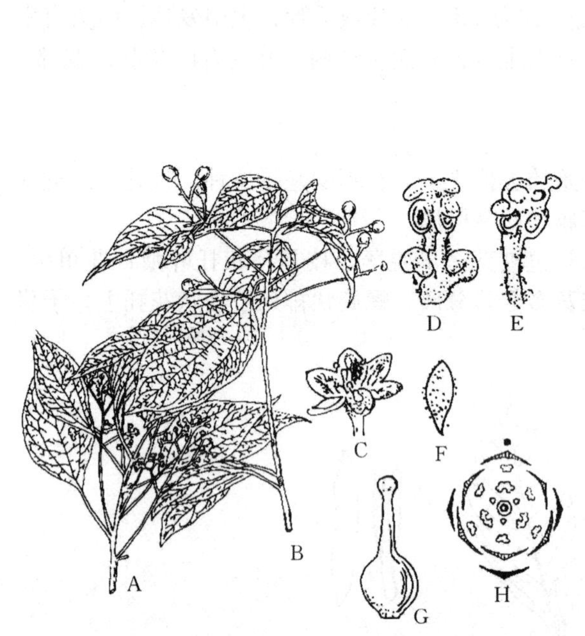

图5-10　樟　树

A. 花枝　B. 果枝　C. 花的全形　D. 外2轮雄蕊
E. 第3轮雄蕊　F. 雄蕊　G. 雌蕊　H. 花图式
（邱国金，2001. 园林植物）

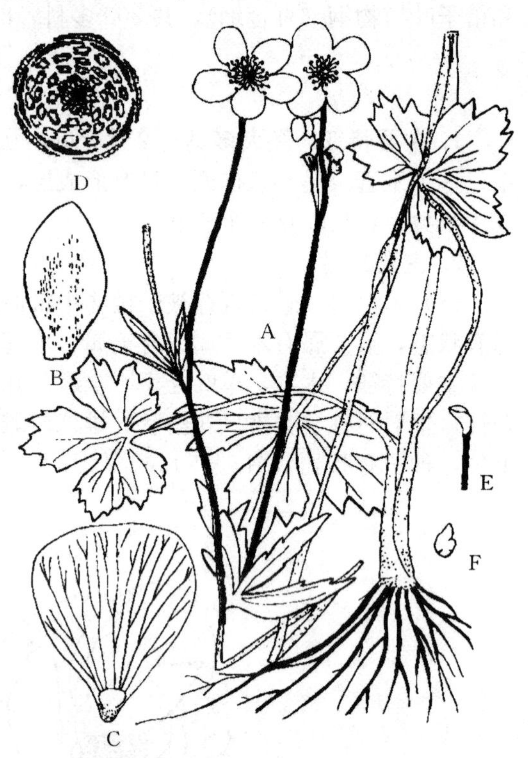

图5-11　毛　茛

A. 植株　B. 萼片　C. 花瓣　D. 花图式
E. 聚合果　F. 种子
（邱国金，2001. 园林植物）

主要分布：毛茛科有50属，2 000多种，广布世界各地，多见于北温带与寒带，我国有43属，700余种。本科植物含有各种生物碱，故有许多有毒植物、药用植物和农药植物。

（4）菊科

主要特征：常草本，叶互生，头状花序，有总苞，合瓣花冠，聚药雄蕊，子房下位，2心皮1室，1胚珠，常有冠毛，无胚乳。

主要分布：本科有约1 000属，2 500～3 000种，广布全世界，主要产于北温带，热带较少，我国有约230属，2 300多种，广布全国，本科植物为被子植物中最大的一科，也是最为进化的科之一。经济价值较大，有不少的油料作物、药用植物及蔬菜和观赏植物，也有许多田间常见杂草。

（5）葡萄科

主要特征：木质或草质藤木，茎具卷须，花序与叶对生；单叶或复叶，互生；花两性，

辐射对称，花部 4～5 基数，常排成聚伞花序或圆锥花序；雄蕊与花瓣对生，心皮 2，合生，子房上位，常 2 室，中轴胎座，每室胚珠 1～2 个，浆果，种子有胚乳。

主要分布：本科约 11 属，分布于热带、亚热带和温带地区，我国有 6 属，约 100 种，南北均有分布。代表植物有葡萄，果实为常见水果之一，果除生食外，还可制葡萄干或酿酒，酿酒后的皮渣可提取酒石酸（2，3-二羟基丁二酸），根和藤可药用。

（6）芸香科　主要特征：多木本，叶为复叶或单生复叶，互生，叶上常具透明腺点，萼片 4～5，花瓣 4～5，子房上位，花盘明显，多为柑果和浆果。

主要分布：本科有约 150 属，1 700 种，分布于热带和温带；我国有 29 属，140 多种，南北均产，以南方为多。代表植物有柑橘类，为我国南方著名水果。

二、单子叶植物纲

1. 主要特征　胚仅含 1 片子叶，有时胚不分化；主根不发达，须根系；茎中维管束散生或呈环状排列，无形成层，无次生生长和次生结构；叶具平行脉或弧形脉；花部常 3 基数，花粉粒具有单个萌发孔。

2. 主要分科

（1）棕榈科

主要特征：木本，树干不分枝，常具皮刺；叶常绿，大型，簇生茎顶，叶柄基部膨大成纤维状鞘；肉穗花序，圆锥状，多分枝；佛焰苞 1 片至数片；花小，淡绿色，两性或单性，浆果、核果或坚果，种子具有丰富胚乳（图 5-12）。

主要分布：本科有约 200 属，3 000 余种，分布于热带和亚热带，以美洲热带和亚洲热带为分布中心。我国有 28 属，约 100 余种，主要分布于南部至东南部各省份，本科为重要纤维、油料、淀粉和观赏植物。

（2）百合科

主要特征：多年生草木，具有多种地下变态茎；单叶，花两性，整齐，3 基数，花被片 6 枚，排列成两轮，雄蕊 6 枚，与花被片对生，子房上位，3 室，蒴果或浆果（图 5-13）。

图 5-12　棕　榈

（李慧摄影，2017）

葱莲属

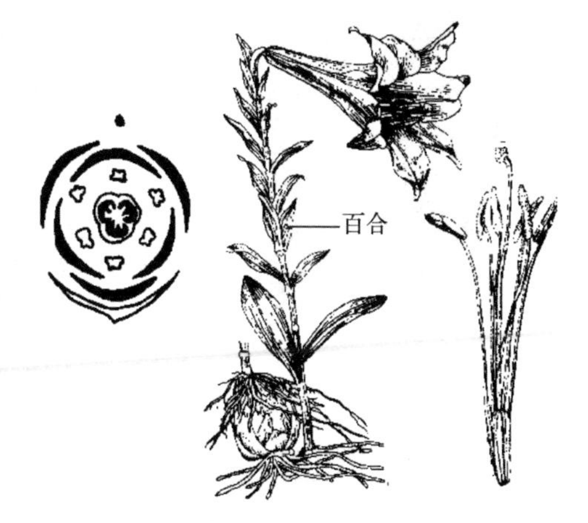

图 5-13　百合科植物

［金银根，2011. 植物学（第二版）］

主要分布：本科有 240 属，近 4 000 种，广布全世界，但主要分布于温带和亚热带地区。我国有 60 属，600 余种，各省均有分布，以西南最盛。

（3）禾本科

主要特征：草本或木本，地上茎称为秆，秆圆柱形，中空或实心，有节，单叶互生，2 列，叶鞘开裂，常有叶舌、叶耳，小花组成小穗，再由小穗组成多种花序，颖果（图 5－14）。

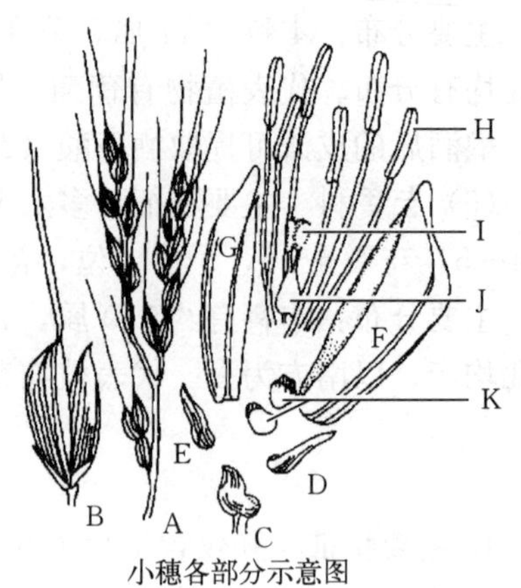

图 5－14 水 稻

A. 花序部分 B. 小穗 C. 颖片 D～E. 两朵不孕小花外稃 F. 可孕花外稃 G. 可孕花内稃 H. 雄蕊 I～J. 雌蕊 K. 浆片

［金银根，2011. 植物学（第二版）］

主要分布：它是种子植物中的一个大科，约 750 属，1 万余种，广布全世界，以温带、寒带居多。禾本科是农林生产上最重要的一个科，不仅有重要的粮食作物，如稻、小麦（图 5－15）、玉米、高粱等，也有许多为蔬菜和牧草。

（4）兰科

主要特征：多年生草本，须根肥壮，常有根状茎或块茎，陆生、附生或腐生，稀为攀缘藤本。单叶互生，茎部常具抱茎的叶鞘，有时退化成鳞片状。花两侧对称，花部 3 基数；花被 2 轮，外 3 枚花萼状，内 3 枚花瓣状，中央近轴处的 1 枚花瓣特化为唇瓣；雄蕊和雌蕊合生成合蕊柱，花粉结合成花粉块，子房下位，侧膜胎座，蒴果，种子极多，微小（图 5－16）。

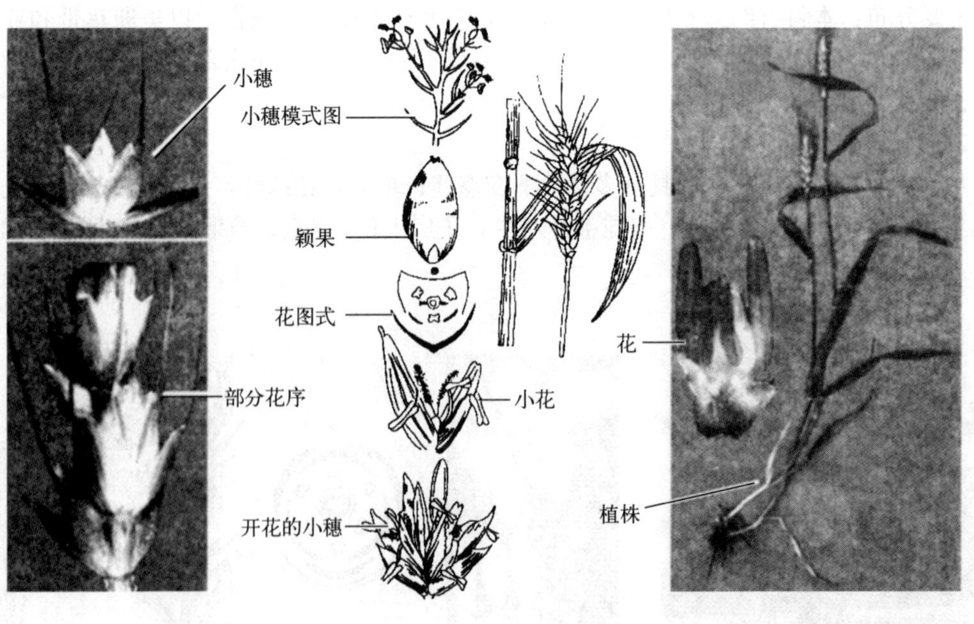

图 5－15 小 麦

［金银根，2011. 植物学（第二版）］

主要分布：本科约 700 属，20 000 种，广布热带、亚热带和温带地区，是被子植物的第二大科。我国有 166 属，1 100 种，主要分布于长江流域及以南地区。本科中有很多著名的观赏植物和名贵药材，经济价值很高。

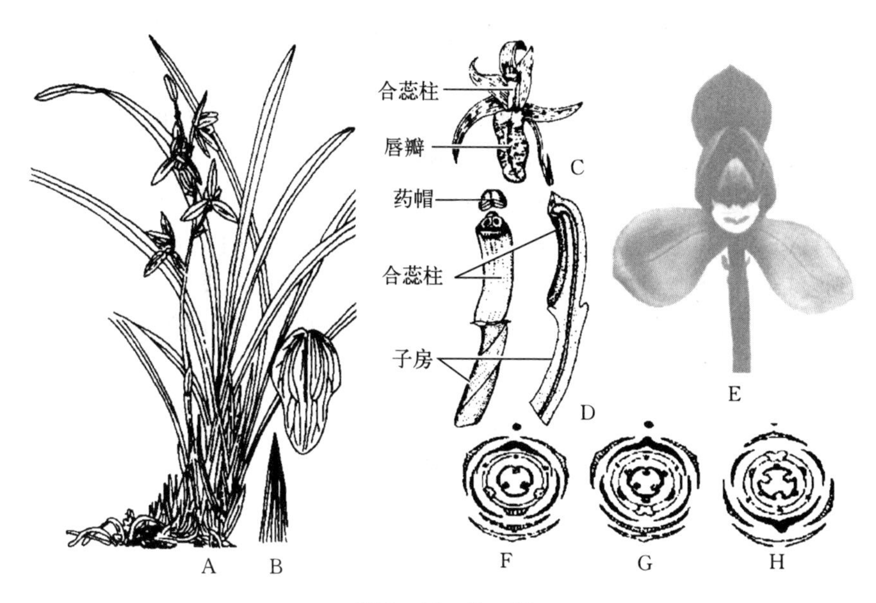

图 5-16　兰　科

A. 植株　B. 叶尖　C. 花　D. 子房与合蕊柱　E～H. 不同类型的花图式

［金银根，2011. 植物学（第二版）］

（5）泽泻科

主要特征：水生或沼生草本，叶常茎生，有鞘；花轮状排列于花序轴上，雄蕊和雌蕊螺旋状排列于凸起的花托上，聚合瘦果。

主要分布：有 13 属，约 100 种，广布世界各地，生于水中或沼泽地，我国有 5 属 20 种，南北均有分布。

代表植物：泽泻，俗名水药菜，广布全国各地，野生或栽培，根茎入药，性寒、味甘，具利水渗湿功效，主治小便不利、水肿胀满、泄泻、淋浊等症。

（6）姜科

主要特征：多年生草本，单叶，叶鞘顶端具叶舌；花被 6 枚，排列成两轮，具能育雄蕊 1 枚，其他雄蕊退化或呈花瓣状；子房 3 室，果实为蒴果或浆果。

主要分布：本科约 50 属，1 500 种，分布于热带、亚热带地区。我国有 19 属，143 种，产于西南部至东部地区。

代表植物：姜，根状茎肉质，扁平，有短指状分枝，原产太平洋群岛，我国中部、东南部至西南部广为栽培，根状茎含辛辣成分和芳香成分，入药能发汗解表、温中止呕、解毒，又作蔬菜和调味用。

单元小结

植物分类的方法有人为分类法、自然分类法两种。人为分类法是人们依自己的方便或按用途进行分类的方法。自然分类是以依据植物间性状的相似程度所进行的植物分类法。

植物分类的各级单位，以亲缘关系远近为根据，分为界、门、纲、目、科、属、种。种是植物分类的基本单位，种以下还有亚种、变种和变型。

对于每种植物各国都有各自的名称，一个国家各地的名称也有差异，而世界各国都采用林奈创立的双名法作为一种植物的学名、双名法是用两个拉丁单词作为一种植物的名称，第一个单词是属名，第二个单词是种加词，最后加上命名人的姓名。

植物检索表是根据马克二歧分类原则，将不同特征的植物，用对比方法，汇同辨异，逐一排列编制而成，用它可迅速鉴定不知学名的植物。

植物经过长期的进化发展，出现了形态结构、生活习性等方面的差别。有些类群繁盛起来，有些类群衰退下去，老的物种不断消亡，新的物种不断产生，植物从无到有，从少到多，从简单到复杂，从水生到陆生，从低级到高级，进化着并繁荣着。

被子植物根据其形态特征的异同，可分为双子叶植物纲和单子叶植物纲，共 300 多种，8 000 多属，它们与人类的关系最为密切。

知识拓展：玉米田间杂草的发生特点及化学防除

单元五复习思考题

单元六

植物的水分代谢

知识目标

1. 了解水分在植物生命活动中的作用，植物体内水分的运输和分配状况，蒸腾作用的生理意义及其影响因素。

2. 掌握水势、蒸腾作用的概念，水分在植物体内的运动，作物的需水规律及合理灌溉的方法。

3. 理解细胞和根系对水分吸收的机制及其影响因素，气孔蒸腾原理。

技能目标

1. 学会利用质壁分离现象鉴定细胞的死活。

2. 学会用小液流法测定植物组织水势的方法。

3. 学会蒸腾强度的测定方法，并利用测定结果分析外界条件对蒸腾作用的影响。

水是植物生存必不可少的环境条件，植物的一切正常生命活动都必须在细胞含有一定水分的状况下才能进行。在农业生产上，水是决定收成有无的重要因素，农谚“有收无收在于水，收多收少在于肥”，道理就在于此。植物生长发育过程中，一方面不断地从周围环境中吸收水分，另一方面又不断散失水分，以维持体内外的水分循环、气体交换以及适宜的体温。植物对水分的吸收、运输、利用和散失过程，称为植物的水分代谢。

知识1　水分在植物生命活动中的意义

一、植物的含水量

任何生活的植物体，都含有一定量的水分。植物体内的含水量，一般是指植物所含水分的量占鲜重的百分比。不同种类的植物或同一种植物在不同的环境、不同的生育时期及不同的器官中，其含水量有很大差异。例如，水生植物的含水量可达90%以上，沙漠植物则在10%以下，中生植物一般为70%左右。植物生命活动旺盛的组织或器官，如根尖、茎尖、芽等含水量可达80%～90%，随着器官的成熟与衰老，含水量也逐渐下降，如成熟种子的含水量常常降至15%以下。由此可见，水分多少与植物生命活动息息相关。

二、水分在植物生活中的重要性

水是植物一切生命活动的基础，没有水便没有生命。水在植物生活中的重要性主要表现在以下几个方面。

1. 水是原生质的重要组成成分 原生质中的含水量一般在70%～90%，适当的水分可使原生质胶体处于溶胶状态，保证了生命活动的正常进行。水分减少，原生质由溶胶变成凝胶，代谢活动减弱；若严重缺水，会导致原生质破坏而死亡。

2. 水是植物体内各种代谢过程和物质运输的介质 植物体内的各种生理、生化过程都是在水溶液中进行的，如矿质元素的吸收、运输，光合产物的合成与转化，以及植物与环境间的气体交换等都需要以水作为介质。

3. 水是某些代谢过程的原料 水是光合作用的原料；呼吸作用中的许多环节需要水分子直接参加；某些有机物的合成与分解也需要在有水的条件下才能进行。

4. 水能够使植物保持固有的姿态 细胞内水分充足，可使植物枝叶挺拔直立，有利于各种生命活动的进行。例如，叶片展开有利于充分吸收阳光，进行光合作用；花朵开放，便于传粉受精；根系伸展，便于吸水、吸肥等。

5. 水可以调节植物的体温、大气湿度和温度 水具有特殊的理化性质，使富含水分的植物体温度不致因环境温度的骤变而变化，如冬天可用越冬灌水方法来提高冬小麦抗寒性。高温干旱时，也可通过灌水来调节植物周围的温度和湿度，改善田间小气候，同时植物通过蒸腾失水带走大量的热量，可降低植物体温，减少烈日对植物的伤害。

三、植物体内水分的存在形式

植物体内的水分通常以自由水和束缚水两种形式存在。所谓束缚水是指被原生质胶体颗粒紧密吸附的水，它们不能移动，不起溶剂的作用，不参与代谢活动，与植物抗逆性有关。自由水是指能自由移动并起溶剂作用的水，自由水能参与各种代谢活动，其数量决定了植物的代谢强度。植物细胞内的自由水与束缚水的相对含量决定了原生质胶粒的存在状态。自由水相对含量高，束缚水相对含量低，则原生质胶体呈溶胶状态，代谢活跃，抗逆性差；反之，则原生质胶体呈凝胶状态，代谢弱，抗逆性强。

知识2　植物细胞对水分的吸收

植物的一切生命活动都是在细胞中进行的，因此要了解植物对水分的吸收，必须首先弄清楚细胞对水分的吸收。

一、细胞吸水的方式

细胞吸水有两种方式：没有液泡的植物细胞主要靠吸胀作用吸水，已形成液泡的成熟植物细胞主要靠渗透作用吸水。植物细胞以渗透吸水为主。

二、细胞吸水的机理

（一）水势

1. 渗透系统与渗透现象　用半透膜扎紧玻璃管的下端，然后向玻璃管中注入蔗糖溶液，再将玻璃管放入盛有纯水的烧杯中（图 6－1），这样便组成了一个渗透系统。过一段时间后，可看到烧杯中的水逐渐通过半透膜进入玻璃管，玻璃管中的液面升至一定高度后即不再变化。

2. 自由能　自由能是指在恒温恒压条件下，体系能做最大有用功的能量。所谓水的自由能，就是水分子所具有的能够用于做功的能量。在纯水中，水分子的自由能最大。

3. 水势　水势是单位体积水所具有的自由能，通常以 ψ_w 表示，单位为 Pa（帕）或 MPa（兆帕）。

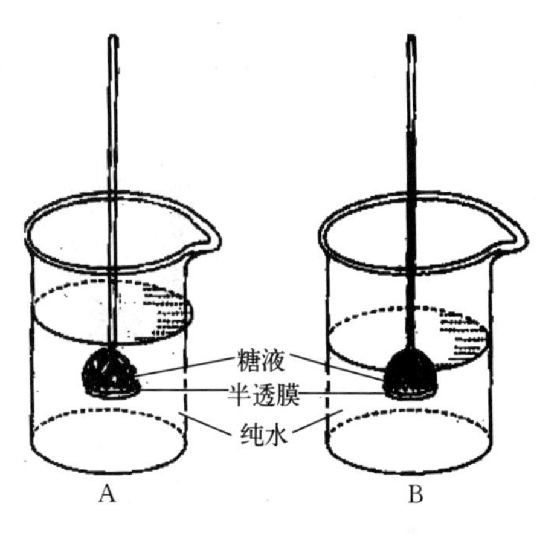

图 6－1　渗透作用装置
A. 实验开始时　B. 经过一段时间
（潘瑞炽，2004. 植物生理学）

因水势的绝对值无法确定，故人为地将纯水的水势规定为零。对任何一个含水体系来说，内部因素和环境因素的改变均会影响水势的大小。如当纯水中加入溶质时，由于溶质颗粒降低了纯水的自由能，水势就会变小。因此，含有任何溶质的溶液水势均小于零，且浓度越大，水势越低。水势可以通俗地理解为水分移动的趋势，水分总是由高水势的地方移向低水势的地方，水势差越大，扩散越快，直到两处水势相等为止。细胞水势（ψ_w）由以下三部分组成，它们之间的关系是：$\psi_w = \psi_s + \psi_p + \psi_m$。

（1）溶质势（ψ_s）　植物细胞中含有大量的溶质，其中主要是存在于液泡中的无机离子、糖类、有机酸和色素等，由于细胞中溶质的存在而引起的水势下降值称为溶质势。细胞液所具有的溶质势是各种溶质势的总和。溶质势表示溶液中水分潜在的渗透能力的大小，因此又称为渗透势。溶质势低于纯水的水势，为负值。细胞液越浓，溶质势越低，细胞吸水能力越强。

（2）压力势（ψ_p）　当植物细胞吸水膨胀时，会对细胞壁产生一种压力，称为膨压；细胞壁受到膨压的作用产生反作用力，称为壁压。壁压作用于原生质体，使细胞溶液自由能增加，从而提高细胞的水势，因此压力势通常为正值。

（3）衬质势（ψ_m）　衬质势是指细胞中的亲水物质，如蛋白质、淀粉和纤维素等对自由水的束缚而引起水势降低的数值。衬质势也是一个负值。具有液泡的细胞，其衬质势很小等，通常忽略不计。

（二）植物细胞的渗透作用

图 6－1 说明，纯水的水势高于蔗糖溶液的水势，烧杯中的纯水便可通过半透膜进入玻璃管内，而使管内的液面上升，直至膜两侧水分子进出的速率相等，呈动态平衡。这种水分从水势高的系统通过半透膜向水势低的系统移动的现象称为渗透作用。半透膜及其两边具有一定水势梯度的溶液组成渗透系统。

具有液泡的细胞，主要靠渗透作用吸水。与外界溶液接触时，细胞能否吸水，取决于细胞内外的水势差。把植物细胞放入外部溶液时，水分的变化情况如下：

（1）外部溶液水势大于细胞水势时，细胞吸水。

（2）外部溶液水势小于细胞水势时，细胞失水。细胞失水时，液泡体积变小，原生质体和细胞壁随之收缩。由于细胞壁的伸缩范围有限，当原生质体继续收缩而细胞壁无法收缩时，原生质体便慢慢脱离细胞壁，此种现象称为质壁分离（图 6－2）。如果把发生了质壁分离的细胞放在水势较高的稀溶液或清水中，外面的水分便进入细胞，液泡变大，原生质体慢慢恢复原来状态，此种现象称为质壁分离复原。以上两种现象只发生于生活细胞，死细胞的细胞膜无选择透性，故没有质壁分离现象。此法可用来判断细胞的死活。

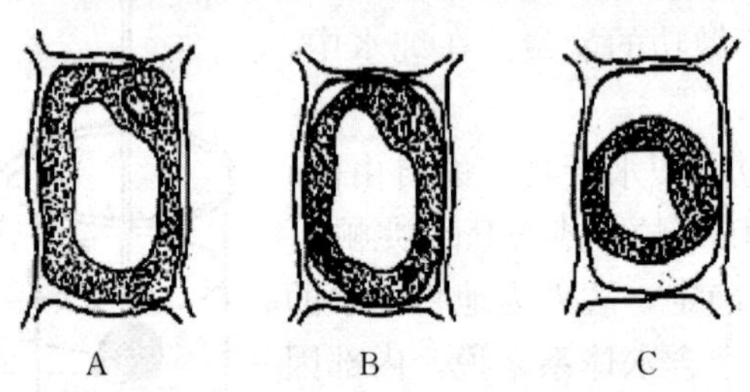

图 6－2　植物细胞的质壁分离现象

A. 正常细胞　B. 初始质壁分离　C. 完全质壁分离

（潘瑞炽，2004. 植物生理学）

（3）当外部溶液水势等于细胞水势时，细胞既不失水也不吸水　一般情况下，植物根细胞的水势总是低于土壤溶液的水势，所以根能从土壤中吸收水分。但由于施肥过多而使得土壤溶液浓度过大，其水势低于根细胞的水势时，根细胞的水分将会向外渗出，严重时会产生烧根现象而造成植物死亡。

（三）相邻细胞间水分的移动

相邻细胞间水分的移动也遵循从高水势向低水势移动直至双方水势相等的原则。

如表 6－1 所示，A 和 B 是相邻两细胞，A 细胞的水势高于 B 细胞，所以水从 A 细胞流向 B 细胞。当多个细胞连在一起时，如果一端细胞水势较高，另一端较低，水便从水势高的一端移向水势低的一端，如叶片由于不断蒸腾而散失水分，水势较低，根部细胞因不断吸水，水势较高，所以植物的水分总是沿着水势梯度从根输送到叶。

表 6－1　相邻两细胞间水分移动情况

A	B
$\psi_s=-12$ Pa	$\psi_s=-20$ Pa
$\psi_p=+6$ Pa	$\psi_p=+10$ Pa
$\psi_w=-6$ Pa	$\psi_w=-10$ Pa

水分移动方向————→

（四）植物细胞的吸胀作用

吸胀作用是指亲水胶体物质吸水膨胀的现象。对于未形成液泡的细胞，如分生组织、干燥种子的细胞，细胞的水势就等于衬质势。吸胀作用与细胞的代谢活动无直接关系，所以又称为非代谢性吸水。

知识3　植物的蒸腾作用

一、蒸腾作用的意义

植物体内的水分以气体状态散失到大气中去的过程称为蒸腾作用。植物的蒸腾作用和一般的水分蒸发是有区别的，蒸发作用仅是简单的物理过程，而蒸腾作用和植物的各种生命现象有着密切的关系，它是一种受植物生命活动所调节的生理过程。

蒸腾作用是植物重要的生理过程之一，对植物的生命活动具有重要的意义：

1. 蒸腾作用促进根系对水分的吸收及水分在植物体内的运输　特别是高大的树木，如果没有强大的蒸腾拉力，水分很难到达冠部。

2. 蒸腾作用促进矿质元素在植物体内运输和分配　根系所吸收的矿物质只有靠蒸腾流带动，才能分布到植物体各部分中去。

3. 蒸腾作用能够降低叶面的温度，减少呼吸消耗，防止光合系统被破坏　水具有非常高的汽化热，通过蒸腾过程，叶片可散失掉大量的热能。

4. 蒸腾作用有利于气体交换，促进光合作用　因为蒸腾作用时，气孔是开放的，开放的气孔成为二氧化碳进入的通道。

虽然蒸腾作用对植物的生长发育极为重要，但是过度的蒸腾，特别是在干旱缺水的状况下，也会造成植株水分的亏缺，影响植物的正常生长，甚至危及生命。所以，在农业生产上要采取适当的措施，把蒸腾量控制在有利于植物生长发育又不伤害植物的范围内。

二、蒸腾作用的方式

蒸腾作用的方式有多种。幼小的植株，凡暴露在地面上的部分都能蒸腾。植物长大后，茎枝表面木栓化，虽可通过茎枝上的皮孔蒸腾，但蒸腾量甚微，只占总蒸腾量的0.1%，植物蒸腾作用绝大部分是通过叶片进行的。

叶片的蒸腾作用有两种方式：一是角质蒸腾，即通过叶表皮角质层的孔隙散失水分；二是气孔蒸腾，即通过叶表面的气孔散失水分。角质蒸腾与气孔蒸腾在叶片蒸腾中所占的比例与植物的生态条件和叶片的年龄有关，幼嫩植株及水生植物，角质蒸腾占据比重大一些，而在成熟叶片中，角质蒸腾仅占总蒸腾量的3%～5%，因此气孔蒸腾是叶片蒸腾的主要方式。

三、气孔蒸腾

（一）气孔的大小、数目及分布

气孔是蒸腾过程中水蒸气从体内排到体外的主要出口，也是光合作用吸收二氧化碳的主要入口，是植物体与外界气体交换的大门。

气孔的大小、数目与分布因植物种类、生态环境而异（表6-2）。气孔在叶的下表面分布较多，每平方厘米叶面上的气孔少则几千，多则可达10万个以上。禾本科植物叶较直立，叶的两面受光差别不大，气孔在上、下表面分布数较接近；双子叶植物上表面气孔较少，下表面气孔较多。

表 6-2 不同植物气孔的数目、大小及分布

植物	每平方毫米气孔平均数（个）		下表皮气孔大小	全部气孔开放面积
	上表皮	下表皮	长（μm）×宽（μm）	占叶面积百分比（%）
小麦	38	14	38×7	0.52
玉米	52	68	19×15	0.82
向日葵	58	156	22×8	3.13
番茄	12	130	13×6	0.85

（二）气孔开闭原理

植物能通过气孔自动开闭调节蒸腾量的大小。气孔的开闭是通过保卫细胞来调节的，双子叶植物和大多数单子叶植物的保卫细胞呈肾形，细胞壁厚薄不均匀，靠气孔口的内壁厚，背气孔的外壁薄；水稻、小麦等禾本科植物保卫细胞呈哑铃形，中间部分壁厚，两端薄。对双子叶植物而言，当保卫细胞吸水，膨压加大时，外壁向外扩展，并通过保卫细胞壁上的微纤丝将拉力传递到内壁，使内壁向外弯曲，气孔就张开；相反，当保卫细胞失水时，气孔就关闭。禾本科植物与此类似，当保卫细胞吸水时，两端薄壁部分膨大，气孔张开；当保卫细胞失水时，气孔关闭（图 6-3）。

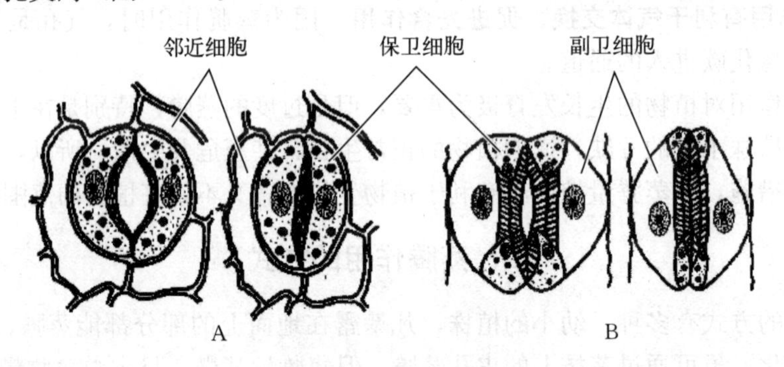

图 6-3 气孔开闭

A. 双子叶植物 B. 单子叶植物

（王宝山，2007. 植物生理学）

凡是影响光合作用和叶片水分状况的各种因素，都会影响气孔的运动，如光、温度、叶片含水量以及二氧化碳等。此外，某些化学物质也能调节气孔运动，如醋酸苯汞、脱落酸等可促进气孔关闭，激动素能使气孔张开。

（三）气孔蒸腾的过程

气孔蒸腾分两步进行，第一步是水分在叶肉细胞壁表面进行蒸发，水汽扩散到细胞间隙、气室中；第二步这些水汽从细胞间隙、气室通过气孔扩散到周围大气中去（图 6-4）。

叶片上气孔的数目虽然很多，但所占叶面积比例很小，一般只有叶面积的 1%～2%，然而蒸腾量比同样面积的自由水面高几十倍甚至上百倍。其原因在于气体通过小孔扩散的速率不与小孔的面积成正比，而与小孔的周长成正比，这就是气体扩散的小孔定律。孔越小其相对周长越长，水分子扩散速率越快，这是因为小孔周缘处扩散出去的水分子相互碰撞的机会少，所以扩散速率就比小孔中央水分子扩散的速率快（图 6-5）。

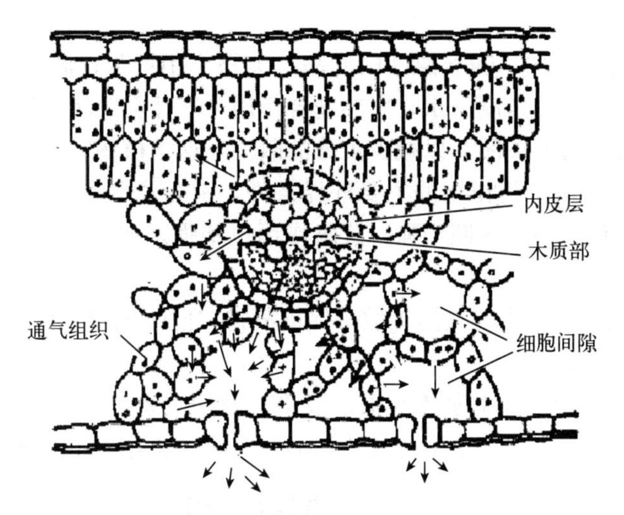

图 6-4　气孔蒸腾中水蒸气扩散途径
（王宝山，2007. 植物生理学）

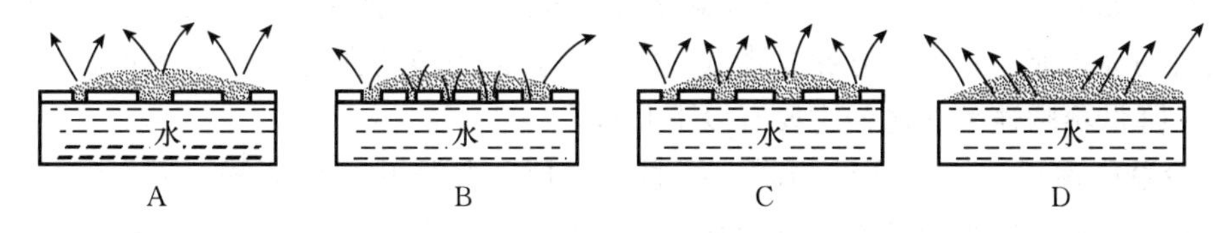

图 6-5　水分通过多孔表面与自由表面蒸发的比较
A. 小孔分布很稀　B. 小孔分布很密　C. 小孔分布适当　D. 自由水面
（陈忠辉，2001. 植物生理学）

四、蒸腾作用的指标

蒸腾作用的强弱，可以在一定程度上反映植物的水分代谢状况。衡量蒸腾作用强弱常用的指标有以下几种。

1. 蒸腾速率　蒸腾速率又称蒸腾强度，是指植物在单位时间内单位叶面积所散失的水量，常用单位为 $g/(m^2 \cdot h)$，大多数植物白天蒸腾速率为 $15 \sim 250\ g/(m^2 \cdot h)$，夜间为 $1 \sim 20\ g/(m^2 \cdot h)$。

2. 蒸腾效率　蒸腾效率是指植物每蒸腾 1 kg 水所形成的干物质量，常用 g/kg 表示。一般植物的蒸腾效率为 1～8 g/kg。

3. 蒸腾系数　蒸腾系数又称需水量，指植物每制造 1 g 干物质所消耗水分的质量，是蒸腾效率的倒数。一般植物的蒸腾系数是 125～1 000 g。通常草本植物蒸腾系数高于木本植物，如草本植物玉米约为 370 g，小麦约为 540 g，木本植物白蜡约为 85 g，松树约 40 g。蒸腾系数越小，表示植物利用水分的效率越高。

五、影响蒸腾作用的环境因素

1. 大气湿度　大气湿度大，叶片内外的蒸气压差就小，蒸腾作用减弱；反之，大气湿度越小，蒸腾作用越强。所以，在阴雨天或空气湿度大的天气条件下，植物的蒸腾作用比晴天弱得多。

2. 温度 在一定范围内，随着温度的升高，蒸腾作用增强；温度降低时，蒸腾作用减弱。但当温度过高时，叶片过度失水，影响光合作用，气孔会关闭，以减少蒸腾失水。在炎热夏季的中午，气孔会暂时关闭，以减少水分的散失，这是植物对外界环境的一种适应。

3. 光照 光照是影响蒸腾作用的主要外界条件，因为光照不仅影响气孔开闭，而且使气温和叶温升高。一般来说，光照增强，蒸腾作用也增强。但光照过强，会引起气孔关闭，使蒸腾减弱。

4. 风 微风可促进叶面水蒸气的扩散，促进蒸腾，但强风则会使叶温降低，气孔关闭，内部阻力加大，蒸腾减弱。

5. 土壤条件 由于植物地上蒸腾与根系吸水有密切关系，所以凡能影响根系吸水的土壤条件，如土壤含水量、土温、土壤透气性和土壤溶液浓度等都能间接影响蒸腾作用。

六、降低蒸腾的途径

植物通过蒸腾作用散失大量的水分，一旦水分供应不足，植物就会发生萎蔫。特别是新移栽的植物，如果蒸腾量过大，就会影响成活。因此，在生产上，一方面要促进根系的生长，增强植物吸水能力；另一方面要降低蒸腾速率，以免蒸腾强度过大水分供应不上而致使植物枯萎。降低蒸腾速率的途径主要有以下几种。

1. 减少蒸腾面积 在移栽植物时，可通过去掉一些枝叶减少蒸腾面积，降低蒸腾量，以维持移栽植物体内的水分平衡，有利其成活。栽植密度要适当，保持适宜的叶面系数，果树等要适当修剪，保持合理的树形也可降低水分的消耗。

2. 改变环境条件 避开促进蒸腾的外界条件，如在炎热的夏季，苗木、花卉要注意适当遮阴、覆盖及喷水降温，这样有利于降低植物的蒸腾速率。此外，采用大棚或温室栽培也能降低植物的蒸腾速率，这是由于在大棚或温室内空气相对湿度较高的缘故。

3. 使用抗蒸腾剂 能降低植物蒸腾速率的物质，称为抗蒸腾剂。按其作用方式可分为3类：第一类是薄膜性物质，喷洒于叶面可形成一层保护膜，以阻断水分的散失途径，如硅油和低黏度蜡等；第二类是气孔开度抑制剂，如醋酸苯汞、脱落酸等能减少气孔开张度或使气孔关闭，从而降低蒸腾速率；第三类是反射性物质，如高岭土、石灰粉等，喷洒后可对阳光起反射作用，降低叶面温度，减少蒸腾失水。

知识4 植物根系吸水与体内水分运输

一、植物根系对水分的吸收

（一）根系吸水的部位

根系中各部位的吸水能力是不同的，吸水区域主要在根的尖端，即根尖。根尖是指从根的尖端到着生根毛的部位，是根生命活动最旺盛的部分，根的吸收、合成和分泌等作用主要在根尖进行。根尖从顶端往上依次可分为根冠、分生区、伸长区和根毛区4个部分，其中根

毛区的吸水能力最强。根毛区的根毛数量很多，增加了根的吸收面积；根毛细胞的外部由果胶质组成，具有较强的黏性和亲水性，有利于黏附土粒和吸水；另外，根毛区已分化出输导组织，对水移动的阻力小，能将根吸收进来的水分及时输送出去，而根的其他部位，或者木栓化程度高，水分难以进入，或者输导组织未形成，水分运输阻力大。因此，根毛区成为根吸水最活跃的部位。由于根吸水主要在根尖部分进行，所以在移栽时应尽量保护根毛。容器育苗、带土球移栽可避免和减少根毛损伤，对提高移栽成活率是非常有效的。

（二）根系吸水的动力

植物根系吸水主要有两种动力，一种是地下的根压，另一种是地上部分的蒸腾拉力。无论是哪一种力量，其基本原理仍然是由细胞水势和外液水势所造成的水势梯度引起的吸水。

1. 根压 根压是由根部活细胞的代谢作用所引起的吸水动力。这种吸水过程与根系的代谢密切相关，因此称作主动吸水。例如，在春天将植物的茎在近地面处切断，就会从切口处流出汁液，这种现象称为伤流，流出的汁液称为伤流液。如果在切口处套上橡皮管与压力计相接，压力计就会显示出一定的压力（图 6－6）。

伤流现象在草本植物中比较普遍，如瓜类、玉米、向日葵和番茄等；木本植物如葡萄、核桃、桑树和槭树等也有显著的伤流现象。因此，这些树木应避免在春季修剪和嫁接，以免失水过多和造成感染。伤流液不单纯是水，还含有糖类、含氮物质、有机酸及少量矿质元素等。根据伤流液的量可判断根系代谢能力的强弱。

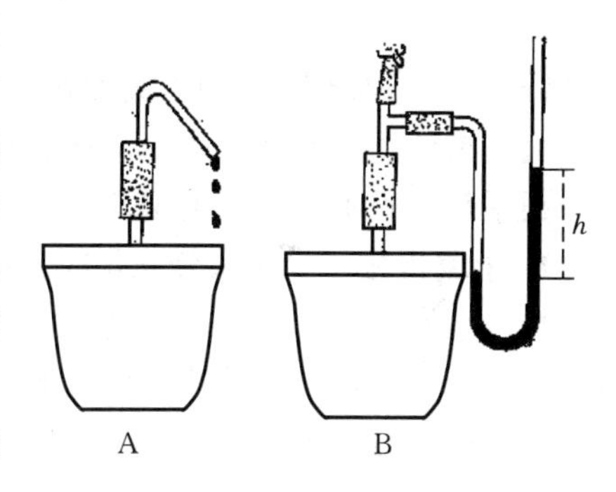

图 6－6 伤流和根压示意图

A. 伤流 B. 根压

（王衍安，2004. 植物生理学）

在温暖湿润的条件下，如果土壤水分充足，在健壮的完整植物的叶尖或叶缘会有水珠溢出，这种现象称为吐水。吐水也是由根压引起的，是植物一种正常的生理现象。一些草本植物，如金莲花、倒挂金钟、凤仙花、番茄等及许多禾本科植物都具有吐水现象，有些树木，如柽柳、山杨、稠李和柳树等吐水现象也较显著。只有在土壤含水量适中、通透良好，地温适当，根系代谢能力加强的情况下，植物才能产生吐水现象，所以吐水可作为实施某些栽培措施的参考。

伤流和吐水都是由根压引起的。由于根压与根系的代谢活动密切相关，由此，在低温、缺氧等抑制根系呼吸的情况下，吐水和伤流都会受抑制。

根压是根系吸水和水分上升的动力之一。但植物的根压一般只有 1～2 个大气压，只能使水上升 20 m 左右的高度，只有在早春叶尚未展开时，蒸腾较弱的情况下，树木主要依靠根压吸水和进行水分运输。一般情况下，蒸腾拉力才是根系吸水和水分运输的主要动力。

2. 蒸腾拉力 当叶片蒸腾失水时，叶细胞水势降低，即从叶脉导管吸取水分，由此引起叶脉导管失水，水势下降，叶脉导管和茎导管、根导管相通，而且它们都是中空的死细胞，水在其中形成一连续的水柱，由于叶细胞不断向导管中吸水，水分不断沿导管上升，最终引起根系从土壤中吸取水分，这种由于蒸腾作用产生的一系列水势梯度使水分沿导管上升的力量称为蒸腾拉力。如图 6－7 所示，将带有叶片的枝条固定在一段玻璃管内，玻璃管下面放一盛有水银的水钵，随着叶片的蒸腾作用，水钵里的水银被吸到玻璃管里。

在蒸腾强烈的情况下，蒸腾拉力可达十几个大气压，这是植物特别是高大树木吸水和水分传导的主要动力。这种吸水完全是由于蒸腾失水而产生的蒸腾拉力引起的，对于根系来说，是一个被动的物理过程，所以称为被动吸水。

通常情况下，根压引起的主动吸水和蒸腾拉力引起的被动吸水是共同起作用的，但在不同的气候条件和植物的不同生育期，二者所占的比例是不同的。高大而叶多的植物或蒸腾强烈的植株，被动吸水常是主要的；幼小或叶片未展开的植株、落叶植株，以及在蒸腾微弱的夜晚，根的主动吸水则是首要的。

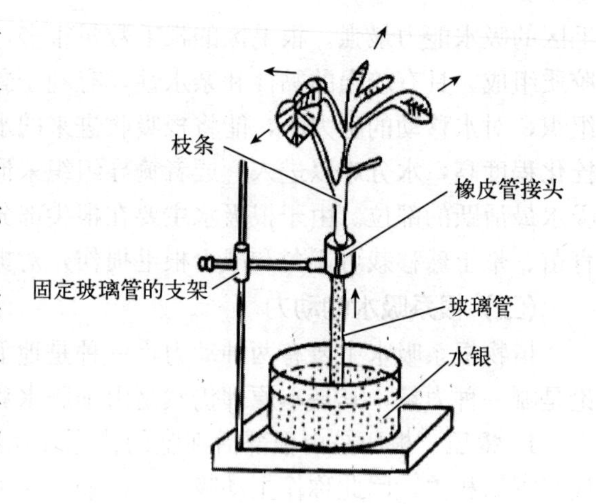

图 6-7　蒸腾拉力示意图
（王衍安，2004. 植物生理学）

（三）影响根系吸水的环境因素

大气条件能影响蒸腾速率，从而间接影响根系吸水，而直接影响根系吸水的则是土壤条件，根系是否吸水，要看土壤几个方面的情况。

1. 土壤水分　土壤水分充足时，有利于植物根系的吸水；土壤干旱则不利于植物吸水。当植物根系所吸收的水分得不到及时补充时，植物就会出现萎蔫，萎蔫是指水分亏缺时，细胞失去膨压，叶片和茎的幼嫩部分下垂的现象。当蒸腾速降低后，萎蔫植株可恢复正常，则这种萎蔫称暂时萎蔫；若蒸腾很弱萎蔫植株仍不能恢复正常，则称永久萎蔫。永久萎蔫的实质是土壤的水势低于植物根系的水势，只有增加土壤中可利用水，提高土壤水势，才能消除永久萎蔫。永久萎蔫如果持续下去就会引起植株死亡。

2. 土壤温度　一般来说，在适当的温度范围内，土温和水温越高，根系吸水越多。但土壤温度过高，对根系吸水也不利。土壤温度过高会增加根的木质化程度，加速根的老化，还会使根系代谢失调，丧失吸水功能。因此，进行温室、塑料大棚栽培及温床育苗时，必须采取适当措施，使土壤温度适宜。

土温过低会使根系吸水能力明显下降。其原因，一是低温使水分子运动速率减慢，原生质黏性增加，水在细胞间运行时阻力增加；二是低温使根系生长缓慢，吸收面积减少；三是低温使根系代谢活动减弱，呼吸作用减弱，影响主动吸水。低温影响根系吸水的程度，随植物种类的不同而异，一般说来，喜温植物和生长旺盛的植物根系受影响大，如棉花、柑橘和甘蔗，只要土壤温度低到 5 ℃以下，吸水就明显下降；如黄瓜，当土壤温度低于 10 ℃时，就可能出现萎蔫。

在炎热夏季的中午，用冷水浇灌植物，反而会引起植物萎蔫甚至死亡，这是因为高温季节，植物的蒸腾作用旺盛，如浇冷水，土温突然下降使根部吸水的速度大为减慢，同时植物没有任何准备，叶片气孔没有关闭，水分失去供求平衡，植株萎蔫，严重时能引起植株死亡，对草本植物这种现象更为严重，所以炎夏季节灌溉在早晨或傍晚为宜。

在秋冬季，天气干燥，植物蒸腾过旺，而此时土温较低，影响根系吸水，植物便以落叶来适应。

3. 土壤通气状况　当土壤通气良好时，根的呼吸旺盛，吸水能力提高。土壤通气不良则使土壤中氧气缺乏，二氧化碳积累过多，短时间可使细胞呼吸减弱，影响主动吸水，时间一长，就形成无氧呼吸，产生和积累较多的乙醇，根系中毒受伤，吸水更少。为了使土壤通气良好，必须增加土壤的团粒结构及进行松土工作，以保证根系的正常活动。在盆花栽培中，经常会出现因浇水过勤，而导致植物死亡的现象，其原因也在于通气不良。

4. 土壤溶液浓度　一般情况下，土壤溶液浓度较低，水势较高，根系易于吸水。但在栽培管理中，如施肥过多或过浓，也可使土壤溶液浓度增高，水势下降，阻碍根系吸水，甚至会导致根系水分外流，而产生烧苗现象。所以，生产中施肥应提倡薄施、勤施。另外，盐碱地上的植物往往生长不良，也主要是土壤溶液浓度过高所致。

二、植物体内水分的运输

（一）水分运输的途径和速率

土壤→根毛→皮层→内皮层→中柱鞘→根的导管或管胞→茎的导管→叶柄的导管→叶脉导管→叶肉细胞→叶细胞间隙→气孔下腔→气孔→大气（图 6－8），其中水势是以递减的形式分布的。

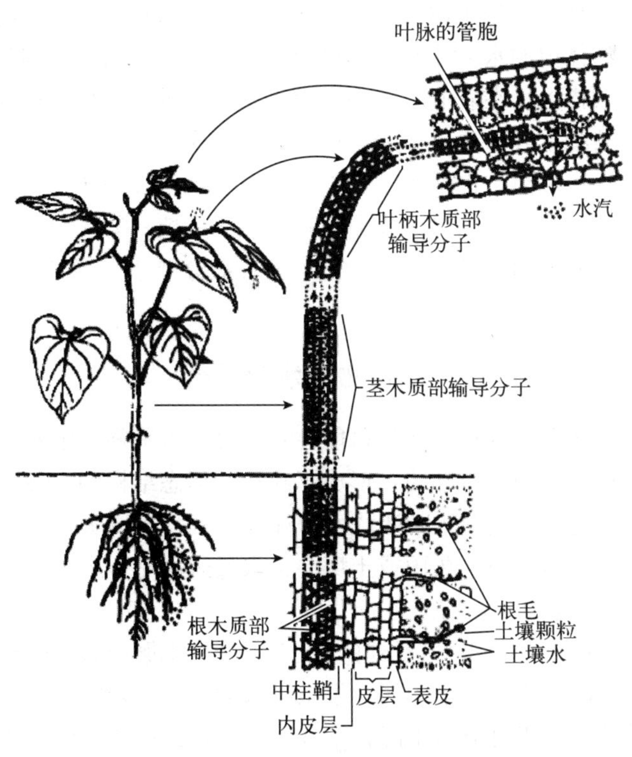

图 6－8　水分从根向地上部运输的途径

（王宝山，2007. 植物生理学）

水分通过活细胞的运输速率为 1×10^{-3} cm/h，通过导管的速率一般为 3～45 m/h，通过管胞的运输速率约 0.6 m/h。同一植株白天水流速率大于晚上。水分的运输速率还与环境有关，一般来说，植物处于光照较强、气温较高、空气较干燥且有利于根系吸水的土壤条件下，水分运输速率较快。

水分在植物体内除由下而上运输外，还可沿维管束射线进行横向运输，当然这种运输速率很慢。

（二）水分运输的动力

水分运输的动力，根据目前的了解，主要有3种：一种是下部的根压，另一种是树冠的蒸腾拉力，最后一种是中间力量。植物的根压一般只有0.1～0.2 MPa，最多只能使水分上升20 m左右。高大的树木水分上升的另一个原动力就是蒸腾拉力，蒸腾拉力可达1 MPa，所以是水分上升的主要动力。水分在导管内能不断地被牵引上去，还必须形成一连续的水柱。由于水分子的内聚力和水分子与导管壁之间的附着力，保证了导管中的水成一连续的水柱且不断上升。除此以外，木质部内的一些活细胞，如射线细胞和木质部的薄壁细胞等都有将水推进上升的能力。

知识5　合理灌溉

植物正常的生命活动，有赖于体内良好的水分状况。植物蒸腾失去的水分，必须从土壤中及时得到补充，植物体内的水分才能达到供求平衡的状态。而灌溉则是补充土壤水分，防止植物水分亏缺的有效措施。在农业生产中，灌溉是十分重要的技术环节。灌溉量不足或灌溉不及时，轻者引起植物茎叶萎蔫，重者造成植株严重伤害。灌溉过量，会造成徒长，降低植物抗逆性，植物含水量过高，也不利于营养生长向生殖生长的转化，影响开花结果，并造成水资源的浪费。因此，运用植物水分代谢的知识，研究植物需水规律，制定合理灌溉的指标，及时、适量地满足植物生长发育中各个时期的水分要求，是生产实践中的一项重要环节。

一、植物的水分平衡

植物体内水分得失之间的变化有3种可能性：水分供求平衡，吸水大于蒸腾失水和吸水小于蒸腾失水。由于植物长期适应环境，形成了独特的形态结构和生理机能，调节和制约着水分的吸收和散失，因此通常情况下根吸收水分能及时补偿蒸腾失水和生长需水，植物体内水分基本呈动态平衡。但当干旱、久雨或土壤中含水量过高时，水分的这种动态平衡就会遭到破坏，植物生长就会受到影响。

干旱时，由于土壤中可利用水含量下降，根系无法从土壤中获取生长所需的水量，作物会呈现水分亏缺；水涝时，由于呼吸不畅，根系吸水能力下降，同样会出现水分亏缺。轻度水分亏缺引起茎、叶萎蔫，光合能力下降，水分亏缺严重则使代谢活动受阻，抑制作物的生长发育，最终都会使产量受到不同程度的影响。

土壤含水量较高时，根系吸收的水量超过蒸腾失水，组织就会嫩弱，抵抗力下降，以致营养生长过旺，生殖生长受抑制，引起倒伏，使作物减产。

在生产上，为保证高产，必须保持作物的水分平衡，水涝时及时开沟排水，干旱时进行合理灌溉。

合理灌溉的基本原则是用最少量的水取得最好的效果。我国是一个水资源比较贫乏的国家，合理灌溉，节约用水，发展节水农业在我国显得尤为重要，要做到这些就要深入了解作物的需水规律，掌握合理灌溉的时期、指标和方法。

二、作物的需水规律

（一）不同作物对水分的需要量不同

植物需水量因植物种类而异，如大豆和水稻的需水量较多，小麦和甘蔗次之，高粱和玉米最少。在同样用水量的情况下，C_4 植物积累的干物质比 C_3 植物多1～2倍。作物对水分的需要一般可根据蒸腾系数的大小来估计，作物的生物产量乘以蒸腾系数，即为理论最少需水量。但在实际应用时，还应考虑土壤保水力的大小、降水量的多少及生态需水等因素，实际灌水量一般要比理论最少需水量大得多。

（二）同一作物不同生育期对水分的需要量不同

同一作物在不同生育时期对水分的需要量也有很大差异（表6-3）。在作物苗期，由于叶面积小，蒸腾失水少，需水量较少；随着作物的生长，叶面积逐渐增大，需水量迅速增加，当叶面积最大时，需水量也达到高峰；到了生长后期，营养物质运输已经结束，籽粒开始失水，根、茎、叶开始枯萎死亡，需水量达到最少。对于多年生的果树来说，春季枝叶尚未展开，需水量较少；夏季生长旺盛，枝叶量最大，需水量最多；到了秋季，气温降低，叶片衰老，蒸腾减弱，需水量较少。

表6-3　冬小麦和花生作物各生育期需水情况

作物	生长发育阶段	各生育阶段日数占全生育日数的比例（%）	各生育阶段需水量占全生育期需水量的比例（%）	平均每日耗水量（m^3/hm^2）
冬小麦	播种—出苗	2.65	2.01	15.00
	出苗—分蘖	4.54	4.94	19.50
	分蘖—越冬	23.10	9.37	7.95
	越冬期	32.95	5.44	3.30
	返青—拔节	12.87	12.07	18.45
	拔节—抽穗	10.61	30.09	56.10
	抽穗—开花	1.14	3.84	66.30
	开花—成熟	12.12	32.49	52.65
花生	播种—出苗	5.9～15.3	3.2～6.5	8.25
	出苗—开花	22.9～25.3	16.3～19.5	13.5
	开花—结荚	38.9～43.7	52.1～61.4	25.8
	结荚—成熟	22.9～25.2	14.4～25.1	16.2

每种作物都有需水高峰期，一般处于生长旺盛阶段。例如，冬小麦有两个需水高峰期，第一个在冬前分蘖期，第二个在开花至乳熟期；大豆的需水高峰在开花结荚期；谷子的需水高峰在开花至乳熟期。

（三）作物的水分临界期

水分临界期是指植物在生命周期中对水分缺乏最敏感、最易受害的时期。各种作物需水临界期不同，大多数出现在从营养生长向生殖生长的过渡阶段（表6-4）。如小麦在拔节至抽穗期，棉花在开花至成铃期，玉米在大喇叭口期至乳熟期。作物在水分临界期缺水，会严重影响产量，而且过后无法弥补。

表6-4　几种作物的需水临界期

作物	需水临界期	作物	需水临界期
冬小麦	孕穗至抽穗	番茄	结实到果实成熟
春小麦	孕穗至抽穗	大豆、花生	开花
水稻	孕穗至开花	马铃薯	开花到块茎形成
玉米	大喇叭口期至乳熟期	甜菜	抽薹到花期
高粱	孕穗至灌浆	果树	开花、果实生长初期
棉花	开花至成铃	瓜类	开花到成熟

总之，作物需水规律随作物种类、生长时期、土壤、气候和生产力水平等诸多因素而变化，应当结合当地作物需水规律。另外，作物需水量和作物耗水量之间有区别。作物需水量是指在适宜的环境条件下作物正常生长发育达到或接近该作物品种的最高产量水平时所需要的水量，是一个理论值。耗水量又称实际蒸散量，是指具体条件下作物获得一定产量时实际所消耗的水量，是一个实际值。

三、合理灌溉的指标

合理灌溉的首要问题是确定灌溉的适宜时期，决定灌溉时期可依据作物的形态指标、生理指标，结合土壤墒情加以判断。

（一）土壤指标

根系分布于土壤中，依据土壤的湿度决定是否灌溉，是一种较好的方法。一般植物正常生长发育的根系活动层为地表0～90 cm，此区域内的土壤含水量为田间持水量的70%（即抓起土壤，手握成团，落地即散）时，是较为适宜的。当含水量低于60%（即抓起来不能捏成团）时进行灌溉。但由于灌溉的真正对象是作物，不是土壤，因此最好以作物本身的情况作为灌溉的依据。

（二）形态指标

我国自古以来就有看苗灌水的经验，即根据作物的外部形态确定是否需要灌溉。常见的形态变化有以下几种。

1. 幼嫩茎叶凋萎　幼嫩叶片的角质层薄，蒸腾作用相对较强，与植物的其他部分相比，更容易失去水分，水分动态平衡遭到破坏而凋萎。

2. 茎、叶颜色呈暗绿色或变红　植物水分缺乏时，细胞生长缓慢，茎、叶细胞中的叶绿素的浓度相对较高。

（三）生理指标

合理灌溉的最好依据是生理指标，因为它能更早地反映出植株内部的水分状况。例如，

叶片的水势、细胞汁液的质量分数、气孔开度等都能比较及时地反映植物体内水分状况，可以作为对植物进行合理灌溉的指标。

1. 水势　叶片的水势是合理灌溉最灵敏的指标。因为，植株缺水时，叶片的水势最先发生反应。例如，当冬小麦、棉花的水势降到极值时（表 6－5），必须立即灌水。

表 6－5　冬小麦、棉花叶片水势极限值

作物	生育期	水势（10^5 Pa）
冬小麦	分蘖—拔节	－10～－9
	拔节—抽穗	－12～－11
	籽粒形成期	－14～－13
	乳熟期	－16～－15
棉花	花前期	－12
	花期—棉铃形成期	－14
	成熟期	－16

2. 细胞汁液的质量分数　测定细胞汁液质量分数的方法比较简单，在田间，用平嘴钳压出一定部位叶组织的汁液，放在折光测定计中，即可测定细胞汁液质量分数。质量分数越大，说明植物组织含水量越少。据测定，冬小麦从拔节至抽穗，叶片细胞汁液质量分数在6％左右时，就可能出现倒伏现象；汁液质量分数达到 9％时，预示小麦缺水；抽穗后细胞汁液质量分数以 10％～11％为宜，当达到 12％～13％时就应该及时灌水。

3. 气孔开度　气孔开闭是通过保卫细胞来调节的。保卫细胞吸水时，气孔就张开；保卫细胞失水时，气孔就关闭。当土壤水分亏缺时，根系吸水减少，保卫细胞含水量减少，引起气孔开度相应缩小甚至关闭。如小麦气孔开度达到 5.5～6.5 μm，甜菜叶片气孔开度达到5～7 μm 时，应及时灌水。

四、灌溉的方法

农业生产上灌溉的方式可分为传统的地面灌溉、普通喷灌及微灌，具体的灌溉方法如下。

1. 漫灌　漫灌是传统的灌溉方式。常要挖沟渠，植物在畦中排成行或在苗床上生长，水沿着渠道进入农田，顺着垄沟或苗床边沿流入。该方法操作简单，但耗水量大，水利用率很低，土壤结构破坏严重。

2. 喷灌　喷灌是由管道将水送到位于田地中的喷头中喷出，有高压和低压的区别，也可以分为固定式和移动式。这种方法可解除大气干旱和土壤干旱，保持土壤团粒结构，防止土壤盐碱化，节约用水。但喷灌也有一定的局限性，如作业受风影响较大，高温、大风天气不易喷洒均匀，喷灌过程中的蒸发损失较大等，而且喷灌的投资要高于一般地面灌水。

3. 滴灌　滴灌是将水一滴一滴均匀而又缓慢地滴入植物根系附近土壤中的灌溉形式，滴水流量小，水滴缓慢入土，可以最大限度地减少蒸发损失，如果再加上地膜覆盖，可以进一步减少蒸发。但滴灌的工程投资也高，一般只适用于水果、蔬菜和花卉等产值高、收益高的经济作物，对于大田作物，则不太适合。

五、合理灌溉增产的原因

作物要获得高产优质，就必须生长发育良好，合理灌溉不但能防止土壤干旱，而且能显著改善灌溉地上的小气候条件，满足作物的生理需水和生态需水。据研究，灌溉后可改善下列生理状况：植株生长加强，光合面积增大，叶片寿命延长，光合速率提高，根系活力增强，改善光合“午休”现象，促进光合产物向经济器官运送和转化，提高产量。由此可见，灌溉可改善各种生理作用，特别是光合作用，所以增产效果十分显著。

灌溉除满足生理需要外，还能改变栽培环境，间接影响作物生长。如早稻秧田在寒潮来临前深灌，起保温防寒作用；晚稻在寒露风来临前灌深水，有防风保温作用；在盐碱地灌溉，还有洗盐和压制盐分上升的功能；旱田施肥后灌水，可起溶肥作用。

单元小结

水是植物的主要组成成分，植物体内的水分以自由水和束缚水两种形态存在。

细胞吸水有渗透吸水和吸胀吸水之分。具有液泡的植物细胞以渗透吸水为主，无液泡的植物细胞以吸胀作用吸水。细胞与细胞之间的水分移动方向，取决于两者的水势差，水分总是从水势高的细胞流向水势低的细胞，直到两者水势差为零。

土壤中可利用水主要是毛细管水，能被植物根系吸收。根系吸收水分最活跃的部位是根毛区，根系吸水可分为主动吸水和被动吸水。

蒸腾作用在植物生活中具有重要的作用。气孔蒸腾是蒸腾作用的主要方式，影响气孔蒸腾的主要环境因素有光照、温度和湿度。

灌溉的基本原则是用少量的水取得最好的效果。作物需水量因作物种类、生长发育时期不同而有差异。合理灌溉则要以作物需水量和水分临界期为依据，参照生理指标制订灌溉方案，采用先进的灌溉方法喷灌和滴灌。及时地进行灌溉是获得作物高产、稳产及品质改善的基本保证。

知识拓展：节水灌溉与现代节水农业

单元六复习思考题

单元七

植物的矿质营养代谢

知识目标

1. 了解植物体的组成元素。

2. 理解植物体内必需营养元素的生理功能及缺素症。

3. 掌握植物对矿质元素吸收的特点、机理以及矿质元素在植物体内的运输、分配规律。

技能目标

1. 能通过实验验证植物根系对矿质元素离子的交换吸附。

2. 会运用植物对矿质元素的吸收机理指导农业生产中的合理施肥。

知识1　植物体内的必需元素

一、植物体内的元素

植物体的组成很复杂，将植物体的组成成分分为水分和干物质两大类。新鲜植物体的水分含量为75%～95%，干物质含量为5%～25%。其中，干物质中的有机物质主要是蛋白质及其他含氮化合物、脂肪、淀粉、糖、纤维素和果胶等。这些有机物质的主要组成元素是碳、氢、氧、氮4种元素，这4种元素在燃烧过程中可以气体形式挥发，称其为气态元素或能量元素。而干物质燃烧后还会残留一部分灰分，灰分的组成元素有很多，目前已检测出的就有70多种，主要为磷、钾、钙、镁、硫、铁、锰、锌、铜、硼、氯、硅、钠、硒、镍等矿质元素。

将这些植物营养元素分为植物必需营养元素和植物有益营养元素。

（一）植物必需营养元素

目前，已明确的植物必需营养元素有17种：碳、氢、氧、氮、磷、钾、钙、镁、硫、铁、硼、锰、铜、锌、钼、氯、镍。其中，碳、氢、氧、氮、磷、钾6种元素的含量占植物体干重的0.1%以上，称为大量元素；铁、硼、锰、铜、锌、钼、氯、镍8种元素的含量在0.01%以下，称为微量元素；钙、镁、硫的含量介于大量元素和微量元素之间，称为中量元素。

判断植物必需营养元素有3条标准：第一，是所有植物完成其生活周期必不可少的；第二，其功能不能由其他元素代替，缺乏时会表现出特有的症状；第三，对植物的营养作用是直接的，并非由于它改善了植物生活条件所产生的间接效果，也不是依据它在植物体内含量的多少，而是以它对植物生理过程所起的作用来决定。

虽然植物必需营养元素在植物体内的含量不同，植物对它们的需求量有多有少，但所有植物必需营养元素对植物营养的生理功能是同等重要且不可相互代替的。在这些营养元素中，植物对氮、磷、钾3种元素的需求量大，而土壤中含量相对较缺乏，农业生产中需通过施肥补充才能满足植物的需求，称为肥料三要素。

（二）植物有益营养元素

植物有益营养元素是指某些植物正常生长发育所必需，而并非所有植物生长发育所必需的元素，如硅、钠、钴等，它们可代替某种营养元素的部分生理功能或促进某些植物的生长发育。例如，甜菜是喜钠植物，钠可在植物细胞渗透调节等方面代替钾的作用，并能促进植物细胞伸长，增大叶面积；硅是稻、麦等禾本科植物所必需的，可增强植株抗病虫害的能力，使茎叶坚韧，防止倒伏；钴是豆科植物固氮及根瘤生长所必需的元素。

二、植物体内必需营养元素的生理功能及缺乏症

植物必需营养元素在植物生长发育过程中的功能可以概括为3个方面：①构成植物体的结构物质、贮藏物质和生活物质；②在植物新陈代谢中起催化作用；③参与植物体内物质的转化与运输。

（一）大量元素的主要生理功能及缺乏症

1. 氮（N）

（1）氮元素的主要生理功能

① 氮是蛋白质、核酸、磷脂的主要成分，而这三者又是原生质、细胞核和生物膜等细胞结构物质的重要组成部分，如果没有氮素，就不会有蛋白质，也就没有生命。

② 氮是植物体内许多酶的组成成分，参与植物体内多种代谢活动。

③ 氮是某些植物激素（如生长素和细胞分裂素）、维生素（如维生素 B_1、维生素 B_2、维生素 B_6）等的组成成分，它们对生命活动具有调控作用。

④ 氮是叶绿素的组成成分，与光合作用密切相关。

（2）氮元素缺乏症状

① 缺氮时，植物体内的蛋白质、核酸、磷脂等物质的合成受阻，影响细胞的分裂与生长，表现为植株生长矮小，分枝、分蘖很少，叶片小而薄，花果少且易脱落。

② 缺氮还会影响叶绿素的合成，使枝叶变黄，叶片早衰，甚至干枯，从而导致产量降低。

③ 由于植物体内氮的移动性大，老叶中的氮化物分解后可运到幼嫩的组织中去重复利用，所以缺氮时叶片发黄先从老叶开始，并由下部叶片开始逐渐向上发展。

（3）氮元素过剩症状

① 氮过量会使营养生长过旺导致徒长，叶面积增大，叶色浓绿，叶片下披，节间加长，导致作物贪青晚熟，果树坐果率降低。

② 氮素过量使植物体内小分子糖、氨基酸等不能及时转化成纤维素、木质素和蛋白质

等大分子结构物质，为病虫害的滋生提供了营养，所以氮过量病虫害严重，植株易倒伏，不抗风，不抗旱，不抗寒。

③ 氮过量还会导致缺钾、缺钙、缺镁、缺硼等症状。

2. 磷（P）

（1）磷元素的主要生理功能

① 磷是核酸、核蛋白、磷脂和酶的主要组成成分，与蛋白质合成、细胞分裂、细胞生长有密切关系，在植物的生命活动过程与遗传变异中具有重要的作用。

② 磷参与碳水化合物的代谢和运输，并与脂肪转化有关。

③ 磷能促进植物的生长发育，促进花芽分化和缩短花芽分化的时间，促进植物提早开花，提前成熟。

④ 磷能提高植物的抗旱、抗寒、抗病、抗倒伏和耐酸碱的能力。

（2）磷元素缺乏症状

① 植物缺磷时，因蛋白质合成下降，糖的运输受阻，从而使营养器官中糖的含量相对提高，有利于花色素的形成，使叶片呈暗绿色或紫红色，无光泽。

② 因细胞分裂受阻，植物磷缺乏时表现为植株瘦小，分蘖分枝减少，幼芽、幼叶生长停滞，茎、根纤细，花果脱落增多。

③ 磷在体内易移动，能重复利用，缺磷时老叶中的磷能大部分转移到正在生长的幼嫩组织中去。因此，缺磷的症状首先在下部老叶出现，并逐渐向上发展。

（3）磷元素过剩症状

① 因呼吸作用增强，消耗大量碳水化合物，茎叶生长受到抑制，引起植株早衰；叶片肥厚而密集，繁殖器官过早发育。

② 磷过多会阻碍植物对硅的吸收，水稻易生稻瘟病。

③ 由于水溶性磷酸盐可与土壤中锌、铁、镁等形成溶解度低的化合物，降低这些元素的有效性，所以磷素过多引发的症状，常以缺锌、缺铁、缺镁等失绿症表现出来。

3. 钾（K）

（1）钾元素的主要生理功能

① 钾在细胞内可作为60多种酶的活化剂，因此钾在碳水化合物代谢、呼吸作用以及蛋白质代谢中有重要作用。

② 钾能促进蛋白质与糖的合成，并促进糖类向贮藏器官运输。

③ 钾能促进光合作用。有资料表明含钾高的叶片比含钾低的叶片光能转化率高50%～70%，因而在光照不好的条件下，钾肥的增产效果会更加显著。

④ 钾是构成细胞渗透势的重要成分，对气孔的开放有直接的作用，能使植物经济有效地利用水分，提高植物的抗旱性。

⑤ 提高植物对干旱、低温、盐害等不良环境的忍受能力和对病虫、倒伏的抵抗能力。

⑥ 钾常被认为是“品质元素”，能促进果实着色，提高果实中糖、维生素含量，改善糖酸比，提升果实风味。

（2）钾元素缺乏症状

① 植株节间缩短，叶片萎蔫干枯，严重时顶芽死亡。

② 缺钾时植株茎秆柔弱，易倒伏，抗旱、抗寒性降低。

③ 钾也是易移动而可被重复利用的元素，缺乏症状先从老叶的尖端和边缘开始发黄，并渐次枯萎，叶面出现小斑点，进而干枯或呈焦枯状，最后叶脉之间的叶肉也干枯。

（3）钾元素的过剩症状　植物一般不会出现钾过量，钾过量主要是过多施用钾肥所致。钾过量阻碍植株对镁、锰、锌的吸收而出现缺镁、缺锰、缺锌症状。

（二）中量元素的主要生理功能及缺乏症

1. 钙（Ca）

（1）钙元素的主要生理功能

① 稳定细胞膜结构，调节膜的渗透性，维持细胞膜的功能。

② 在植物物体内以果胶酸钙的形态存在，是构成细胞壁中胶层的组成成分，增强细胞间的黏结作用，是细胞分裂所必需的成分。

③ 形成钙调素，调节酶的活性。

④ 降低果实的呼吸作用，增加果实硬度，提高耐贮藏性。

⑤ 钙还能与某些离子（如 NH_4^+、H^+、Al^{3+}、Na^+）产生拮抗作用，以消除某些离子的毒害作用。

（2）钙元素缺乏症状

① 植株生长受阻，节间缩短，植株矮小。

② 植株顶芽、侧芽、根尖等分生组织容易腐烂死亡，幼叶卷曲畸形。

③ 果实生长发育不良，如番茄、辣椒脐腐病，苹果水心病，葡萄缩果、裂果等症状。

（3）钙元素过剩症状　钙元素过量时土壤易呈中性或碱性，引起铁、锌、锰等微量元素缺乏。

2. 镁（Mg）

（1）镁元素的主要生理功能

① 镁是叶绿素和植物激素的组成成分，缺镁时，叶绿素不能形成，光合作用无法正常进行。

② 镁是多种酶的活化剂，能加速酶促反应，促进糖类的转化及其代谢过程，对碳水化合物的代谢、植物体内的呼吸作用均有重要作用。

③ 镁能促进脂肪和蛋白质的合成，能使磷酸转移酶活化，还能促进维生素 A 和维生素 C 的形成，提高蔬菜和果品的品质。

（2）镁元素的缺乏症状

① 植株矮小，生长缓慢，果实小或不能发育。

② 先在叶脉间失绿，叶脉仍保持绿色，还会出现褐色或紫红色斑点或条纹。

③ 症状先在老叶、特别是老叶叶尖先出现。

（3）镁元素过剩症状　镁元素过量植物表现为叶尖凋萎、色淡，叶基部色泽正常。

3. 硫（S）

（1）硫元素的主要生理功能

① 硫是构成蛋白质和酶不可缺少的成分，是多种酶和辅酶及许多生理活性物质的重要成分。

② 硫参与植物体内的氧化还原过程，影响呼吸作用、脂肪代谢、氮代谢、光合作用以及淀粉的合成。

③ 硫是固氮酶的组成成分，参与多种物质的代谢，对植物的呼吸作用有重要作用。

④ 硫参与根瘤菌的形成，能提高植物的固氮能力。

（2）硫元素缺乏症状

① 植株生长受阻，植株矮小，茎细、僵直，叶片褪绿或黄化。

② 与缺氮症状有些相似，但植物体内的硫不易移动，故缺硫症状首先在幼叶出现。

（3）硫元素过剩症状　硫元素过量主要表现在通气不良的水田，可发生水稻根系中毒、发黑等现象。

（三）微量元素的主要生理功能及缺乏症

1. 铁（Fe）

（1）铁元素的主要生理功能

① 铁虽然不是叶绿素的成分，但铁元素营养不足时，会使叶绿素的合成受到阻碍，叶片发生失绿现象，影响光合作用和碳水化合物的形成，是光合作用必不可缺少的元素。

② 铁是植物进行有氧呼吸不可缺少的细胞色素氧化酶、过氧化氢酶、过氧化物酶等的组成成分。

③ 铁参与光合作用、硝酸还原、生物固氮等过程中的电子传递。

（2）铁元素缺乏症状　植物物体内铁不能再度利用，缺铁症状从幼叶开始，植物缺铁时，主要是叶绿素受到破坏，叶脉间失绿，叶脉仍为绿色，严重时整个新叶变为黄白色。

（3）铁元素过剩症状　铁过量的中毒症状是叶缘、叶尖出现褐斑，叶色暗绿，根系灰黑。铁元素过剩症状多发生在南方水田或高湿土壤中，因为在酸性条件下，三价铁会变为二价铁而发生铁过量中毒，铁过量还会伴随缺钾引起植物根系发生腐烂。

2. 硼（B）

（1）硼元素的主要生理功能

① 加强植物的光合作用，促进光合产物的正常运转，改善各个器官的营养物质供应。

② 加速花的发育，增加花粉数量，促进花粉粒的萌发和花粉管的生长，有利于受精和种子的形成。

③ 促进植物分生组织细胞的分化过程，影响细胞分裂和伸长。

④ 提高植物的抗旱、抗寒能力。

（2）硼元素的缺乏症状

① 顶端生长点不正常或停滞生长，幼叶畸形，皱缩，叶脉间失绿，下部叶片加厚，叶色加深，植株矮小。

② 甘蓝型油菜缺硼常表现为“花而不实”，花期延长，结实性差；棉花缺硼，表现为“蕾而无花”；小麦缺硼，表现为“穗而不实”；花生缺硼，表现为“有壳无仁”。果树缺硼时，结果率低、果实畸形，果肉有木栓化或干枯现象。

（3）硼元素过剩症状　硼在土壤中浓度稍高就会使植物中毒，尤其干旱土壤。硼过量时植物易缺钾，中毒的典型症状是“金边”，即叶缘最容易积累硼而出现失绿而呈黄色，重者焦枯坏死。因硼在植物体内随蒸腾流移动，水分蒸腾散失时，硼浓集在叶液中，高浓度硼积累的部位出现失绿、焦枯、坏死等症状。

3. 锰（Mn）

（1）锰元素的主要生理功能

① 锰虽然不是叶绿体的组成成分，但它是维持叶绿体结构必需的营养元素，能促进植物的光合作用。

② 锰能催化许多呼吸酶的活性，参与呼吸作用。

③ 促进种子萌发及幼苗早期生长，还能促进多种植物花粉管伸长。

（2）锰元素缺乏症状　因锰在植物物体内不能再利用，植株缺锰症状首先表现为幼叶叶片的叶绿素减少，叶脉间失绿，而叶脉和叶脉附近仍然保持绿色。

（3）硼元素过剩症状

① 根的颜色变褐，根尖损伤，新根少。

② 叶片出现褐色斑点，叶缘白化或变成紫色，幼叶卷曲。

③ 因锰过量会阻碍植物对铁、钙和钼的吸收，经常出现缺钼症状。

④ 锰中毒多发生在酸性土壤中。

4. 铜（Cu）

（1）铜元素的主要生理功能

① 铜是植物体内多种氧化酶的组成成分，在催化氧化还原反应方面有重要作用。

② 铜是叶绿体蛋白——质体蓝素的组成成分，参与植物的光合作用。

③ 参与植物体内蛋白质和碳水化合物的合成。

（2）铜元素缺乏症状

① 禾本科作物缺铜的典型症状是分蘖增多，植株丛生，叶尖发白，叶片卷曲或扭曲，不能结实，称为白瘟病或耕作病。

② 果树缺铜，叶片失绿，顶梢枯死，果实小，果肉变硬，称为顶枯病。

（3）铜元素过剩症状

① 新根生长受抑制，因伸长受阻而畸形，侧根少，严重时根尖枯死。

② 铜过量会导致植物缺铁，呈现缺铁症状。出现新叶失绿，老叶坏死，叶柄、叶背呈紫红色。

5. 锌（Zn）

（1）锌元素的主要生理功能

① 锌参与植物生长素的合成，对分生组织的生长起重要作用。

② 锌是植物体内多种酶的组成成分，在植物体内物质的水解、氧化还原过程和蛋白质的合成中有一定作用。

③ 增强植物的耐寒性、耐热性、耐旱性、抗盐性等。

④ 促进植物生长发育，改变籽实与茎秆的比例，增加植物的经济产量。

（2）锌元素缺乏症状　植物生长延缓，植株矮小，叶片失绿，有灰绿色或黄白色斑点，叶小呈簇生状，根系不发达。

（3）锌元素过剩症状

① 植株幼嫩部分或顶端失绿，呈淡绿色或灰白色，叶尖有水渍状小点。

② 植物幼嫩组织失绿变灰白色，茎、叶柄、叶片的下表面出现红紫色或红褐色斑点。

③ 锌过量时，根系生长受阻，根系短而稀少。

6. 钼（Mo）

（1）钼元素的主要生理功能

① 钼是固氮酶中钼铁蛋白的重要组成成分，在生物固氮中具有重要作用。

② 钼是硝酸还原酶的组成成分，参与硝酸还原过程。

③ 参与磷酸代谢，促进无机磷向有机磷转化。

④ 促进植物体内维生素 C 的合成。

⑤ 增强植物抵抗病毒病的能力。

（2）钼元素缺乏症状

① 叶片边缘枯焦卷曲成环状、杯状，叶片变小，叶面带有坏死斑点。

② 花椰菜（十字花科）缺钼，叶片不能形成，叶片几乎丧失叶肉，称为尾鞭病；棉花缺钼，枝尖叶脉失绿，蕾铃脱落严重；小麦缺钼，叶片失绿，灌浆差，成熟晚，籽粒秕；柑橘缺钼，叶脉间失绿变黄或出现黄斑，叶缘卷曲、萎蔫枯死，称为柑橘黄斑病。

③ 缺钼症状一般先在中部和较老叶片上呈现黄绿色。

（3）钼元素过剩症状 植物的钼中毒症状不易呈现，多表现为失绿。牲畜食用含钼多的豆科饲料会发生钼中毒，注射铜制剂如甘氨酸可解除。

7. 氯（Cl）

（1）氯元素的主要生理功能

① 氯元素参与光合作用中的水裂解，促进氧气释放，有利于碳水化合物的合成和转化。

② 氯元素具有促进细胞分裂的作用。

（2）氯元素缺乏症状

① 植物叶尖干枯、黄化、坏死。

② 根系生长慢，根尖粗等。

（3）氯元素过剩症状 土壤中一般不缺氯，很多忌氯作物经常发生氯中毒。

① 生长缓慢，植株矮小。

② 叶小而黄，叶缘焦枯并向上卷筒，老叶死亡，根尖死亡。

这些症状在一些不耐氯植物中容易发生。不耐氯的植物有烟草、莴苣、莱豆以及大多数果类等。

8. 镍（Ni）

（1）镍元素的主要生理功能

① 有利于种子发芽和幼苗生长。

② 催化尿素降解，镍是脲酶的金属辅基，脲酶是催化尿素，水解为氨和二氧化碳的酶。

③ 防治某些病害。例如，低浓度的镍可促进紫花苜蓿叶片中的过氧化物酶和抗坏血酸氧化酶的活性，对有害微生物产生的毒素有降解作用，从而增强植物的抗病能力。豆科植物和葫芦科植物对镍的需求最为明显，这些植物的氮代谢中都有脲酶参加。

（2）镍元素缺乏症状 因镍是脲酶的组成成分，植物缺镍时，叶片中积累的脲过多，常导致叶尖和叶片边缘组织坏死，严重时整个叶片坏死。

（3）镍元素过剩症状 镍过量时，对植物有毒害作用，植物表现的症状多变，如生长迟缓，叶片失绿、变形、有斑点和条纹等。

三、植物营养元素缺乏症的诊断方法

当植物营养元素缺乏严重时，其外部形态表现出一定的缺素症状，所以可以通过形态加以诊断，同时还要配合其他的方法进行诊断。

（一）形态诊断（参照植物营养元素缺乏症检索简表和图 7-1）

1. 看症状出现的部位 症状首先发生在新生组织上的，一般为缺铁、锰、硼、钼、钙、硫等；症状先发生在老叶上的，一般为缺氮、磷、钾、镁、锌等。

2. 看叶片大小和形状 如缺锌，叶片小而窄，枝条向上直立呈簇状。

3. 看叶片失绿部位 如缺铁，叶脉间失绿，但叶片呈黄白色；而缺锌时，虽然也是叶脉间失绿，但叶片出现棕褐色斑点。

植物营养元素缺乏症检索简表

A. 病症在老叶
  B. 病症常遍及整株，基部叶片发黄干焦，茎短而细
    C. 植株浅绿，干燥时呈褐色 …………………………………… 缺氮
    C. 植株深绿，常呈红或紫色，干燥时呈暗绿 ………………… 缺磷
  B. 病症常限于基部，基部叶片缺绿杂色但不干焦，叶缘杯状卷起或皱缩
    C. 有坏死斑点
      D. 坏死斑点小，常在叶脉间，叶缘最显著，茎细 ………… 缺钾
      D. 坏死斑点大，普遍在叶脉间，最后出现在叶脉，叶厚，节间短 ………… 缺锌
A. 病症在嫩叶
  B. 顶芽死亡，嫩叶变形和坏死
    C. 嫩叶初呈钩状，后从叶尖和叶缘向内死亡 ………………… 缺钙
    C. 嫩叶基部浅绿色，从叶基起枯死，叶卷曲 ………………… 缺硼
  B. 顶芽存活，但缺绿或萎蔫
    C. 嫩叶萎蔫，常有斑点或缺绿发黄，茎尖柔弱 ……………… 缺铜
    C. 嫩叶不萎蔫，具有缺绿症
      D. 坏死斑点小，且散布全叶，叶脉仍绿 …………………… 缺锰
      D. 无坏死斑点
        E. 叶脉仍绿 …………………………………………………… 缺铁
        E. 叶脉失绿 …………………………………………………… 缺硫
    C. 有时呈红色，有坏死斑点，茎细 …………………………… 缺镁
A. 病症在根
  B. 根瘤少而小 ……………………………………………………… 缺钼
  B. 根尖生长受阻 …………………………………………………… 缺氯

（二）叶面喷施诊断

如果形态诊断不能确定，可以采用叶面喷施诊断。具体方法：配制一定浓度的含有某种元素的溶液，喷到所测叶片上，也可以将叶片浸泡在溶液中 1～2 h，或把溶液涂在叶片上，7～10 d 后观察其叶色、长相、长势等变化，如有明显改善，可以论断为缺乏该种元素。

（三）化学诊断

用化学分析方法测定土壤中和植物体内营养元素的含量，对照营养元素缺乏的临界值加进行判断。

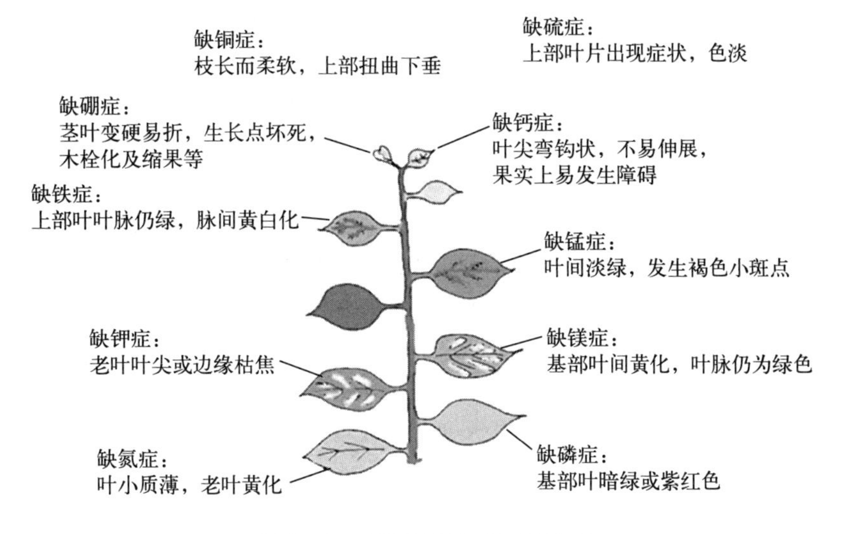

图 7-1　植物营养缺乏症示意图

知识 2　植物对矿质元素的吸收与利用

植物吸收养分是一个很复杂的过程。植物吸收养分的器官是根系和叶片，其中根系是植物吸收养分的主要器官。植物吸收养分的形态主要是离子态（阳离子和阴离子），也可以吸收少量的分子态物质。

一、根系对矿质元素的吸收

（一）根系吸收矿质元素的特点

1. 吸收矿质元素的区域性　植物根尖的根毛区，木质部已分化形成，所吸收的离子能很快运出，同时代谢活力强，吸收表面大，所以根系吸收无机盐的主要部位是根尖的根毛区。

2. 吸收矿质元素的相对性　植物对水分和矿质元素的吸收既相互关联，又相互独立。首先，表现在矿质元素要溶于水中，才能被根系吸收，并随水流进入根部的质外体。而矿质元素的吸收，降低了细胞的渗透势，促进了植物对水分的吸收。其次，表现在矿质元素和水分的吸收比例和吸收机理的不同，水分吸收主要是以蒸腾作用引起的被动吸收为主，而矿质元素的吸收则是以消耗代谢能的主动吸收为主。另外，两者的分配方向也不同，水分主要分配到蒸腾作用最旺盛的部位，而矿质元素主要分配到生长最旺盛的部位。

3. 吸收矿质元素的选择性　这里的选择性指的是植物对同一溶液中不同离子或同一无机盐的阳离子和阴离子吸收比例不同的现象。首先，表现在不同植物的差异上。例如，在相同成分和浓度的营养液中分别培养番茄和水稻，前者吸收 Ca^{2+} 和 Mg^{2+} 多，而后者吸收 Si^{4+} 多，即不同植物对不同离子的吸收速率不同，吸收离子与溶液中离子的浓度不成正比例。其次，表现在对同一种盐的不同离子上。例如，供给植物 $(NH_4)_2SO_4$ 时，根吸收 NH_4^+ 多于 SO_4^{2-}，使根外周围的土壤酸性提高，这类盐称为生理酸性盐；如果供给植物 NH_4NO_3 时，根系吸收 NO_3^- 多于 NH_4^+，使根周围的土壤碱性提高，这类盐称为生理碱性盐。如果植物根系对某种无机盐的阴、阳离子的吸收速率几乎相等，吸收后不改变根系周围土壤的酸碱性，这类盐称为生理中性盐。

生理酸性盐和生理碱性盐的概念是根据植物的选择吸收引起外界溶液酸碱变化而定义的。如果在土壤中长期施用某一种化学肥料，就可能引起土壤酸碱度的改变，从而破坏土壤结构或造成单盐毒害。所以，在生产实践中，应注意肥料类型的合理搭配，切忌长期施用一种化肥。

（二）根系吸收矿质元素的过程

细胞内离子的运转与运出 离子进入细胞后，可随着原生质流动或由离子载体的运转传送到内质网系统而到达原生质的各个部位。也可通过胞间连丝进入邻近细胞。通过内部空间到达木质部表面的离子，再通过主动或者被动排出，最后进入木质部导管。进入导管的离子靠水的流运送到地上器官的维管束，然后通过主动吸收和被动吸收进入地上部各生活细胞。

（三）影响根部吸收矿质元素的因素

1. 土壤温度 土壤温度过高或过低，都会使根系吸收矿质元素的速率下降。

2. 土壤通气状况 土壤通气好，氧气充足，增强呼吸作用和 ATP（腺嘌呤核苷三磷酸）的供应，能促进根系对矿质元素的吸收。

3. 土壤溶液浓度 土壤溶液的浓度在一定范围内增大时，根部吸收离子的量也随之增加。但当土壤浓度高出此范围时，土壤溶液浓度升高，土壤水势降低，可能造成根系吸水困难。因此，农业生产上不宜一次施用化肥过多，否则，不仅造成浪费，还会导致烧苗现象。

4. 土壤溶液的酸碱性 酸性环境，易吸收外界溶液中的阴离子；碱性环境，易吸收溶液中的阳离子。

5. 土壤中离子间的相互作用 土壤中的养分离子之间存在拮抗作用和协同作用。拮抗作用是指一种养分的存在抑制植物对另一种养分的吸收，如钙与镁、钾与铁等；协同作用是指一种离子的存在可促进植物对其他离子的吸收或相互促进吸收，如氮、磷、钾之间，所以在农业生产中提倡“肥料三要素”的配合施用。

二、叶片对矿质元素的吸收

植物对矿质元素的吸收，除根系之外，地上部分特别是叶片也可吸收矿质元素，植物地上部分对矿质元素的吸收称为根外营养或叶部营养。

（一）叶片对矿质营养的吸收过程

矿质营养先通过叶面角质层裂缝到达叶片表皮细胞外侧，再经叶片表皮细胞外侧细胞壁上的通道到达表皮细胞质膜，通过跨膜吸收，矿质营养经共质体或质外体途径到达叶脉韧皮部并向上或向下运输。

（二）叶部营养的优点

（1）补充根部对养分的吸收。

（2）直接供应养分，减少土壤养分的固定。

（3）能经济有效地补充微量元素。

（4）吸收速率快，能及时满足植物的营养需要。

叶面喷施应选择无风的晴天上午10时前或下午4时后，均匀喷施在作物叶部、幼茎和穗等作用部位。把握好浓度，大量元素多为1%，微量元素的尝试在0.1%左右。

三、矿质元素在植物体内的运输与分配

根系和叶片吸收的矿质元素，只有少部分留在根系和叶片中，大部分被运输到植物体的其他部位。

（一）矿质元素在植物体内的运输

1. 运输形式　不同元素在植物体内的运输形式不同。金属元素以离子态运输，非金属元素既可以以离子态运输，又可以以分子态运输。例如，根部吸收的氮素，大部分在根部转化为有机氮化合物（如天冬氨酸、丙氨酸、甲硫氨酸、天冬酰胺、谷氨酰胺等）而向上运输，少部分以硝酸根形式向上运输。磷素大多以正磷酸盐形式运输，少部分在根部转化为有机磷化合物而向上运输。硫绝大部分以硫酸根形式向上运输，少数在根部形成甲硫氨酸及谷胱甘肽等形式向上运输。金属元素一般以离子形式向上运输。

2. 运输途径　矿质元素的运输可分为在根内的径向运输和在植物体内的纵向运输。

矿质元素在植物根内的径向运输（横向运输）可分为两条途径：第一条途径是共质体途径，是指外界离子通过被动吸收和主动吸收进入根细胞内，然后通过胞间连丝在细胞间传递，最后进入中柱细胞；第二条途径是质外体途径，即外界的离子通过扩散作用迅速进入根的内皮层细胞的质外体空间，此途径会受内皮层中凯氏带的阻碍。

根部吸收的矿物质通过木质部向上运输，也可从木质部横向运至韧皮部。进入韧皮部的矿物质还可再向下运输，从而参与植物体内的矿质离子循环。叶片吸收的矿质元素通过韧皮部向上或向下运输，也可从韧皮部横向运至木质部并参与植物体内的矿质离子循环。

（二）矿质元素在植物体内的分配

1. 可再利用的元素　指的是能够参与矿质离子循环的元素，主要有两类：一类是通常以不稳定化合物的形式被运输或被利用的元素（如氮、磷、镁等）；另一类是在植物体内始终呈离子状态的元素（如钾）。这些元素优先分配至代谢旺盛的部位。植物缺乏这些元素时，缺素症首先表现在较老的组织或器官中。

2. 不可再利用元素　通常是一些不能参与矿质离子循环的元素，如钙、铁、锰、硼等，其中尤以钙最为典型。这些元素被分配至植物所需部位后即被固定，形成难溶性的化合物，基本上不能再利用。植物缺乏这些元素时，缺素症首先表现在较幼嫩的组织或器官中。

知识3　合理施肥

所谓合理施肥，就是根据矿质元素在作物中的生理功能，结合作物的需肥特点进行施肥。即作物施什么肥、施多少、什么时候施、怎样施，均应合理安排，做到适时适量、少肥高效。

一、作物的需肥特点

要做到合理施肥，首先要了解作物的需肥特点。

（一）不同作物或同一作物的不同品种对矿质元素的需要量和比例不同

要结合不同作物的生长习性以及人们的生产目的选择所施肥料的种类、形态、用量及施用方式和时间。例如，小麦、水稻、玉米等需要氮肥较多，同时又要供给足够的磷、钾肥，以使后期籽粒饱满；豆科作物如大豆、豌豆、花生等能固定空气中的氮素，故需钾、磷较多，但在根瘤尚未形成的幼苗期也需施少量氮肥；叶菜类则要多施氮肥，使叶片肥大，质地柔嫩；薯类作物和甜菜需要更多的磷、钾肥和一定量的氮肥；棉花、油菜等油料作物对氮、磷、钾的需要量都很大，要充分供给。另外，油料作物对镁有特殊需要；而甜菜、苜蓿、亚麻则对硼有特殊要求。同一作物因栽培目的不同，施肥的情况也有所不同。例如，食用大麦，应在灌浆前后多施氮肥，使种子中的蛋白质含量增高；酿造啤酒的大麦则应减少后期施氮，否则，蛋白质含量高会影响啤酒品质。

（二）同一作物在不同生育期对矿质元素的吸收情况不同

植物各生育期对养分的需求是不相同的，一般表现为：生长初期，干物质积累少，吸收养分的数量和强度低；生长盛期，干物质积累迅速增加，吸收养分数量和强度随着增加；成熟阶段，干物质积累速度减慢，吸收养分数量和强度也逐渐减弱。植物对缺乏矿质元素最敏感的时期称为需肥临界期（植物营养临界期）。植物生长过程中，需要养分绝对量最多、吸收率最快、增产效果最显著的时期称为营养最大效率期。只有充分注意这些方面，才能做到适时适量，用肥少而效率高。

（三）不同的作物，需肥形态不同

烟草和马铃薯用草木灰作钾肥比氯化钾好，因为氯会降低烟草的燃烧性和马铃薯的淀粉含量（氯有阻碍糖运输的作用）；水稻宜施铵态氮肥而不宜施硝态氮肥，因水稻体内缺乏硝酸还原酶，所以难以利用硝态氮；而烟草则既需要铵态氮，又需要硝态氮，因为烟草需要有机酸来加强叶的燃烧性，又需要有香味，硝态氮能使细胞内的氧化能力占优势，故有利于有机酸的形成，铵态氮则有利于芳香油的形成，因此烟草施用硝酸铵效果最好；黄花苜蓿及紫云英吸收磷的能力弱，以施用水溶性的过磷酸钙为宜；毛叶苕子、荞麦吸收磷的能力强，施用难溶解的磷矿粉和钙镁磷肥也能被利用。

二、合理施肥的指标

要合理施肥，还要全面掌握土壤肥力和作物营养状况。有了这两方面的资料，方能根据土壤肥力，配施适量基肥；依据作物各生长阶段的营养状况及时追肥。

（一）土壤营养丰缺指标

土壤营养丰缺指标是指通过土壤养分测试结果和田间肥效试验结果，建立不同作物、不同区域的土壤养分丰缺标准，提供肥料配方的一种方法，也称土壤养分丰缺指标法。这种方法是利用土地养分测定值和作物吸收养分之间存在的相关性，通过田间试验及土壤养分测定值，制成养分丰缺及施肥数量检索表，以后只要取得土壤测定值，就可以对照检索表按级确定肥料施用量。

由于各地的土壤、气候、耕作管理水平不同，对作物产量和土壤营养的要求也各异。因

此，施肥指标也要因地因作物而异，不能盲目搬用外地经验，只有通过本地大量的试验和调查才能确定当地土壤的营养丰缺指标。土壤营养丰缺指标并不能完全反映作物对肥料的要求，而植物自身的表征应该是最可靠最直接的指示。

（二）作物营养指标

1. 形态指标　是指作物外形及长势，如株型、叶形、叶色等。形态指标直观，便于掌握。但因植物形态指标受环境因素影响，不易判断准确，且往往滞后于生理反应，因此只可作为参考指标。

2. 生理指标

（1）叶中元素含量　注意找出临界浓度，即作物获得最高产量时组织中营养元素的最低浓度值。这样，当组织中元素浓度低于这一浓度时，应立即施肥。

（2）酰胺含量　为氮素营养的一个很好的指标。

（3）酶活性　有许多酶的活性受某些元素的影响，因此可通过酶活性的变化反映出矿质元素的含量。

（4）淀粉含量　氮肥不足往往会使某些作物（如稻、麦）淀粉的积累发生变化，故淀粉含量可作为这些作物追施氮肥的依据。

三、合理施肥的措施

合理施肥能通过改善作物光合性能和调节作物生长环境（特别是土壤条件）而实现增产。要做到合理施肥，就要针对作物的需肥规律、结合各种指标的分析，确定施肥的具体措施。

1. 确定施肥适期　对于大多数作物来说，施肥应包括基肥、种肥和追肥 3 个时期。基肥即底肥，是在播种（或定植）前结合土壤耕作施入的肥料；种肥是在播种（或定植）时施在种子附近或与种子混播的肥料；追肥是在植物生长发育期间施入的肥料。这 3 个时期是施肥的三大环节。有机肥和磷肥应当以基肥和种肥为主；氮肥应当结合基肥、种肥、追肥施用。

2. 选用合理的施肥方法　把握好种肥底施、球肥深施、追肥沟施或穴施、磷肥集中施于作物根系附近等原则。

3. 有机肥与化肥配合施用　有机肥料养分全面，肥效慢；化肥养分浓度大，见效快。有机肥料氮少磷多，和氮素化肥配合施用有良好效果，和磷素化肥配合，就会影响磷肥效果。因此，除了土壤缺磷特别严重，且有机肥施用量太少的情况下，可施用少量磷素化肥。一般情况下，有机肥和磷肥最好分别施在不同田块，以充分发挥肥料的作用。

4. 重视微量元素的应用　微量元素在植物发育过程中需要量较少，一般情况下土壤中含有的微量元素足够植物的生长需要，但有些植物在生长过程中因缺乏微量元素而表现失绿、叶斑等现象。微量元素肥料一般用作叶面施肥，喷施浓度为：硼肥喷施浓度为 0.1%～0.25%，锌肥喷施浓度为 0.05%～0.2%，钼肥喷施浓度为 0.02%～0.05%，铁肥喷施浓度为 0.2%～0.5%，锰肥喷施浓度为 0.05%～0.1%。

单元小结

植物生长发育必需的元素有 17 种，其中大量元素 6 种、中量元素硫 3 种、微量元素 8

种。各种元素有各自的生理功能，一般不能相互替代。植物缺乏某种必要元素时，会表现出一定缺乏症状，某种元素过量时也会表现出相应的症状。

植物根系是植物吸收矿质元素的主要器官，根毛区是根尖吸收离子最活跃的区域。离子进入导管的方式有两种：一是被动扩散，二是主动过程。土壤温度和通气状况是影响根部吸收矿质元素的主要因素。除根系外，叶片也可以吸收矿质营养。

不同作物对矿质元素的需要量不同，同一作物在不同生育期对矿质元素的吸收情况也不一样，因此应分期追肥，看苗追肥。作物某些外部形态（如形态、叶色）可作为追肥的指标，也可以依据叶片营养元素含量和测土配方施肥技术进行合理施肥。

知识拓展：生物肥料的应用

单元七复习思考题

单元八

植物的光合作用

知识目标

1. 了解光合作用的概念及其意义。
2. 了解光合作用的基本机理及不同类型植物的碳同化途径。
3. 了解光呼吸的概念、过程及其意义。
4. 熟悉植物体内有机物的运输与分配规律。
5. 理解光合作用与作物产量之间的关系，掌握提高作物产量的途径与措施。

技能目标

1. 能对叶绿体色素进行提取与分离。
2. 会测定植物的光合强度。

植物可分为两种类型：一类植物只能利用现成有机物作为营养，称为异养植物，如某些微生物和极少数高等植物；另一类植物则是可以利用无机碳化合物作为营养，并且把它合成有机物，称为自养植物，如绝大多数高等植物和少数微生物。异养植物与自养植物相比，自养植物在自然界中最普遍。

自养植物吸收 CO_2 转变成有机物质的过程，称为碳素同化作用。植物碳素同化作用包含细菌的光合作用、绿色植物的光合作用以及化能合成作用 3 种类型。在这 3 种类型中，以绿色植物的光合作用最为广泛，合成的有机物质也最多，与人类的关系最密切。因此，本单元重点阐述了绿色植物的光合作用（以下简称光合作用）。

知识 1　光合作用的概念及其意义

一、光合作用的概念

绿色植物吸收光能，同化 CO_2 和 H_2O，制造有机物质并释放出 O_2 的过程，称为光合作用。光合作用产生的有机物质主要是碳水化合物。光合作用的过程，可用下列方程简式来表示：

$$CO_2+H_2O\xrightarrow[\text{叶绿体}]{\text{光能}}CH_2O+O_2$$

式中 CH_2O 代表着光合作用的最终产物碳水化合物。

二、光合作用的意义

（一）制造有机物

绿色植物通过光合作用制造出的有机物是异常巨大的。据估计，地球上的植物每年约能同化 7×10^{11} t CO_2，如按葡萄糖计算，植物每年同化的碳素约为四五千亿吨有机物质。而这些有机物是组成植物本身并进行各种生理活动的物质基础，也直接或间接地作为人类或动物赖以生存的食物以及一些工业原料，如粮食、油料、棉花、麻、木材、糖类、果蔬及烟草、茶叶等，都来自于光合作用。

（二）蓄积太阳能

光合作用在将无机碳化合物同化成有机物的同时，把一部分太阳辐射能转换为化学能，贮藏在形成的有机物中。据计算，绿色植物每年贮存的太阳能约为 7.1×10^{18} kJ，为全人类日常生活、工业等方面所需能量的 100 倍。目前工业、农业生产及日常生活所需动力，虽然部分由原子能、水力发电以及太阳能的直接利用得到解决，但大部分动力仍然从煤、石油、天然气和木材中取得，这些能量资源，是古代或现今植物进行光合作用积累和遗留下来的。

（三）制造氧气

绿色植物每年通过光合作用向大气释放约 5.35×10^{11} t O_2，是地球上一切需氧生物生存所依赖的氧源。另外，由于 O_2 的释放和积累，使得一部分 O_2 转化为 O_3（臭氧），在大气上层形成一个屏障，臭氧层能吸收太阳光中的强紫外线，对地球上的生物有很好的保护作用。由此可见，光合作用是地球上一切生命存在、繁荣和发展的根本源泉。

对光合作用的研究无论在理论上和实际上都具有重要意义。在农业上，人们栽种是为了获得更多的光合产物，无论何种耕作制度和栽培措施，都是为了更大限度地让作物利用太阳能进行光合作用。弄清光合作用的机理，对工业上利用太阳能以及人工模拟光合作用合成食物等，都具有重要的指导意义。目前，已有人开始探索光合作用的原初反应在微电子技术中的应用，这将为国防科学、航天技术等领域提供强有力的武器；光合器官分子生物学的研究，对揭示细胞起源和生命进化有重要作用，同时也促进自然科学及其他相关科学的发展。

知识 2　叶绿体和叶绿体色素

叶是进行光合作用的主要器官，而叶绿体又是光合作用的重要细胞器，光能的吸收、传递与转换，CO_2 的固定与还原，以及淀粉等有机物的合成，都是在叶绿体内进行的。

一、叶　绿　体

（一）叶绿体的形态结构

在显微镜下可以观察到，高等植物的叶绿体呈扁平椭圆形，直径为 3～6 μm，厚 2～3 μm，主要分布在叶片的叶肉细胞内，平均每个叶肉细胞内有 50～200 个叶绿体。不同条件下，叶绿体的数目变化很大。据统计每平方毫米的蓖麻叶片中，有 3×10^7～5×10^7 个叶绿体，可见叶绿体的总表面积要比叶片大得多，对吸收太阳光能和空气中的 CO_2 都十分有利。

叶绿体由叶绿体膜、类囊体和基质三部分组成（图 8-1）。

1. 叶绿体膜　由两层单位膜（内膜和外膜）所组成，内外两层膜之间有 10～20 nm 宽的间隙，称为膜间隙。外膜渗透性大，如核苷、无机磷（Pi）、蔗糖等均可自由通过。内膜的渗透性较差，对通过物质的选择性很强，内膜上有特殊转运载体，是细胞质和叶绿体基质功能的屏障。

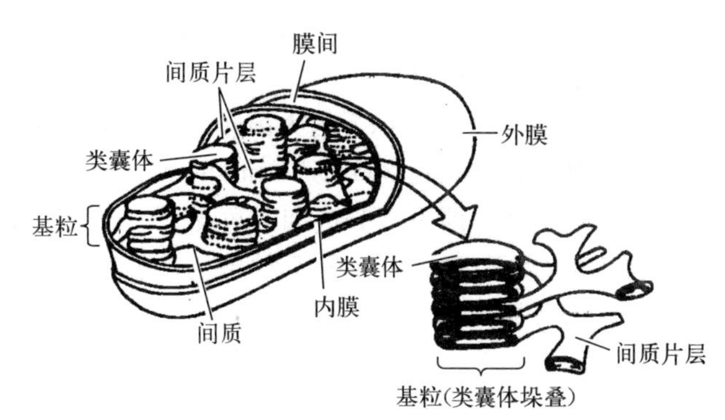

图 8-1　叶绿体结构示意图
（陈忠辉，2001. 植物生理学）

2. 类囊体　有许多由单层膜围成的扁平小囊，称为类囊体。它是叶绿体内部结构的基本单位，上面分布着许多光合作用色素，是光合作用的光反应的场所。

许多类囊体像圆盘一样叠成柱形，称为基粒，构成基粒的类囊体称为基粒类囊体。每个叶绿体中含 40～60 个基粒。由基粒类囊体延伸出来的网状或片状结构称为基质类囊体（间质类囊体），与相邻的基粒类囊体相通，或称基质片层或间质片层。

3. 叶绿体基质　是填充内膜与类囊体之间空隙的无定形物质，主要成分为酶类、无机离子、核糖体、淀粉粒等，它是光合作用中碳同化的场所。

（二）叶绿体的成分

叶绿体含有约 75%的水分。干物质中，主要成分为蛋白质、脂类、色素和无机盐。蛋白质是叶绿体结构的物质基础，一般占其干重的 30%～45%，蛋白质在叶绿体中最重要的功能是作为催化剂促进代谢过程的进行。叶绿体还含有 20%～40%的脂类，是组成膜的主要成分之一。叶绿体中的色素很多，约占干重的 8%，在光合作用中起着决定性的作用。叶绿体中还含有 10%～20%的贮藏物质（碳水化合物等），10%左右的灰分元素（铁、铜、锌、磷、钙、镁等）。此外，叶绿体内还含有各种核苷酸（如 NAD 和 NADP）和醌（如质体醌），它们在光合作用氢原子（或电子）传递中起作用。

光合作用在叶绿体中进行时，许多反应都要有酶的参与。目前，已知叶绿体中含有几十种酶，包含光合磷酸化酶系、CO_2 固定和还原酶系等，因此叶绿体也是细胞里生物化学活动中心之一。

二、叶绿体色素

（一）色素的种类

叶绿体色素有 3 种类型：叶绿素、类胡萝卜素和藻胆素。其中，藻胆素只存在于藻类中。高等植物叶绿体内参与光合作用的色素有两大类，既叶绿素和类胡萝卜素。其中，叶绿素分为两种，分别是叶绿素 a（蓝绿色）和叶绿素 b（黄绿色）；类胡萝卜素分为胡萝卜素（橙黄色）和叶黄素（黄色）。

在高等植物的叶绿体内，叶绿素和类胡萝卜素的含量之比约为 3∶1，叶绿素 a 和叶绿素 b 的含量之比也约为 3∶1，叶黄素和胡萝卜素的含量之比约为 2∶1。由于绿色的叶绿素比黄色的类胡萝卜素多，占优势，所以正常叶片总是呈现绿色，而到了秋天或条件不正常、叶衰老时，由于叶绿素较易被破坏或先降解，数量减少，而类胡萝卜素比较稳定，所以叶片呈现黄色。

（二）色素的光学特性

1. 吸收光谱 到达地球上的太阳光是波长大约为 300 nm 的紫外光至波长约为 2 600 nm 的红外光。其中，波长在 390～760 nm 的光在通过三棱镜后，即可被分成肉眼可见的红、橙、黄、绿、青、蓝、紫 7 种单色光，因而称为可见光，而这就是太阳光的连续光谱（图 8－2）。

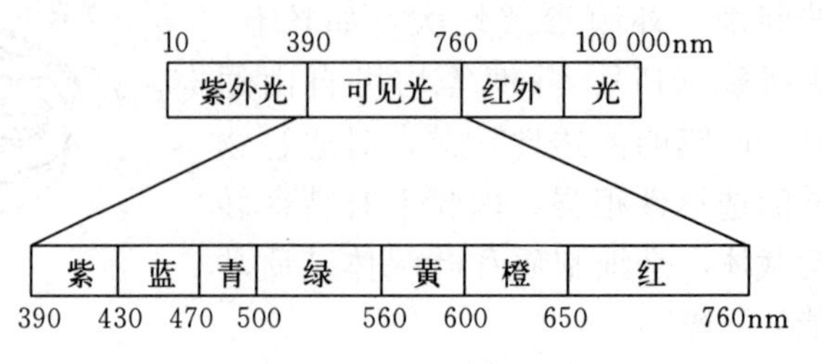

图 8－2 太阳光的光谱

（张新中等，2007. 植物生理学）

光合色素物质可以对光进行吸收。将光合色素提取液置于光源、分光镜之间，可看到光谱中有些波长的光线被吸收了，在光谱上就表现为黑线或暗带，这种光谱称为吸收光谱。不同光合色素对不同波长光的吸收情况不同，所形成的吸收光谱也就不一样。而光合色素所吸收的光都可在光合作用中被利用。

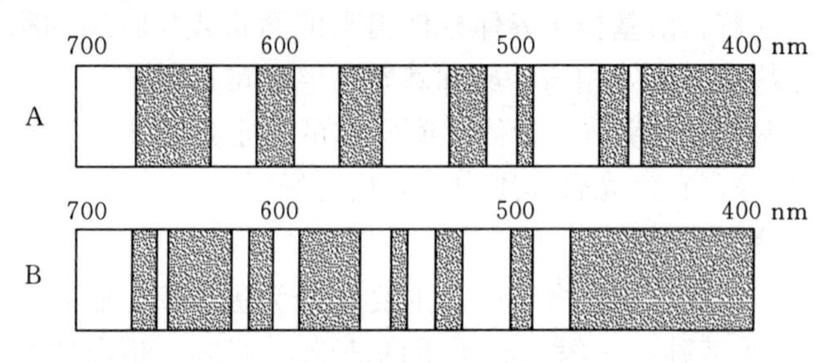

图 8－3 叶绿素的吸收光谱

A. 叶绿素 a　　B. 叶绿素 b

（张新中等，2007. 植物生理学）

叶绿素 a 和叶绿素 b 的吸收光谱较为相近，二者在蓝紫光区（波长 430～450 nm）和红光区（波长 640～660 nm）都有两个吸收高峰，但叶绿素 a 在红光区的吸收带偏向长波方向，在蓝紫光区的吸收带则偏向短波方向（图 8－3）。叶绿素 a 和 b 对绿光（波长 500～560 nm）的吸收都很少，故呈绿色。

胡萝卜素和叶黄素的吸收光谱与叶绿素不同，它们只吸收蓝紫光（波长 420～480 nm）而不吸收红光、橙光及黄光（图 8－4），所以它们的颜色呈橙黄色和黄色。

2. 荧光现象和磷光现象 叶绿素溶液在透射光下呈绿色，而在反射光下呈红色，这种现象称为荧光现象。藻胆素也有荧光现象，但类胡萝卜素没有荧光现象。当去掉光源后，叶绿素还能继续辐射出极微弱的红光（用精密仪器测知），这个现象称为磷光现象。荧光现象与磷光现象的产生都是由于叶绿素分子吸收光能后，部分能量重新以光的形式释放出来。

（三）影响叶绿体色素形成的环境因素

1. 光照 是叶绿素合成和叶绿体发育的必要条件，而类胡萝卜素的合成不受影响，所以在缺光的条件下，植物就呈黄色。黑暗中生长的幼苗呈白色，遮光或埋在土中的茎叶也呈黄白色，这种因缺乏某些条件而影响叶绿素形成，使叶片发黄的现象，称为黄化现象。但也

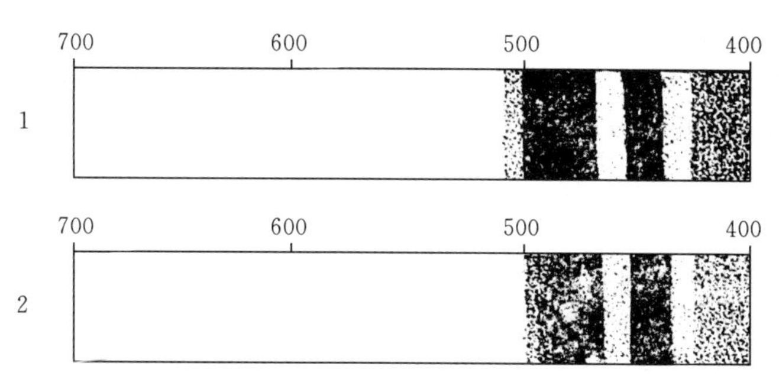

图 8－4　类胡萝卜素的吸收光谱

1. 胡萝卜素　2. 叶黄素

（张新中等，2007. 植物生理学）

有些例外的情况，如藻类、苔藓、蕨类和松柏科植物在黑暗中可以合成叶绿素，其数量当然不如在光下形成的多；柑橘种子的子叶及莲子的胚芽，在缺光条件下也能合成叶绿素，其机制还不清楚。

2. 温度　叶绿素合成过程就是一系列的酶促反应的过程，因此温度过高、过低都会影响叶绿素的合成。但植物叶绿素合成的温度范围较广，为 2～40 ℃，最适温度一般为 30 ℃。早春树木嫩芽转绿慢、田间早稻秧苗新出叶呈黄白色等现象，都是低温影响叶绿素合成的结果。高温下叶绿素分解速度大于合成，因而夏天绿叶蔬菜存放不到一天就变黄；相反，温度较低时，叶绿素解体慢，也是低温可以保鲜的原因之一。

3. 矿物元素　叶绿素的形成必须要有矿物元素。氮与镁是叶绿素的组分；铁是形成原叶绿素酸酯所必需的；锰、锌、铜可能是叶绿素合成中某些酶的活化剂而间接地起作用。因此，缺少这些元素时都会引起缺绿症，其中尤其是氮的影响最大，因而叶色的深浅可作为衡量植株体内氮素水平高低的重要标志。

4. 水分　植物组织在缺水时，叶绿素形成受阻，原有的叶绿素易被破坏，所以干旱时叶片呈黄褐色。

此外，叶绿素的形成还受遗传等因素控制，如水稻、玉米的白化苗以及花卉中的斑叶则不能合成叶绿素。

知识 3　光合作用的机理

光合作用机理是一个较为复杂的问题，从光合作用的总反应式看，似乎是一个简单的氧化还原反应，但实质上包括一系列的光化学反应步骤和物质的转化问题。

光合作用需要光，但并不是整个过程都需要光。根据需光与否，将光合作用分为两个阶段：光反应阶段和暗反应阶段。光反应是必须在有光的条件下才能进行的，是由光所引起的反应；暗反应的进行不需要光（也可在光下）的参与，是由若干酶所催化的化学反应。所以，光合作用是光反应和暗反应的综合过程。光反应是在基粒片层（光合膜）上进行的，而暗反应是在叶绿体的基质中进行。

现在一般认为，整个光合作用大致分为三大步骤：第一步原初反应，包括对光能的吸收、传递并转换为电能的过程；第二步电子传递与光合磷酸化，将电能转变为活跃的化学能；第三步碳同化，将活跃的化学能转变为稳定的化学能的过程。第一、二两大步骤需要光的参与，属于光反应，第三步骤则对是否有光没有要求，属于暗反应。

一、原初反应

原初反应是光合作用的起点，其过程包括两个：一是色素分子对光能的吸收和传递；二是将光能转化为电能的光化学反应。

（一）光能的吸收和传递

根据光合色素在光合作用中功能的不同，可将其分为天线色素和反应中心色素两种。天线色素是只起吸收和传递光能，不进行光化学反应的光合色素。它像天线一样，收集光能，并把光能最终传给反应中心色素，故又称集光色素（或聚光色素）。光合色素中大多数的叶绿素 a、全部的叶绿素 b 和类胡萝卜素都是天线色素。少数能够吸收特定波长光子的叶绿素 a 能将吸收或由天线色素传递而来光能激发后转换为电能，发生光化学反应，称为反应中心色素。

（二）光化学反应

光化学反应是指反应中心色素分子吸收光能所进行的化学反应。光合作用反应中心至少包括一个反应中心色素分子，一个原初电子受体和一个原初电子供体，这样才能不断地进行氧化还原反应，将光能转换为电能。反应中心的原初电子受体，是指直接接受反应中心色素分子传来的电子传递体。反应中心的原初电子供体，是指直接提供电子给反应中心色素分子的物质。

天线色素分子吸收光能并传递到反应中心以后，反应中心色素分子（P）被激发而成为激发态（P^*），放出电子给原初电子受体（A），原初电子受体接受电子被还原（即带负电荷，A^-），反应中心色素分子失去电子被氧化（即带正电荷，P^+），又可从原初电子供体获得电子而恢复原状，而原初电子供体被氧化（D^+）。这样，光合色素在吸收光能以后传递给反应中心色素分子，不断地引起氧化还原反应，也就不断地把电子传给原初电子受体，完成了光能转换为电能的过程。可用下式表示：

$$D \cdot P \cdot A \rightarrow D \cdot P^* \cdot A \rightarrow D \cdot P^+ \cdot A^- \rightarrow D^+ \cdot P \cdot A^-$$

式中：D——原初电子供体

A——原初电子受体

P——反应中心色素分子

光合作用原初反应的能量吸收、传递和转换关系总结如图 8－5 所示。

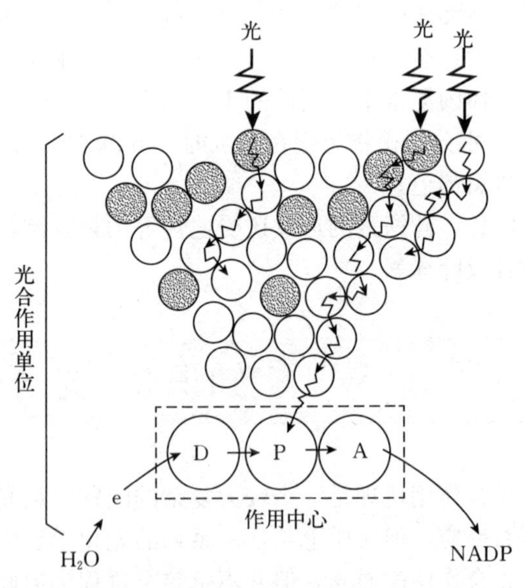

图 8－5　光合作用原初反应的能量吸收、传递与转换图解
D. 原初电子供体　P. 作用中心色素分子　A. 原初电子受体
（粗的波浪箭头是光能的吸收，细的波浪箭头是能量的传递，直线箭头是电子传递；空心圆圈代表聚光性叶绿素分子，有黑点圆圈代表类胡萝卜素等辅助色素）
（陈忠辉，2001. 植物生理学）

二、电子传递与光合磷酸化

反应中心色素分子被激发后，将电子传给原初电子受体，将光能转为了电能，再通过水的光解和光合磷酸化等一系列电子传递体的传递，最后形成 ATP 和 NADPH（还原型烟酰胺腺嘌呤二核苷酸磷酸），这就完成了将电能转变为活跃的化学能，并把化学能贮藏于这两种物质之中。

（一）电子传递

电子传递系统将原初反应产生的高能电子，沿着电子传递轨道，最终将电子传递给电子受体 $NADP^+$ 的过程。整个过程会引起 3 个化学变化：水的光解，放出 O_2；NADPH 的生成；ATP（活跃的化学能）的生成。

这些反应分别由两个不同的光系统完成，即光系统Ⅰ和光系统Ⅱ。水光解释放出 O_2，而产生电子则经过分别经过光系统Ⅱ（简称为 PSⅡ）、光系统Ⅰ（简称为 PSⅠ）两个作用中心和一系列的电子传递体，最终把电子传给 $NADP^+$，形成 NADPH；在传递的过程中，偶联的情况下可产生 ATP。

（二）光合磷酸化

叶绿体在光下把无机磷（Pi）和腺苷二磷酸（ADP）转化为 ATP，形成高能磷酸键的过程，称为光合磷酸化。原初反应得到的电能，通过电子传递系统传递，形成的活跃化学能，通过光合磷酸化，暂时被贮存在 ATP 和 NADPH 中。而 ATP 和 NADPH 在氧化时会放出能量，用于同化 CO_2。因此，把 ATP 与 NADPH 合称为同化力。

三、碳 同 化

植物利用光反应中所形成的 NADPH 和 ATP，将 CO_2 还原成有机物（同时将活跃的化学能变为稳定的化学能贮存其中），称为碳同化或 CO_2 同化。根据同化过程中形成的最初产物所含碳原子的数目不同以及碳代谢的特点，将碳同化的途径分为 3 类：即 C_3 途径、C_4 途径和 CAM（景天科酸代谢）途径。其中 C_3 途径是最基本最普遍的，同时也只有 C_3 途径具有合成蔗糖、淀粉等光合产物的能力；另外两条途径只能固定、转运或暂存 CO_2，仍需通过 C_3 途径才能合成有机物。

（一）C_3 途径

C_3 途径是指光合作用中 CO_2 固定后的最初产物是 C_3 化合物的 CO_2 同化途径。只能进行 C_3 途径的植物称 C_3 植物，大多数植物属此种类型，如水稻、棉花、小麦、油菜、青菜、萝卜等都属 C_3 植物，几乎所有的木本植物均为 C_3 植物。由于 C_3 途径最早由卡尔文等最早提出，故又称卡尔文循环（图 8－6）。

C_3 途径主要在叶绿体基质中进行，其全过程大致分为 3 个阶段。

1. 羧化阶段　在酶的催化作用下，核酮糖-1，5-二磷酸（RuBP）将基质中的 CO_2 固定成为 3-磷酸甘油酸（PGA）。

2. 还原阶段　在 3-磷酸甘油酸激酶作用下，利用光反应中的同化力使 PGA 最终被还原为 GAP（甘油醛-3-磷酸），即第一个三碳糖。GAP 的产生，意味着光合作用的贮能过

程完成。GAP 等三碳糖可运出叶绿体，在细胞质中合成蔗糖及淀粉等。

3. RuBP 再生阶段 为保证固定 CO_2 的受体 RuBP 能不断地产生，在 C_3 途径中生成的 GAP，除了用于合成有机物外，还有一部分要用于再生成 RuBP。

最终，卡尔文循环净反应可总结如下：

$$3CO_2+9ATP+6NADPH \longrightarrow GAP+6NADP^+ +9ADP+8Pi$$

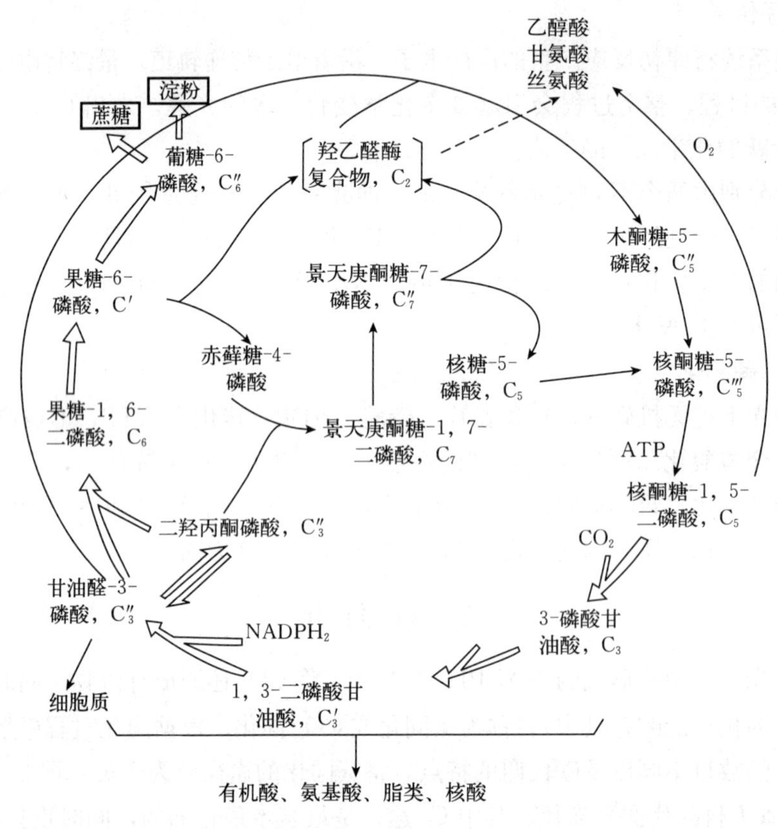

图 8-6 卡尔文循环各主要反应示意图

（粗箭头表示 CO_2 转化为淀粉、蔗糖的途径，细箭头表示循环中的各反应，虚线表示从循环中输出的产物）

（何国生，2007. 植物生理学）

（二）C_4 途径

在 C_4 途径中 CO_2 的受体是叶肉细胞质中的 PEP（磷酸烯醇式丙酮酸），在酶的催化下，固定 CO_2，最初产物不是 C_3 化合物，而是 C_4 化合物即草酰乙酸，故称该途径为 C_4 途径。而具有这种固定 CO_2 途径的植物称作 C_4 植物，这类植物大多起源于热带或亚热带地区，在高温、强光与干旱条件下生长，主要有禾本科、莎草科、菊科、苋科、藜科等，其中禾本科约占 75%，大多为杂草，农作物中只有玉米、高粱、甘蔗、黍与粟等植物。

C_4 植物的叶片与 C_3 植物解剖特征不同。C_4 植物的维管束鞘细胞含有叶绿体，且外面有一圈至数圈排列整齐的叶肉细胞，含有大量的叶绿体，被称为花环结构。C_3 和 C_4 植物叶片的结构如图 8-7 所示。

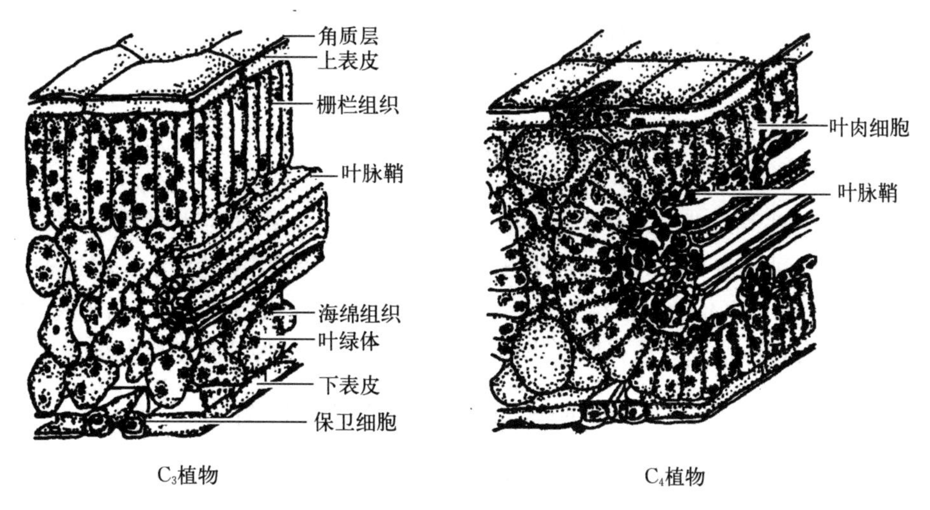

图 8-7　C_4 植物叶片与 C_3 植物叶片的解剖结构比较
（陈忠辉，2007. 植物生理学）

C_4 植物固定 CO_2 是由叶肉细胞和维管束鞘细胞共同完成的。在叶肉细胞中产生的草酰乙酸，被还原为苹果酸或天冬氨酸，然后转至维管束鞘细胞进行脱羧反应，由脱羧产生的 CO_2 继续在维管束鞘细胞中进行卡尔文循环，而产生的丙酮酸则重新回到叶肉细胞中，在酶的催化下，再生成 PEP，继续参与接受 CO_2 的循环（图 8-8）。

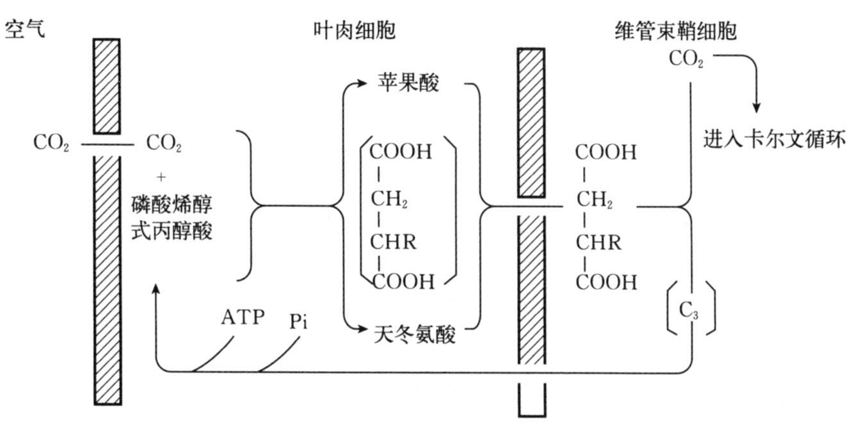

图 8-8　C_4 途径示意图
（陈忠辉，2007. 植物生理学）

（三）CAM 途径（景天科酸代谢）

CAM 途径是植物光合作用中固定 CO_2 的一种特殊方式。把具有 CAM 途径的植物称为 CAM 植物，常见于景天科、仙人掌科等植物中，它们夜间气孔张开，吸进 CO_2，在叶肉细胞质中由 PEPC（磷酸烯醇式丙酮酸羧化酶）固定 CO_2，形成苹果酸；白天气孔关闭，苹果酸脱羧，释放出 CO_2，经卡尔文循环还原合成有机物。CAM 途径的光合作用效率不高，但利用这种途径的植物可以在荒漠和酷热的条件下存活下来，生长缓慢。

知识4 光 呼 吸

一、光呼吸的概念

植物在光照条件下，进行光合作用，吸收 CO_2，放出 O_2；同时也吸收 O_2，放出 CO_2，进行呼吸作用。这种呼吸是在光照条件下才能进行，与光合作用密切相关。将这种植物依赖光照，吸收 O_2、放出 CO_2 的过程称为光呼吸，又称乙醇酸氧化途径（C_2 循环）。通常所说的呼吸对光照没有特殊要求，在光照或黑暗中都可以进行，这种呼吸相对地称为暗呼吸。

二、光呼吸的途径——乙醇酸代谢

光呼吸是一个氧化过程，被氧化的底物是乙醇酸。整个过程要经过 3 种细胞器：叶绿体、过氧化物酶体和线粒体（图 8-9）。

1. 叶绿体中的反应 一是在叶绿体中，卡尔文循环的中间产物——核酮糖-1，5-二磷酸吸收 O_2，在酶的催化下，被氧化成 2-磷酸乙醇酸和 3-磷酸甘油酸，2-磷酸乙醇酸又在磷酸酶的作用下，脱去磷酸而产生乙醇酸。二是甘油酸在酶的作用下，产生 3-磷酸甘油酸参与卡尔文循环代谢，进一步产生核酮糖-1，5-二磷酸形成乙醇酸。

2. 过氧化物酶体中的反应 一是乙醇酸形成后便转移到过氧化物酶体中。乙醇酸在酶的作用下，被氧化为乙醛酸和过氧化氢。乙醛酸在转氨酶作用下，从谷氨酸得到氨基而形成甘氨酸。二是丝氨酸在酶的催化作用下，产生甘油酸，甘油酸回到叶绿体中进一步反应。

3. 线粒体中的反应 甘氨酸形成并转移到线粒体中，合成丝氨酸并释放出 CO_2。丝氨酸回到过氧化物酶体中进一步反应。

三、光呼吸的生理意义

曾经光呼吸被认为是一种浪费，不利于植物对物质的积累，但是研究发现，光呼吸在高等植物中是普遍存在。从进化的角度出发，光呼吸可能是对内部环境的代谢调整（消除过多的乙醇酸和 O_2），也可能是对外部环境（强光）的主动适应。因此，光呼吸对植物自身来说，是一种自我防护体系。其主要意义有：

1. 回收碳素 通过 C_2 循环可回收乙醇酸中的碳，减少高浓度氧下对碳素的浪费。

2. 维持 C_3 光合碳循环的运转 叶片在气孔关闭或外界 CO_2 浓度低时，光呼吸释放的 CO_2 能被 C_3 途径再利用，从而维持光合碳循环的运转。

3. 防止强光对光合结构的破坏 在强光下，光反应中形成的同化力往往会超过 CO_2 同化的所需，过多的同化力会对光合结构（光合膜、光合器官）造成伤害，而光呼吸却能消耗同化力，从而保护叶绿体，免除或减少强光对光合机构的破坏。

4. 消除乙醇酸 乙醇酸对细胞有毒害作用，光呼吸则能消除乙醇酸对细胞的毒害。

5. 提供有机物合成原料 C_2 循环中产生的甘氨酸、丝氨酸等是合成蛋白质所必需的物质，有些中间产物在合成糖类等有机物中也是有用的材料。

各类植物光呼吸的强度不同，C_3 植物的光呼吸相对较强，C_4 植物、CAM 植物光呼吸

较弱，且很难测出。鉴于光呼吸可导致 C_3 植物损失的碳素占已固定的碳素的 25%～30%（有时甚至高达 50%），从而限制了作物产量的提高，应加以控制。

知识 5　植物体内同化物质的运输和分配

一、光合作用的产物

光合作用产物为碳水化合物，多数是糖类，包括单糖（葡萄糖和果糖）、双糖（蔗糖）和多糖（淀粉），主要是蔗糖，其次为氨基酸、蛋白质和有机酸等。

光合作用产物的种类与光照强弱、CO_2 和 O_2 浓度高低等因素有关，也与叶片年龄和光质有关系。例如，功能叶主要形成碳水化合物；而幼嫩的叶片除合成碳水化合物外，还合成较多的蛋白质。在红光的照射下，叶片能形成大量的碳水化合物，少量的蛋白质；而用蓝光照射时，合成的碳水化合物变少，蛋白质含量却增多。

二、有机物的运输

（一）运输的途径和方向

在高等植物中，有机物除了在细胞内或细胞间进行的短距离运输外，还通过专门的输导系统进行远距离运输。木质部和韧皮部都有运输功能。有机物在木质部中运输只能向上作单向移动。在木质部和韧皮部之间，通过维管射线也能进行少量有机物的横向运输。在韧皮部中有机物的运输可上可下，即作双向运输，它是有机物运输的主要途径。

植物体内承担有机物运输的系统为维管系统中的韧皮部。如在环割实验中（图 8－9），在木本植物的枝条或树干上，环割一圈，剥去圈内的树皮，经过一定时间，有机物在向下运输时经过韧皮部运输受阻，在环割的上部切口处聚集许多有机物，形成愈伤组织，有时成为瘤状物。如环割得不宽，过段时间，这种愈伤组织可以使上下树皮再次连接起来，恢复有机物向下运输的能力；如果环割得很宽，上下树皮就不能再相连，环割口的下端又不长出枝条，时间一长，根部原来贮存的有机物消耗完毕，根系就会饿死，“树怕剥皮”就是这个原因。

A　　B

图 8－9　木本枝条的环割

A. 刚环割　B. 环割后一段时间形成瘤状物

（陈忠辉，2007. 植物生理学）

生产上环割是常用的一个栽培手段。例如，李树在开花前将侧枝基部进行环割，达到防落花落果、增大果实、提高果实含糖量的效果。果树的高空压条，也是利用这一原理来促进不定根的生成。荔枝在扦插前先进行环割，待切口上部产生瘤状物后，再切下进行扦插，可大大提高成活率。

（二）有机物运输的形式与速度

通过蚜虫吻刺法和同位素示踪法等方法，对韧皮部运输的物质进行研究发现：韧皮部运输的物质中90%以上是糖，其中以蔗糖为主，另外还有少量的棉子糖、水苏糖等。运输的含氮化合物，则主要以氨基酸和酰胺的形式进行。

有机物在韧皮部中运输的速度随植物的种类而异，一般为50～80 cm/h，如玉米为15～660 cm/h，甘薯为30～72 cm/h，松树为6～48 cm/h。

三、有机物的分配

近年来，在有机物分配方面提出了“源”与“库”的概念。所谓“源”即代谢源，是指制造或提供营养物质的器官或组织，如功能叶、萌发的种子中的子叶或胚乳。“库”即代谢库，是指消耗或贮藏养料的器官或组织，如幼嫩的叶、根、茎和花、果、种子等。“源”和“库”的概念是相对的，随生育期的不同而变化，如幼叶就无养料的输出，是消耗养料的器官，它不是“源”而是“库”，但随叶片的成长就会输出有机物，由“库”转变为“源”。

植物体内有机物的分配虽是动态的，但也有一定的规律。

（一）优先分配生长中心原则

生长中心是指正在生长的主要器官或组织，其特点是代谢旺盛，生长快，对养分的吸收能力强。生长中心不是固定不变的，往往会随生育期的不同而发生变化。

植物前期在以营养生长为主时，根、茎、叶就是生长中心；生殖器官的出现，植物的生长中心就由营养生长转入生殖生长，此时生殖器官就成为了生长中心，即养分分配中心。如禾本科植物在成熟时有1/3～1/2的有机物会集中到籽粒中，而茎秆内剩下的有机物很少。

不同器官吸收养料的能力不同，有机物分配中心也会随之发生变化。在营养器官中，茎、叶吸收养料能力大于根，尤其是当光合产物较少时，就会优先分配到地上器官，很少会运至根部，从而导致根系发育不良；在生殖器官中，果实吸收养料能力要大于花，如大豆、棉花等植物开花结实后，如遇干旱或者光照不足，叶的光合作用降低时，光合产物则被优先运入果荚或棉铃中，而花蕾则会因为得不到足够的有机养料而脱落。

在农业生产实践中，人们对棉花、番茄、果树进行摘心、整枝、修剪等处理，就是为了改善光合条件，调整有机养料的分配中心，促进物质的积累，提高坐果率和果实产量。

（二）就近供应原则

由于光合产物的分配会随距离的加大而减少，因此叶片所形成的光合产物主要是运到邻近的生长部位。通常来说，植物茎上部的叶片光合产物主要用于供给茎顶端及其上部嫩叶的生长；而下部叶片的光合产物则主要供给根和分蘖的生长；处于中间的叶片，它的光合产物则上下部都可供应。当果实形成时，所需的养分主要靠和它最近的叶片供应。例如，大豆的叶腋长出豆荚后，同节上的叶片制造出来的光合产物，则主要供给此叶腋处的豆荚，若这个叶片受到损伤，或者光合受阻时，这个豆荚会因得不到足够的养料发生脱落。棉花也类似，和受伤叶片同节上的蕾铃易发生脱落。因此，保护果枝上的叶片，使其能正常地进行光合作用，是防止果实脱落的方法之一。而营养枝在树冠中均匀的配置，对营养调节、均衡树势、保证器官的建成、产量高且稳定有着重要意义。

（三）同侧运输原则

将放射性同位素 ^{14}C 供给向日葵叶片，发现只有与该叶片处于同侧的叶片和果实内才具有放射性的 ^{14}C，充分证明，叶片所产生的有机物，通常只运给同侧的花序或根系；水和无机盐的运输也如此，由同一方位的根系供给同侧的叶片和花序。

总之，有机物分配规律虽很复杂，但其基本原则是由“源”运输至“库”。前提是“源”本身制造的养料要超过其自身的消耗，有多余才能输出；再者，分配方向和多少的问题，则取决于接受器官之间的竞争能力，即所处的位置远近、是否为生长中心。在生产上，尤其是在生殖器官形成时期，要改善田间光照条件和肥水措施，既要保证功能叶高效的光合能力，又要促提高接受养料器官的生长优势。近年来常用激素类物质如萘乙酸、赤霉素等处理生殖器官，能促进其生长并增强其争夺养料的能力。

知识 6 影响光合作用的因素

植物的光合作用和其他生命活动一样，是受到外界因素和内部条件的共同影响而不断地发生变化。

一、影响光合作用的外界因素

光合作用的强弱通常用光合速率（光合强度）表示。光合速率是指单位面积叶在单位时间内同化 CO_2 的量［单位为 $\mu mol/(m^2 \cdot s)$］；或是在单位时间内积累干物质的量［$\mu g/(m^2 \cdot h)$］。影响光合作用的外界因素主要有：光照、CO_2 浓度、温度、水分、矿质元素等。

（一）光照

光是光合作用的能量来源，也是叶绿体发育和叶绿素合成的必要条件。光对光合作用的影响包括光质（光谱成分）和光强。在自然界中太阳光的光质完全能够满足光合作用的需要，光照度则成为限制光合速率的因素之一。植物在很低的光照度下就可以进行光合作用，但光合强度也很低，随着光照的增强，光合强度也增强，达到一定光强时，光合强度便达到最大值，此后，即使继续增加光强，光合强度也不再增加，这种现象称为光饱和现象（图 8－10）。开始达到光饱和现象时的光照度，称为光饱和点。

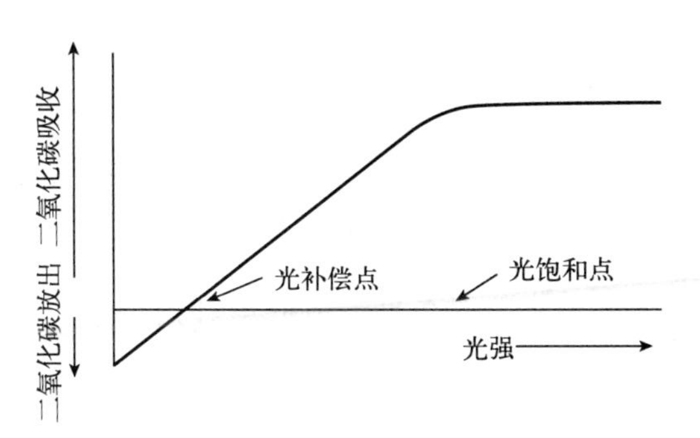

图 8－10 光照度与光合速率的关系
（刘佃林，2007. 植物生理学）

在光饱和点以下，光合速率会随光照度的降低而减弱。当光照度降低到一定数值时，光合吸收的CO_2与呼吸作用释放的CO_2相等，这时的光照度则称为光补偿点。在光补偿点时，光合作用所形成的产物与呼吸作用分解的有机物在数量上恰好相等，也就是净光合强度为零，无物质积累。因此，要使植物维持生长，光照度一定要高于光补偿点。

光饱和点和光补偿点分别表示了光合作用所需光照度的上限和下限，也标志着作物对强光和弱光的利用能力。不同植物的光饱和点和光补偿点都不同。在生产上应提高作物的光饱和点，降低光补偿点，以达到提高作物产量的目的，如合理密植，改善通风透光条件，在阴天、夜间应适当降低温度等。

（二）CO_2 浓度

CO_2是光合作用的主要原料之一，因此环境中CO_2浓度的高低直接影响光合速率。在一定范围内，植物的光合速率会随CO_2浓度的增加而增加，但到达一定浓度时即使再增加CO_2浓度，光合速率也不会再增加，这时环境中的CO_2浓度称为CO_2饱和点。在CO_2饱和点以下，光合速率随CO_2浓度的降低而减弱，当CO_2浓度降低到一定值时，光合作用吸收的CO_2与呼吸作用释放的CO_2相等，这时环境中的CO_2浓度称为CO_2补偿点。不同植物CO_2饱和点和CO_2补偿点都不同。C_3植物的CO_2补偿点较高，而C_4植物较低。CO_2补偿点低的植物能够利用低浓度的CO_2。

CO_2浓度和光照度对植物光合速率的影响是相互的（图 8-11）。植物的CO_2饱和点是随着光强的增强而提高；光饱和点也随着CO_2浓度的增加而增高。

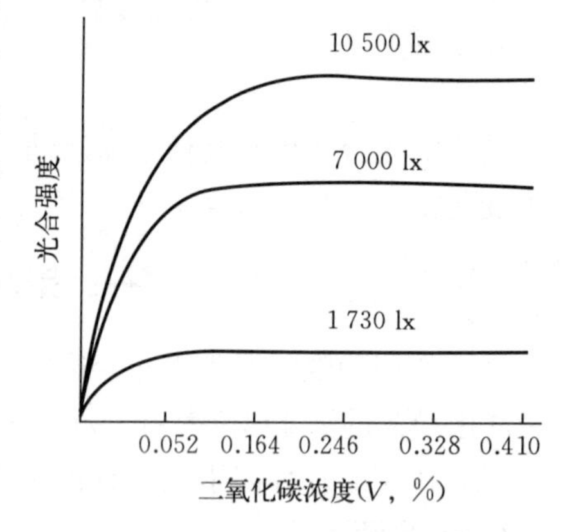

图 8-11　不同光强度下CO_2浓度对小麦光合强度的影响
（陈忠辉，2007. 植物生理学）

（三）温度

光合作用中碳同化过程，即暗反应是一系列的酶促反应。温度通过影响酶的活性，进而植物的光合速率。温度对光合作用的影响同对其他生化过程的影响是一样，存在着温度三基点，即最低温度、最适温度和最高温度。低温下植物光合速率降低主要是因为酶的活性受到抑制而降低，其次低温会导致叶绿体超微结构受损伤而导致光合速率降低。通常来说，光合作用的最适温度一般在25～30 ℃；超过35 ℃时，光合速率开始下降；达到40～50 ℃时，光合作用则会完全停止。高温造成光合速率下降，主要是因为高温下叶绿体和细胞结构受到破坏，酶被钝化，失水过多，影响气孔开度，CO_2供应变少。另外，C_4植物光合作用的最适温高于C_3植物。

昼夜温差的大小对光合净同化率有很大的影响。白天温度高，日光充足，利于光合作用的进行；夜间温度低，降低了呼吸消耗。因此，在一定温度范围内，昼夜温差大利于光合物质的积累。

在农业实践中要注意控制温度，避免高温或低温对光合作用的不利影响。如温室、大棚、地膜等覆盖栽培，具有增温和保墒作用，可提高光合生产力，已被普遍应用于冬春季的蔬菜等栽培。

（四）水分

叶片中的水分含量接近饱和时，才能进行正常的光合作用。当叶片缺水达到约 20%时，

光合作用明显受到抑制。虽然水分是光合作用的主要原料之一，但植物吸收的水分，用于光合作用的仅有很少一部分（约5%以下）。因此，水分缺乏主要是间接的影响光合速率下降。缺水导致叶片萎蔫，气孔关闭，CO_2 吸入受阻；缺水时叶内淀粉的水解加强，糖分堆积，光合产物输出缓慢，光合速率下降；缺水还会限制叶片的生长，导致光合面积减少。

（五）矿质元素

矿质元素是直接或间接的影响光合作用。氮素的缺乏直接影响酶的合成；氮、镁、铁、锰等是叶绿素的组成或生物合成过程所必需的矿质元素，而磷、钾等对光合产物的转化和运输起促进作用，从而间接影响光合作用。在一定范围内，矿质元素越多，光合速率就越高。"肥料三要素"中以氮素对光合作用的效果最明显。矿质元素对光合作用的影响是多种多样的，保证植物矿质营养是促进光合作用的重要保障。

以上分别叙述了光照、CO_2、温度、水分、矿质元素等对植物光合作用的影响，实际上这些因素对光合作用的影响并不是孤立的，而是相互的。例如，当 CO_2 供应不足时，植物就不能充分利用太阳光能；同样，光照较低时，只提高 CO_2 浓度，光合强度也不会提高。因此，在实际生产生活中，要综合考虑多种因素对光合作用的影响，找出限制因素，采取有效措施加以解决，只有这样，才能提高作物的产量。

二、影响光合作用的内部因素

（一）不同部位

由于叶绿素具有接受和转换光能的功能，所以植株中凡是具叶绿素的部位都能进行光合作用。在一定范围内，叶绿素含量越多，光合作用就越强，如抽穗后的水稻植株，其叶片、叶鞘、穗轴、节间和颖壳等部分都能进行光合作用。但无论是光合速率还是光合量，都是叶片最大，叶鞘次之，穗轴和节间很小，颖壳最小。所以，在生产上要尽量保持足够的叶片，制造更多光合产物，为高产提供物质基础。

（二）不同生育期

一株作物不同生育期的光合速率，一般是以营养生长中期为最强，到了末期下降。同一植株不同部位的叶片光合速率，也会因叶片发育状况不同而呈规律性变化。例如，幼嫩的叶片光合速率较低，随着叶片的生长，光合速率不断增强，达到高峰，最后叶片衰老，光合速率随之下降。又如水稻在分蘖旺期光合速率最快，而后随生育期的发展而下降，尤其是抽穗以后下降较快。从群体来看，光合量不单取决于单位叶面积的光合速率，且很大程度上受叶片总面积及群体结构的影响。在农业生产上，常通过调控栽培措施来延长生育后期植物叶片的寿命以及光合功能，使生育后期植物的光合速率下降能缓和一些，更有利于种子结实饱满。

知识7 光合作用与作物产量

一、作物产量的构成因素

人们栽种不同植物有着不同的经济目的。通常把直接作为收获物的这部分的产量称为经济产量，如禾本科植物的籽粒、叶菜的叶片、果树的果实。作物全部干物质的重量称为生物产量。经济产量占生物产量的比值称经济系数，即：

$$经济系数=\frac{经济产量}{生物产量}$$

由此可见，经济系数是由光合产物分配到不同器官的比例所决定的。农作物经过人类千百年的选育，其经济系数已达到相当高的水平，如有的水稻、小麦品种，经济系数达到甚至超过0.5，植株的干物质里有一半或更多些都集中在穗里，棉花可达0.35～0.4（按籽棉计算），甜菜达0.6，薯类达0.7～0.85，叶菜类有的接近1。一般来说，经济系数是品种稳定的一个性状，品种的选择在农业生产上至关重要，但栽培条件与管理措施对经济系数的影响也很大。为了使同化产物能尽可能多地输送到经济器官，在经济产量形成的关键时期必须要有良好的田间管理措施，如棉花、番茄、瓜果要进行整枝打顶，马铃薯要摘花等，都是为了使更多的同化产物能顺利地运往经济器官贮存起来。反之，如管理不善，作物生长衰弱或徒长，即使品种再好也会造成减产。

生物产量是指作物一生中全部的光合产量减去消耗的光合产物（主要是呼吸消耗），而光合产量则是由光合面积、光合强度、光合时间3个因素组成的，即：

生物产量＝光合面积×光合强度×光合时间—光合产物消耗

由上式可见，一切农业措施都要兼顾到这几个因素之间的相互关系，综合考虑使之更有利于经济产量的提高。

二、作物对光能的利用

光能利用率是指植物光合产物中贮存的能量占照射到地面上日光能总量的百分比，一般是用单位土地面积在单位时间内所接受的太阳辐射能，除以同时间内该土地上植物增加干重所折合成的热量。

到达地面的太阳辐射能中，只有可见光能被植物吸收并进行光合作用，而叶片能吸收其中的85%，约占全部辐射能的42.5%。且大部分用于植物的蒸腾作用和辐射损失，真正用于光合作用的只占0.5～1%，低产田仅为0.1～0.2%，即使是每667 m^2 产量为500 kg以上的丰产田也仅有3%左右。理论上，作物对光能利用率最大可达4%～5%，如果能够达到这个比例，粮食每667 m^2 产量就可达到1 000 kg，甚至更高。因此，无论是实际例子，还是理论推算，作物产量的增长潜力还是很大的。

目前，作物光能利用率不高的原因主要有以下几方面：

1. 光合作用对光谱的选择性　在太阳辐射光谱中，植物只能利用波长为400～700 nm的可见光进行光合作用，占太阳光总量的50%左右。而在被吸收的光中，又以波长为400～500 nm和波长为600～700 nm的光波最有效，波长为500～600 nm的光波效率低或无效，植物光合作用对光谱的选择性，降低了叶片对光能的利用率。

2. 漏光损失　由于作物生长初期植株较小，或单位面积上苗数不足，或肥水等条件不良，造成叶面积指数过小导致漏光严重，使得大量投落到地面上的光能未能被有效利用。据调查统计，一般稀植缺肥的稻麦田中，平均漏光率可高达50%以上。

3. 反射和透射的损失　与种植密度、作物株型、叶片厚薄以及叶片着生角度等因素有关。例如，密植合理的大田水稻，株型紧凑，叶片直立，其反射光造成的损失则较小；至于

透射光的损失，与叶片厚薄有关，杂交水稻的叶片比一般品种叶片要厚且叶色较深，因而透光损失较少。

4. 光饱和现象的限制　植物上层叶片处于良好的光照条件下，但这些叶片不能利用超过光饱和点的光能来提高光合速率，稻、麦等 C_3 作物的光饱和点为全日照强度的 1/3～1/2，可见光饱和现象影响群体光能利用率是很明显的。

5. 其他因素　如遇温度过高或过低，水分缺乏，某些矿质元素不足，CO_2 供应不足及病虫害等因素，均可限制植物的光合速率。此外，某些作物或品种的叶绿体对光能转化效率和羧化效率均低，光合产物的运转、分配和贮藏能力较低等，都会降低群体的光能利用率。

三、提高作物产量的途径

作物产量的形成主要是叶片光合物质的积累，植物干物质中有 90%～95%是由光合而成的。显然，提高作物对光能利用率，是增加作物产量的主要手段。

提高光能利用率，其实就是增加单位面积上作物的生物产量。除减少漏光、反射、透射等损失外，应重点考虑如何提高吸收光能的转换率同时降低消耗。农业生产上可以从以下几个方面考虑：

1. 增加光合面积　光合面积一般用叶面积系数表示，叶面积系数也称叶面积指数，是指植株的总叶面积与土地面积的比值。提高叶面积系数是达到高产的重要手段。但叶面积也不宜过大，过大会影响群体中的通风透光而引起一系列的矛盾，所以叶面积要适当。

（1）合理密植　是提高作物产量的主要措施之一。足够的种植密度，一方面能够使漏光损失减少到最低；另一方面能够充分发挥群体对光能利用的优越性。因为，作物群体并不是简单的个体总和，它有许多特点。在群体结构中，叶片交错排列，层叠分布，阳光可透过上层叶片供给下层叶片利用。各层叶片的透射光和反射光，可以相互反复吸收利用。但密植要合理，太密，下层叶片受到光照少，在光补偿点以下，成了物质消费者，同时由于光照太弱，生长加快，造成枝干细弱，易倒伏及发生花果脱落；另外，密度过大，导致通风不良，影响了田间小气候，温度高，湿度大，易引发病虫害。密植是否合理，主要就看作物群体生育后期的通风透光条件能否得到改善。

（2）合适的肥水管理　既可使植物苗期迅速增加叶面积，又可延长光合器官的寿命，使得后期叶面积系数不会过大，提高群体干物质的积累量。

（3）改变株型　目前培育出的高产作物品种一般为矮秆、叶片角度小且厚的株型，这种株型耐肥抗倒，利于增加种植密度，提高光能利用率和产量。但也有生理学家认为，茎秆过矮，叶片相互遮挡严重，不利于叶面积指数的进一步增加，还会导致冠层内 CO_2 浓度过低，抑制光合。因此，提倡株高以中等为宜。株型受遗传控制，改变株型还应以育种为主，肥水只能在一定程度上令其发生改变。

2. 延长光合时间　是指延长全年利用光能的时间。不同地区，一年中的气候不一，有的季节无作物生长，有的作物存在换季空隙，即使林地也有砍伐和种植空隙，有效利用这一空隙，能提高光能利用率。主要措施有：

(1) 提高复种指数　复种指数是指一年中耕地面积上种植农作物的平均次数，即一年中耕地上农作物总播种面积与耕地面积之比，如一年一熟，复种指数即为1，一年三熟，复种指数则为3。可见，一年多熟可有效提高光能利用率。

(2) 合理的间套作　间套作是充分利用光能，获得高产的重要途径。例如，玉米田里套种的大豆，玉米冠层透过的光可防止强光对大豆光合器官的危害，又可达大豆光饱和点进行正常光合；而大豆对土壤中氮的固定，可提高玉米的氮素营养，提高其作物产量。在一季作物生长后期即成熟前，播种另一种作物称为套种。套种的结果是大大减少了后播植物从播种到出苗之间造成的空地浪费，还可提高复种指数。

(3) 延长生育期　在不影响后期耕作的情况下，适当延长生育期，可减少因空地而造成的光能损失。

3. 提高光合速率　这与增加光合面积和延长光合时间有所不同，不是增加光能的吸收，而是提高光能的转换。想要提高作物产量必须提高净光合速率，特别是植物群体的光合速率。主要措施有：

(1) 高光效育种　光合速率因植物种类或品种不同而不同，因此通过育种培育高光效品种是措施之一。高光效品种无论是单株还是群体，其光合速率均高，对强光和阴雨天气的适应性好，光呼吸弱。

(2) 增加 CO_2 浓度　控制种植规格和肥水，因地制宜，选好行向，使后期通风良好，充分利用大气中的 CO_2。对于温室或大棚，增加 CO_2 浓度的措施就更为高效，一是增施有机肥，由微生物分解放出 CO_2；二是深施碳酸氢铵肥，其分解后除生成水、氮素时，可产生约50%的 CO_2。另外，在增加 CO_2 浓度的同时要注意其他条件的配合如光照、水分、肥料等，才能充分发挥肥效。

(3) 降低光呼吸　利用光呼吸抑制剂抑制光呼吸，提高光合效率；还可以通过改变环境成分，尤其是增加 CO_2 浓度，使核酮糖二磷酸羧化酶的羧化反应占优势，减少其氧化反应即光呼吸的呼吸消耗，光能利用率就会大大提高。

总之，一切有利于提高光合速率的因素都有利于提高作物的光合产量。

单元小结

光合作用的概念及意义
- 概念：绿色植物吸收光能，同化 CO_2 和水制造出有机物，释放 O_2 的过程
- 意义：制造有机物、蓄积太阳能、净化空气

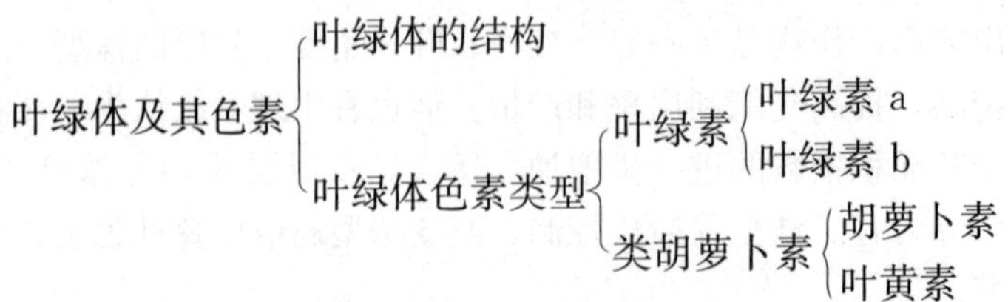

光合作用的机理
- 原初反应——光能转化为电能
- 光合电子传递与光合磷酸化——电能转化为活跃化学能
- 碳同化——活跃的化学能转化为稳定的化学能；C_3、C_4、CAM途径

- 光呼吸
  - 光呼吸的概念：植物依赖光照，吸收 O_2，放出 CO_2 的过程
  - 光呼吸的途径——乙醇酸代谢
  - 光呼吸的生理意义
    - 回收碳素
    - 维持 C_3 光合碳循环的运转
    - 防止强光对光合机构的破坏作用
    - 消除乙醇酸
    - 提供有机合成原料
- 植物体内同化物质的运输与分配
  - 光合作用的产物：糖类、氨基酸、无机和有机离子
  - 有机物的运输：韧皮部（双向运输）
  - 有机物的分配：优先生长中心、就近运输、同侧运输
- 影响光合作用的因素
  - 外界因素：光照、CO_2 浓度、温度、水分、矿质元素等
  - 内部因素：不同部位、不同生育时期
- 作物对光能的利用
  - 作物产量的构成因素：经济系数 = 经济产量 / 生物产量
  - 作物对光能的利用：光谱的选择性、反射和透射、光饱和等
  - 提高作物产量的途径：增加光合面积、延长光合时间、提高光合速率

知识拓展：LED 在植物栽培中的应用

单元八复习思考题

单元九

植物的呼吸作用

知识目标

1. 了解呼吸作用的概念和生理意义。
2. 了解呼吸作用的机理及植物呼吸作用中的能量利用情况。
3. 理解呼吸作用的生理指标，熟悉影响呼吸作用的环境因素。

技能目标

1. 会测定呼吸作用的生理指标。
2. 能利用呼吸作用知识解决农业生产上的问题。

呼吸作用是植物生命活动的基本反应过程，是植物能量代谢的核心和有机物转换的枢纽，对维持植物正常的生命活动起着重要作用。呼吸停止，也就意味着生命的终止。因此，研究植物的呼吸作用，对于调节和控制植物的生长发育、抗病免疫、提高产量、改善品质以及农产品贮藏加工等具有重要的理论意义和广泛的实践意义。

知识1　呼吸作用的概念及其生理意义

一、呼吸作用的概念

呼吸作用是指生活细胞内的有机物在一系列酶的作用下，逐步氧化分解并释放出能量的过程。

二、呼吸作用的类型

依据呼吸过程中是否有氧的参与，可将呼吸作用分为有氧呼吸和无氧呼吸两大类型。

（一）有氧呼吸

有氧呼吸是指生活细胞在 O_2 的参与下，将某些有机物彻底氧化分解，形成 CO_2 和 H_2O，同时释放出大量能量的过程。呼吸作用中被氧化的有机物称为呼吸底物或呼吸基质，碳水化合物、有机酸、蛋白质、脂肪等都可以作为呼吸底物。一般来说，淀粉、葡萄糖、果糖、蔗糖等碳水化合物是最常利用的呼吸底物。如以葡萄糖作为呼吸底物，则有氧呼吸的总反应可用一简式表示：

$$C_6H_{12}O_6+6O_2 \xrightarrow{酶} 6CO_2+6H_2O+能量\ (\Delta G^{\circ\prime}=-2\ 870\ kJ/mol)$$

（注：$\Delta G^{\circ\prime}$是指 pH 为 7 时标准自由能的变化）

从上式可见，有氧呼吸总反应式和燃烧反应式相同，但是在燃烧时底物分子与 O_2 反应迅速激烈，能量以热的形式释放；而在呼吸作用中氧化作用则分为许多步骤进行，能量是逐步释放的，一部分转移到 ATP 和 NADH（NADPH）分子中，成为随时可利用的贮备能，另一部分则以热的形式放出。

有氧呼吸是高等植物呼吸的主要形式，通常所说的呼吸作用，主要是指有氧呼吸。

（二）无氧呼吸

无氧呼吸是指生活细胞在无氧条件下，把某些有机物氧化分解成为不彻底的氧化产物，同时释放出少量能量的过程。微生物的无氧呼吸通常称为发酵，如酵母菌在无氧条件下分解葡萄糖产生乙醇，这种作用称为乙醇发酵，其反应可用简式表示为：

$$C_6H_{12}O_6 \xrightarrow{酶} 2C_2H_5OH+2CO_2+能量\ (\Delta G^{\circ\prime}=-226\ kJ/mol)$$

高等植物也可发生乙醇发酵，如甘薯、苹果、香蕉贮藏久了以及稻种催芽时堆积过厚，都会产生酒味，这便是乙醇发酵的结果。

此外，乳酸菌在无氧条件下产生乳酸，这种作用称为乳酸发酵，其反应可用简式表示为：

$$C_6H_{12}O_6 \xrightarrow{酶} 2CH_3CHOHCOOH+能量\ (\Delta G^{\circ\prime}=-197\ kJ/mol)$$

高等植物也可发生乳酸发酵，如马铃薯块茎、甜菜块根、玉米胚和青贮饲料在进行无氧呼吸时就产生乳酸。

高等植物的呼吸类型主要是有氧呼吸，但仍保留着无氧呼吸的能力。例如，植物在淹水缺氧情况下，可进行短时期的无氧呼吸，以适应不利环境。高等植物的某些部分也可以进行一些无氧呼吸，如种子吸水萌动时，在胚根、胚芽未突破种皮之前；体积较大的贮藏器官，如马铃薯的块茎、甜菜的块根、苹果的果实内部。

三、呼吸作用的生理意义

呼吸作用的重要意义主要表现在以下 3 个方面。

1. 为植物生命活动提供能量　呼吸作用将有机物质生物氧化，使其中的化学能以 ATP 形式贮存起来。当 ATP 在 ATP 酶作用下分解时，再把贮存的能量释放出来，以不断满足植物体内各种生理过程对能量的需要（图 9－1），未被利用的能量转变为热能而散失。呼吸放热，可提高植物体温，有利于种子萌发、幼苗生长、开花传粉、受精等。另外，呼吸作用还为植物体内有机物质的生物合成提供还原力（如 NADPH、NADH）。除绿色细胞可直接利用光能进行光合作用外，其他生命活动所需的能量都依赖于呼吸作用。

2. 为植物体内其他有机物的合成提供原料　呼吸作用在分解有机物质过程中产生许多中间产物，其中有一些中间产物化学性质十分活跃，如丙酮酸、α－酮戊二酸、苹果酸等，它们是进一步合成植物体内新的有机物的物质基础。当呼吸作用发生改变时，中间产物的数量和种类也随之而改变，从而影响着其他物质代谢过程。因此，呼吸作用在植物体内的碳、氮和脂肪等代谢活动中起着枢纽作用。

3. 可以提高植物的抗病和免疫能力　植物依靠呼吸作用可氧化分解病原微生物所分泌

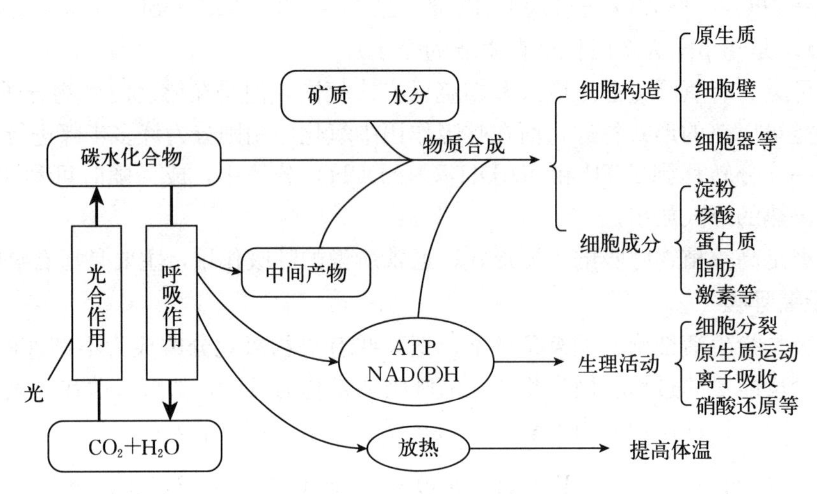

图 9－1 呼吸作用的主要功能示意图

的毒素，消除毒害；还可促进具有杀菌作用的绿原酸、咖啡酸等的合成，提高植物的免疫能力。当植物受伤时，通过加强呼吸，可以提供足够的能量和中间产物，促进伤口愈合。当植物受到病菌侵染时，其中染病组织的呼吸速率比一般组织提高 10 倍以上，通过抑制病原物水解酶的活性，阻止有机物的降解，使病原物因得不到足够的养料不能继续发展，从而控制病情的发展。

四、线粒体的形态和结构

植物呼吸作用是在细胞质和线粒体中进行的。但由于与能量转换关系最为密切的一些步骤是在线粒体中进行的，因此常常把线粒体看成是细胞能量供应中心和呼吸作用的主要场所。

（一）线粒体的形态

每个生活细胞内有几十个至几千个数量不等的线粒体，其长为 1～5 μm，直径为 0.5～1.0 μm。细胞生命活动旺盛时线粒体的数量多，衰老、休眠时线粒体的数量少。线粒体一般呈线状、棒状、粒状等。

（二）线粒体的结构

线粒体由双层膜围成的囊状结构，包括外膜、内膜和基质三部分组成（图 9－2）。

1. 外膜 表面较平滑，膜上有小孔，是线粒体内外物质交换的通道。

2. 内膜 向内形成褶，称为嵴，嵴的存在增加了内膜的表面积。内膜对物质的透过具有高度的选择性。内膜的内表面上附着有许多排列规则的基粒，它是偶联磷酸化的关键装置，分布着生物氧化与磷酸化的酶系统。

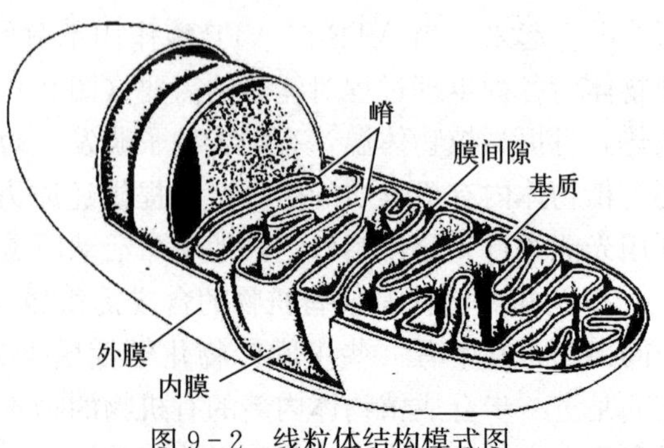

图 9－2 线粒体结构模式图
（陈忠辉，2007. 植物生理学）

3. 线粒体基质　线粒体内部充满了基质，其内含有脂质、蛋白质、核糖体、DNA 纤丝及三羧酸循环所需的酶系统。

知识 2　呼吸作用的机理

在高等植物中存在着多条呼吸途径，这是植物在长期进化过程中，对多变环境条件适应的体现。在有氧条件下进行糖酵解——三羧酸循环、戊糖磷酸途径，还有乙醛酸循环、乙醇酸氧化途径等；在缺氧条件下进行乙醇发酵和乳酸发酵（图 9－3）。

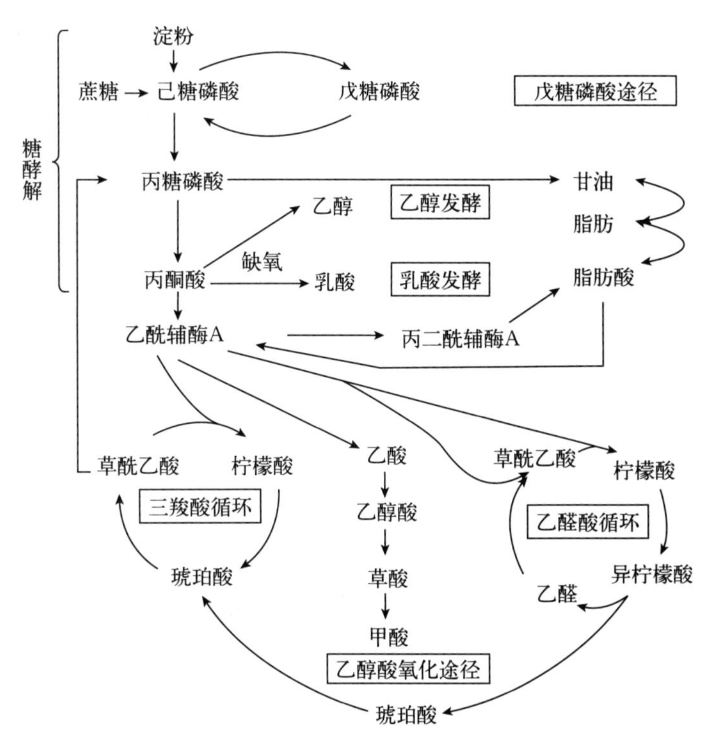

图 9－3　植物体内主要呼吸代谢途径相互关系示意图

（李合生，2002. 植物生理学）

一、有氧呼吸的主要途径

（一）糖酵解——三羧酸循环途径（EMP－TCA 途径）

这一途径普遍存在于植物、动物和微生物的细胞中。

1. 糖酵解　是指呼吸基质在一系列酶的作用下，氧化分解为丙酮酸的过程。这一阶段在细胞质中进行，不需要游离氧的参与，其氧化作用所需要的氧来自水分子和被氧化的糖分子。糖酵解是有氧呼吸和无氧呼吸共同经历的阶段（图 9－4）。

糖酵解的总反应可用简式表示为：

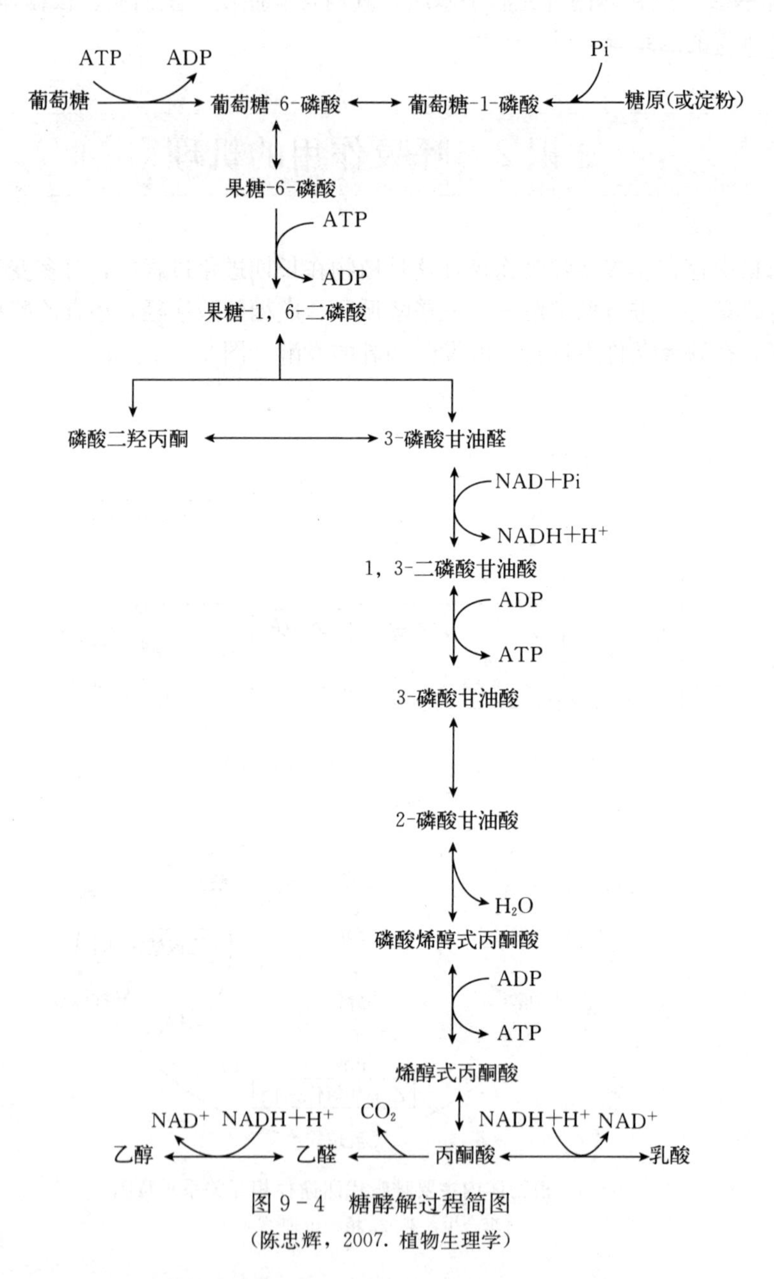

图 9-4　糖酵解过程简图

（陈忠辉，2007. 植物生理学）

$$C_6H_{12}O_6+2NAD^++2ADP+2Pi \longrightarrow 2CH_3COCOOH+2NADH+2H^++2ATP+2H_2O$$

在糖酵解过程中，每 1 mol 葡萄糖产生 2 mol 丙酮酸时，净产生 2 mol ATP 和 2 mol NADH。

糖酵解的产物丙酮酸的化学性质十分活跃，可以通过各种代谢途径生成不同的物质（图 9-5）。通过糖酵解，生物体可以获得生命活动所需的部分能量。对于厌氧生物来说，糖酵解是糖分解和获取能量的主要方式。

2. 三羧酸循环　指丙酮酸在有氧的条件下，被彻底氧化为 CO_2 和 H_2O 的过程。这一阶段在线粒体内进行，共有 9 步反应（图 9-6）。

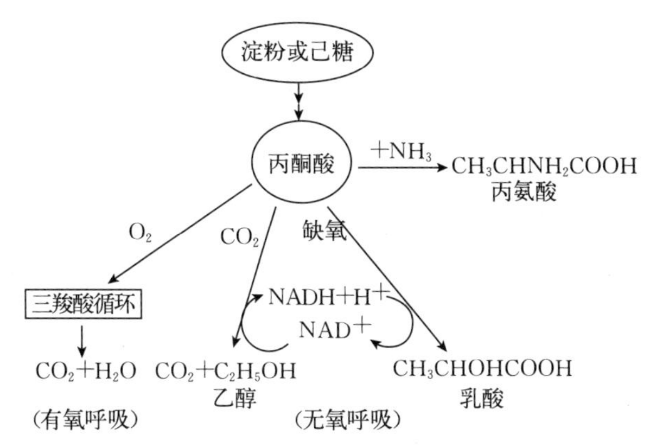

图 9-5　丙酮酸在呼吸代谢和物质转化中的作用示意图

（陈忠辉，2007. 植物生理学）

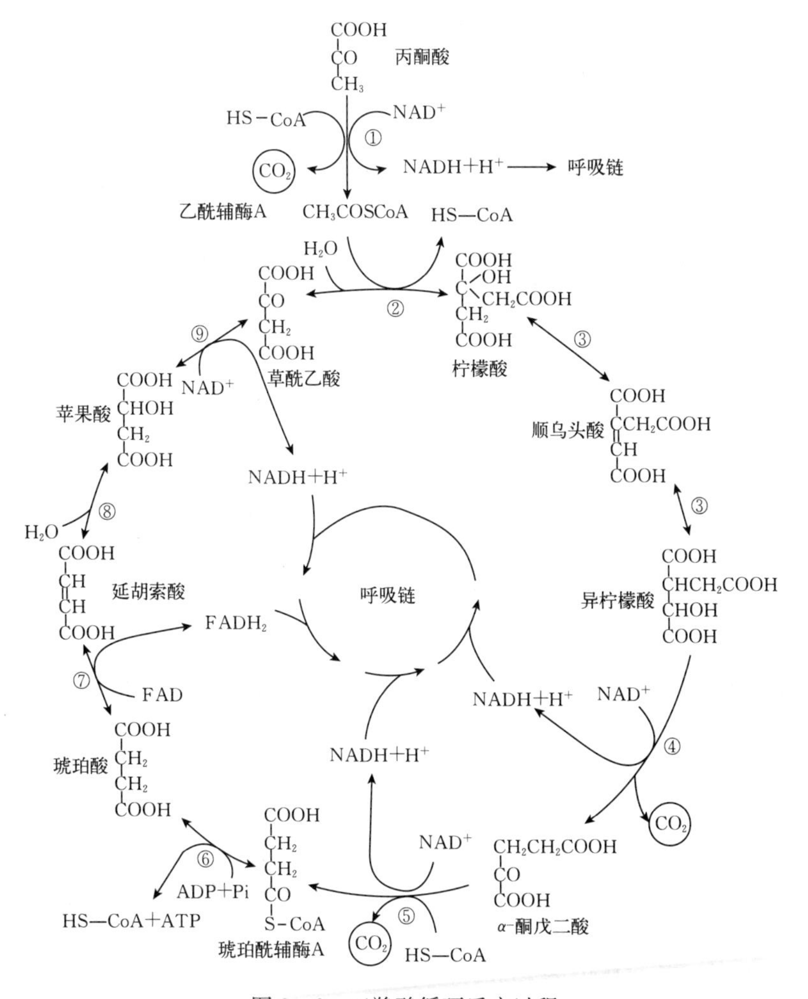

图 9-6　三羧酸循环反应过程

三羧酸循环中参加各反应的酶：①丙酮酸脱氢酶复合体　②柠檬酸合成酶或称缩合酶　③顺乌头酸酶　④异柠檬酸脱氢酶　⑤α-酮戊二酸脱氢酶复合体　⑥琥珀酸硫激酶　⑦琥珀酸脱氢酶　⑧延胡索酸酶　⑨苹果酸脱氢酶

（何国生，2007. 植物生理学）

三羧酸循环的总反应可用一简式表示为：

$$2CH_3COCOOH+8NAD^+ +2FAD+2Pi+4H_2O \longrightarrow 6CO_2 +2ATP +8NADH+8H^+ +2FADH_2$$

三羧酸循环是植物体内物质代谢的中心环节。三羧酸循环的起始底物乙酰辅酶A不仅是糖代谢的中间产物，也是脂肪酸和某些氨基酸的代谢产物，因而该循环是糖、脂肪、蛋白质三大类物质彻底氧化分解的共同途径。同时，三羧酸循环中许多中间产物可用于合成其他有机物，从而与其他代谢途径发生联系和相互转变。

3. 氢和电子的传递 呼吸基质在氧化过程中脱下的氢不能直接与游离氧结合，需要经过呼吸链的传递，最后使氧激活后与其结合生成水。呼吸链又称电子传递链（图9-7），是指呼吸基质在氧化过程中脱下的氢（电子）传递到分子氧的传递体系。这一传递体系包括氢传递体和电子传递体两部分，氢传递体包括一些脱氢酶的辅助因子，主要有 NAD^+、FMN（黄素单核苷酸）、FAD（黄素腺嘌呤二核苷酸）、CoQ（辅酸Q）等，它们既传递电子，也传递质子；电子传递体包括细胞色素系统和某些黄素蛋白、铁硫蛋白。

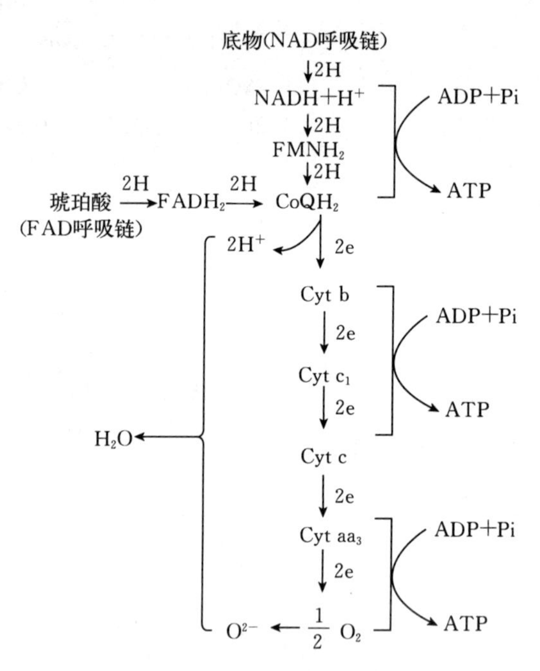

图9-7 呼吸链示意图
（陈忠辉，2007. 植物生理学）

在呼吸链中，代谢底物脱下的2H传递给CoQ生成 $CoQH_2$，再往下传递时，由于细胞色素只能接受电子，$CoQH_2$ 脱下的2H分解为 $2H^+ +2e$，$2H^+$ 游离于线粒体介质中，2e则沿着 $b \rightarrow c_1 \rightarrow c \rightarrow aa_3 \rightarrow O_2$ 的顺序逐步传递，最后传给氧生成氧负离子，氧负离子再与介质中的 $2H^+$ 结合成水。

4. 氧化磷酸化 代谢底物脱氢经呼吸链氧化放能的同时，伴有与ADP磷酸化生成ATP（吸能）相偶联的过程，称为氧化磷酸化，又称电子传递体系磷酸化。

一切生物体内，能量的释放、贮存和利用，都以ATP为中心，ATP在生物体能量代谢中起着非常重要的作用。机体各种生理、生化作用所需的能量均与ATP有关，如原生质的流动，植物分泌、吸收的渗透能，生物合成等生理活动所需的能量均由ATP供给。ATP虽然在能量代谢中起着重要作用，但ATP在机体内的含量并不多，确切地说，ATP不是能量的贮存物质，而是能量的携带者或传递者。

（二）戊糖磷酸途径（HMP途径）

戊糖磷酸途径是指葡萄糖-6-磷酸（G6P）在细胞质内直接氧化脱羧，并以核酮糖-5-磷酸为重要中间产物的有氧呼吸途径。

戊糖磷酸途径的总反应可用简式表示为：

$$6G6P+12NADP^+ +7H_2O \longrightarrow 6CO_2 +12NADPH+12H^+ +5G6P+Pi$$

HMP途径是葡萄糖直接氧化分解的生化途径，许多植物中普遍存在，特别是在植物感病、受伤、干旱时，该途径可占全部呼吸的50%以上。由于该途径和EMP－TCA途径的酶系统不同，因此当EMP－TCA途径受阻时，HMP途径则可替代正常的有氧呼吸。在糖的有氧降解中，EMP－TCA途径与HMP途径所占的比例，随植物的种类、器官、年龄和环境而发生变化，这也体现了植物呼吸代谢的多样性。

二、呼吸作用中的能量利用

呼吸作用通过一系列的酶促反应把贮存在有机物中的化学能释放出来，一部分转变为热能以维持体温，一部分形成ATP供植物生长发育利用。

真核细胞中，1 mol葡萄糖在pH 7条件下经EMP－TCA途径被彻底氧化，其中释放的能量为2 870 kJ，吸收贮存的能量为1 144.8 kJ，因此其能量转换效率为1 144.8/2 870即39.8%，其余的60.2%以热的形式散失，可见能量转换效率较高。对原核生物来说，EMP中形成的2 mol NADH可直接经氧化磷酸化产生6 mol ATP，因此1 mol葡萄糖彻底氧化共生成38 mol ATP，其能量转换效率为［(38×30.54)÷2 870］×100%＝40.4%，比真核生物的要高一些。

知识3　影响呼吸作用的环境因素

一、呼吸作用的生理指标

判断呼吸作用强度和性质的指标主要有呼吸速率和呼吸商。

(一) 呼吸速率

呼吸速率是最常用的代表呼吸强弱的生理指标，它可以用单位重量（干重、鲜重）的植物材料在单位时间所放出的CO_2或吸收的O_2的量来表示，常用单位有μmol/(g・h)、μl/(g・h)等。

植物的呼吸速率随植物的种类、年龄、器官和组织的不同有很大的差异，如大麦种子仅0.003 μmol/(g・h)，而番茄根尖达300 μmol/(g・h)。

(二) 呼吸商（简称RQ）

植物组织在一定时间内释放CO_2的量与吸收O_2的量的比值称为呼吸商（RQ），又称呼吸系数，它是表示呼吸基质的性质及O_2供应状态的一种指标。

通常，碳水化合物是主要的呼吸底物，脂肪、蛋白质以及有机酸等也可作为呼吸底物。底物种类不同，呼吸商也不同，如以葡萄糖作为呼吸底物，且完全氧化时，呼吸商是1。

$$C_6H_{12}O_6+6O_2 \longrightarrow 6CO_2+6H_2O \quad RQ=6/6=1$$

如以脂肪（脂肪酸）、蛋白质等还原程度较高的物质作为呼吸底物，如棕榈酸被彻底氧化时，其呼吸商小于1。

$$C_{16}H_{32}O_2+23O_2 \longrightarrow 16CO_2+16H_2O \quad RQ=16/23=0.7$$

如以氧化程度较高的有机酸类作为呼吸底物，如柠檬酸被氧化，其呼吸商则大于1。

$$C_6H_8O_7 + 4.5O_2 \longrightarrow 6CO_2 + 4H_2O \quad RQ=6/4.5=1.33$$

可见呼吸商的大小和呼吸底物的性质关系密切，故可根据呼吸商的大小大致推测呼吸作用的底物及其性质的改变。例如，油料种子萌发时，最初以脂肪酸作为呼吸底物，RQ 约为 0.4，但随后由于一部分脂肪酸转变为糖，并以糖作为呼吸底物，故 RQ 增加。有时呼吸商也可能是来自多种呼吸底物的平均值。

当然，O_2 供应状况对呼吸商影响也很大，在无氧条件下发生乙醇发酵，只有 CO_2 释放，无 O_2 的吸收，则呼吸商无穷大。因此，在用呼吸商说明底物性质时，必须了解氧化进行的程度。当 O_2 供应不足时，无氧呼吸较强，呼吸商增大。

二、影响呼吸作用的环境因素

（一）温度

温度对呼吸作用的影响主要在于温度对呼吸酶活性的影响。在一定范围内，呼吸速率随温度的升高而加快，达到最高值后，继续升高温度，呼吸速率反而下降。呼吸作用中存在温度三基点，即最低温度、最适温度、最高温度。呼吸作用的最适温度是保持稳态的最高呼吸速率的温度，一般温带植物呼吸速率的最适温度为 25～35 ℃。呼吸作用的最适温度比光合作用、植物生长的最适温度都高，因此并不是植物正常生长的最适温度。当温度过高和光线不足时，呼吸作用强，光合作用弱，就会影响植物生长。呼吸作用的最低温度则因植物种类不同而有很大差异。一般植物在接近 0 ℃时，呼吸作用进行得很微弱，而冬小麦在－7～0 ℃下仍可进行呼吸作用；耐寒的松树针叶在－25 ℃下仍未停止呼吸，但在夏季温度降至－5～－4 ℃，呼吸便完全停止。呼吸作用的最高温度一般在 35～45 ℃，最高温度在短时间内可使呼吸速率较最适温度时要高，但时间稍长后，呼吸速率就会急剧下降（图 9－8），这是因为高温加速了酶的钝化或失活。在 0～35 ℃生理温度范围内温度系数（Q_{10}）为 2～2.5，即温度每升高 10 ℃，呼吸速率加快 2～2.5 倍。温度的另一间接效应则是影响 O_2 在水介质中的溶解度，从而影响呼吸速率的变化。

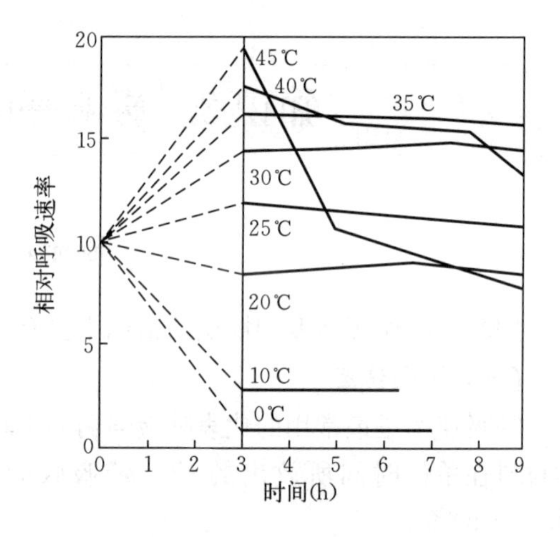

图 9－8　温度对豌豆苗呼吸速率的影响
（预先在 25 ℃下培养 4 d 的豌豆幼苗相对呼吸速率为 10，放到不同温度下，3 h 后测定呼吸速率的变化）
（张新中等，2007. 植物生理学）

（二）O_2

O_2 是植物进行有氧呼吸的必要条件。O_2 不足，不仅影响呼吸速率，而且还决定呼吸代谢的途径（有氧呼吸或无氧呼吸）。不同植物及其器官和组织，对环境缺氧的反应不同。在通常情况下，植物的茎、叶、根都能获得足够的 O_2 以保证有氧呼吸顺利进行。即使对于一些块根、块茎的内部组织，呼吸速率受到一定程度的限制，但由于细胞间隙的存在，或适应性地形成通气组织，也能保证进行有氧呼吸。

植物根系能适应土壤中较低的氧浓度，但当土壤含氧量低于 5%时，其呼吸作用也开始

下降，一般通气不良的土壤中含氧量仅为2%，而且很难进入土壤深层，从而影响根系的正常呼吸和生长。

当土壤板结或淹水时，植物根系处于缺氧甚至无氧环境，时间长了必然导致伤害甚至死亡。其原因，一是发酵产物的产生和累积，对细胞原生质有毒害作用，如乙醇累积过多，会破坏细胞的膜结构，若酸性的发酵产物累积量超过细胞本身的缓冲能力，也会引起细胞酸中毒。二是无氧呼吸过程中形成乙醇或乳酸所需的NADH，一般来自于糖酵解，因此当进行无氧呼吸时，糖酵解过程中形成的2分子NADH就会被消耗掉，这样每分子葡萄糖在发酵时，只净生成2分子ATP，葡萄糖中的大部分能量仍保存在乳酸或乙醇分子中。三是产生的中间产物少，很多物质不能合成。因此，植物不能长时间进行无氧呼吸。

（三）CO_2

CO_2是呼吸作用的最终产物，当外界环境中CO_2浓度增高时，脱羧反应减慢，呼吸作用受到抑制。实验证明，当CO_2浓度超过1%时，呼吸开始受抑制；CO_2浓度高于5%时，抑制明显。土壤中由于植物根系的呼吸作用特别是土壤微生物的呼吸作用会产生大量的CO_2，如土壤板结，深层通气不良，积累的CO_2可达4%～10%，甚至更高，如不及时进行中耕松土，就会使植物根系呼吸作用受阻。一些植物（如豆科植物）的种子由于种皮限制，呼吸作用释放的CO_2难以释出，种皮内积聚起高浓度的CO_2抑制了呼吸作用，从而导致种子休眠。

（四）水分

植物组织的含水量与呼吸作用有密切的关系，在一定范围内，呼吸速率随含水量的增加而加快。例如，干燥种子的呼吸作用很微弱，当种子吸水后，呼吸速率迅速加快。因此，种子含水量是制约种子呼吸作用强弱的重要因素。但对于叶片和水果来说，当水分严重缺乏造成萎蔫时，呼吸速率不是降低，反而异常地上升，这是植物组织为了保水，细胞内水解酶活性增强，产生了较多的可溶性糖（呼吸基质）。

影响呼吸作用的外界因素除了温度、O_2、CO_2、水分之外，呼吸底物的含量（如可溶性糖）、机械损伤、一些矿质元素（如P、Fe、Cu等）对呼吸也有显著影响。此外，病原物感染可使寄主的线粒体增多，多酚氧化酶活性提高，抗氰呼吸和HMP途径增强。

知识4　呼吸作用在农业生产上的应用

呼吸作用是各种代谢活动的中心，促进呼吸作用的进行，可以加快植物的生长发育。但呼吸作用消耗有机物，对于种子、果蔬的贮藏是不利的，这时又必须设法降低呼吸速率，以达到延长贮藏时间和保证贮藏期间品质的目的。总之，可根据植物呼吸作用自身的规律采取有效措施，利用呼吸，控制呼吸，使其更好地服务于人类。

一、呼吸作用与作物栽培

呼吸作用对植物的生理过程有着广泛的、重大的影响，它不仅为矿质营养的吸收、运输和同化以及有机物的转化和运输等各种生命活动过程提供能量，是植物能量代谢的核心，同时它能产生大量的中间产物，成为植物体内各种有机物代谢的枢纽。因此，在生产上要采取一些必要的措施，保证呼吸作用的正常进行。

生产上很多栽培措施都是从调控呼吸作用出发而采取。例如，播种前耕地整地、黏土掺沙，以改善土壤结构，保证良好的通气条件。浸种催芽过程中，每隔一定时间浇水、翻堆，保证足够的水分和透气散热，同时避免无氧呼吸的发生。气温较低时用温水浸种催芽，保证呼吸所需的温度条件。在栽培管理上，及时中耕松土，排除积水，以保证根系得到充足的O_2；施用有机肥时，需经充分腐熟（特别是夏秋高温季节），否则未腐熟的有机质在土壤微生物的分解下会导致CO_2浓度过高，抑制根系呼吸及其生长；适时灌溉，防止作物发生萎蔫，增加呼吸消耗。在水稻栽培管理中，勤灌、浅灌，适时搁田、晒田，使根系得到O_2，消除CO_2以及SO_2等有毒物质积累造成的毒害，避免烂根；使根系有氧呼吸旺盛，促进水分和养分的吸收，促进新根的发生。温室栽培和薄膜育苗时，为解决高温与光照不足的矛盾，适时通风降温，以降低呼吸消耗。在栽培密度上，通过合理密植，保证作物后期群体内部必要的通风透光条件，防止在高温和光线不足情况下，呼吸消耗过大，净同化率降低，影响产量的提高。

果树夏剪中去萌蘖，除起到调节营养生长与生殖生长的作用外，还有利于通风透光，降低树冠内部温度，减少呼吸消耗，提高光合作用，增加有机物积累。

作物栽培中也有许多生理障碍，与呼吸作用有直接关系。例如，涝害淹死植物，是因为无氧呼吸过久，累积乙醇而引起中毒。干旱和缺钾能使氧化磷酸化解偶联，导致作物生长不良甚至死亡。低温导致烂秧，原因是低温破坏线粒体的结构，呼吸“空转”，缺乏能量，引起代谢紊乱。

二、呼吸作用与农产品贮藏

（一）呼吸作用与粮油种子的贮藏

粮油种子贮藏的目的，一是使作为商品粮油的种子不发霉变质，不降低商品价值；二是使作为种质资源的种子保持生命活力，尽量延长其寿命。

1. 粮油种子贮藏期间的呼吸变化　粮油种子贮藏与呼吸作用有密切关系。当种子的含水量低于一定限度时，其呼吸速率极低；若含水量超过一定限度，则呼吸速率急剧加快。这是由于含水量少，种子内的水分都呈束缚水状态存在，各种代谢活动包括呼吸作用都不活跃；当细胞内出现自由水后，酶的活性大大提高，呼吸作用便急剧增强。

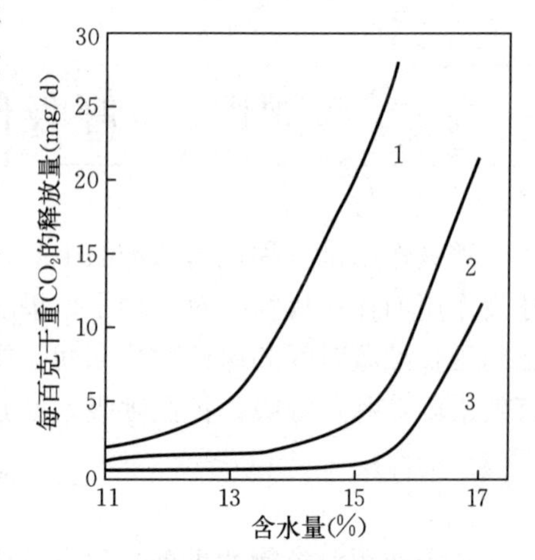

图 9-9　种子含水量对呼吸速率的影响
1. 亚麻　2. 玉米　3. 小麦
（张新中等，2007. 植物生理学）

风干种子的含水量一般为 8%～14%（因种子而异），如油料种子为 8%～9%，淀粉种子为 12%～14%。此时，种子中原生质处于凝胶状态，呼吸酶活性低，呼吸极微弱，可以安全贮藏，这个含水量称为安全含水量或临界含水量。当油料种子含水量达到 10%～11%，淀粉种子含水量达到 15%～16%时，呼吸作用就显著增强，如果含水量继续增加，则呼吸速率几乎呈直线上升（图 9-9）。其原因是，种子含水量增高后，原生质由凝胶转变成溶胶，自由水含量升

高，呼吸酶活性大大增强，呼吸也就增强。淀粉种子安全含水量高于油料种子的原因，主要是淀粉种子中含淀粉等亲水物质多，其中存在的束缚水含量要高一些，而油料种子中含疏水的油脂较多，存在的束缚水较少。

2. 粮油种子贮藏的适宜条件　贮藏粮油种子的主要原则是降低呼吸消耗，抑制微生物活动。水分、温度、O_2 以及微生物等外界条件影响粮油种子的贮藏。一般说来，粮油种子宜贮藏在干燥、低温、低氧和通风条件下。

（1）干燥　要保证种子的安全贮藏，首要问题是种子的含水量不得超过安全含水量。否则，由于呼吸旺盛，不仅会引起大量贮藏物质的消耗，而且由于呼吸作用放出的热量提高了粮堆温度，有利于微生物活动，易导致粮油种子的变质，使种子丧失发芽力和食用价值。其次，贮藏粮油种子的库房宜在春末夏初进行全面密闭，防止外界潮湿空气侵入。

（2）杀菌消毒　经过分析发现，种子本身含水量超过 14.5%时，呼吸作用增高减缓，呼吸作用急剧升高，是因为种子表面附有的微生物在 75%的相对湿度中可迅速繁殖增多，其呼吸作用也大大增强。

（3）低温　贮藏粮油种子的库房要适时通风，其目的是散热、散湿。冬季或夜间开仓，西北冷风透入粮仓，降低粮温。例如，水稻种子在 14～15 ℃库温条件下贮藏 2～3 年，仍有 80%以上的发芽率。

（4）低氧　采用气调法贮藏，即对库房内空气成分加以控制，适当提高 CO_2 含量和降低氧的含量。例如，脱氧保管法，即向粮堆内充入低氧含量的空气，降低种子的呼吸速率。充氮保管法（保管大米），即抽出粮堆的空气（用塑料密封），充入氮气，以抑制呼吸，保持大米的新鲜度。

（二）呼吸作用与果蔬的贮藏

1. 肉质果蔬的呼吸变化　肉质果蔬生长时期，其呼吸作用逐渐降低。但有些肉质果蔬成熟到一定时期（进入完熟），其呼吸速率突然增高，然后又迅速下降的现象，称为呼吸跃变现象或呼吸高峰现象。按成熟过程中是否出现呼吸高峰可将果实分为两类：一类是呼吸跃变型，如苹果、梨、番茄、西瓜、草莓、香蕉；另一类是非呼吸跃变型，如葡萄、黄瓜、柑橘、无花果、樱桃、菠萝。但后一类型的果实在一定条件下（如用乙烯处理）也可能出现呼吸高峰。

对于呼吸跃变现象，无论是果实在采收后成熟的，还是在植株上成熟的都会发生。目前一致认为，呼吸高峰的出现与果实内乙烯的大量产生密切相关。一般来说，当果实、蔬菜中乙烯浓度达到 0.1×10^{-6}mol/L 时，便会诱导呼吸跃变的发生。对于不出现呼吸跃变现象的果实，其成熟过程也与乙烯形成相关。

果实出现呼吸高峰时，呼吸速率可比以前高出 5 倍以上，果实中的贮藏物质加速水解，果实由硬变软、由酸变甜变香、果色变艳，食用品质好。呼吸高峰过后，果实进入衰老阶段，品质下降且不耐贮藏。因此，贮藏时应尽量推迟呼吸高峰的出现，从而延长贮藏期。

2. 肉质果蔬贮藏的适宜条件　肉质果实、茎叶类以及块根、块茎类蔬菜含水较多，与粮油种子贮藏的方法有很大不同，其主要贮藏原则是降低呼吸消耗，保持色、香、味和新鲜状态。因此，果蔬贮藏不能干燥，因为干燥会造成皱缩，失去新鲜状态，同时呼吸作用反而增强。但白菜、菠菜、柑橘等在贮藏前可轻度风干，以降低呼吸和微生物活动。

（1）适当的低温　在果实贮藏和运输中，要推迟呼吸跃变的发生，延迟其成熟。呼吸高峰的出现与温度有很大关系，如苹果贮藏过程中，在22.5℃时呼吸高峰出现早而显著，在10℃下则出现稍迟且不显著，而在2.5℃下几乎看不出来，因此要降低温度。但温度过低会使组织受到冻害，大多数果实贮藏的最低温度为0～1℃，但也有一些果实要求相对稍高的温度，如橙、柑橘为7～9℃，梨为10～12℃，香蕉为12～14.5℃。荔枝不耐贮藏，在0～1℃只能贮藏10～20d，若改为低温速冻法，使荔枝在几分钟之内结冻，可保存6～8个月。大多数蔬菜如芹菜，贮藏的最低温度为4～5℃。

块根、块茎类蔬菜如甘薯块根贮藏的温度须控制在10～14℃，超过15℃会引起发芽和病害，低于9℃又会受寒害。马铃薯贮藏的温度须控制在2～3℃，超过4℃时间长了会发芽产生有毒的龙葵素，低于1℃易受冻变质。

（2）较高的湿度　为了防止果蔬萎蔫和皱缩（组织萎蔫皱缩时，呼吸作用增强），保持新鲜度，并延长贮藏寿命，一般以相对湿度80%～90%为宜。近年来国外试验成功了高湿贮藏法，即利用相对湿度98%～100%的高湿，降低在低湿（90%～95%）中贮藏的甘蓝、胡萝卜、花椰菜、韭菜、马铃薯以及苹果的腐烂率。在高湿中贮藏的产品，水分丧失减少，保持了蔬菜的鲜嫩度，特别是对于许多叶菜类蔬菜，能保持鲜嫩的颜色，并延长了其贮藏寿命。

贮藏块根、块茎的相对湿度以85%～90%为宜，低于80%则失水导致呼吸增强。

（3）低氧、高CO_2。降低O_2浓度，提高CO_2浓度浓度，可以抑制果实中乙烯的产生，推迟呼吸跃变的发生，并降低其发生的强度，从而达到延迟成熟、防止发热腐烂的目的。

采用气调法贮藏果蔬效果很好。一般原则是降低O_2浓度，提高CO_2浓度（但不能过高，控制在10%以内），大量增加N_2浓度，以抑制呼吸和微生物的活动。例如，番茄装箱用塑料薄膜密封，抽去空气，充入氮气，O_2浓度降至3%～6%，可贮藏3个月以上；苹果在5% CO_2、2% O_2、93%N_2中，于4～5℃下可贮藏8～10个月。

“自体保藏法”是一种被广泛应用的简便的果蔬贮藏法。由于果蔬本身不断地呼吸放出CO_2，在密闭环境中（如窑藏、罐藏），CO_2浓度逐渐升高，抑制呼吸作用，可以延长贮藏期。但容器内CO_2浓度不能过高，超过10%果蔬易受毒害而变坏。如能密闭加低温（1～5℃），则贮藏时间更长。如四川果农将柑橘贮藏于密闭的土窑中，可达4～5个月之久；哈尔滨等地利用大窑套小窑的办法，使黄瓜贮藏3个月不坏。块根、块茎采用“自体保藏法”，也有很好的贮藏效果。此外，还要注意避免机械损伤等。

单元小结

呼吸作用是指生活细胞内的有机物在一系列酶的作用下，逐步氧化分解，形成CO_2和H_2O，并释放出能量的过程。呼吸作用分为有氧呼吸和无氧呼吸两大类型，葡萄糖是最常利用的呼吸底物。高等植物无氧呼吸的产物乙醇或乳酸。呼吸作用全过程是在细胞质和线粒体中进行的。

呼吸作用包括3个主要环节：糖酵解、三羧酸循环、电子传递和氧化磷酸化。糖酵解在细胞质中进行，对高等植物来讲，无论是有氧呼吸还是无氧呼吸，糖的分解都必须先经过糖酵解阶段，形成丙酮酸。三羧酸循环是在线粒体中进行的，丙酮酸通过脱下成对的氢最终被彻底氧化为CO_2和H_2O。电子传递和氧化磷酸化在线粒体中通过氢和电子的传递，能量最终贮存在ATP中。

植物呼吸作用的强弱常用呼吸速率来表示，是指单位植物材料（干重、鲜重）在单位时间内所放出的 CO_2 或吸收的 O_2 的量。植物的呼吸速率与温度、水分、O_2 和 CO_2 有关。呼吸作用理论，广泛用于作物栽培、农产品贮藏等农业生产中。

知识拓展：清晨的空气最清新吗?

单元九复习思考题

单元十

植物的生长调节物质

知识目标

1. 了解植物的生长物质。
2. 了解植物激素的种类，掌握其主要生理效应。
3. 了解常用的植物生长调节剂，掌握其对植物的调控作用。

技能目标

1. 能选用正确的植物生长调节剂对植物进行调控。
2. 能够在生产上安全使用植物生长调节剂。

植物的正常生长发育不仅需要水分、无机养料、有机养料作为细胞生命活动的结构物质和营养物质，还需要一类微量的生理活性很强的能调节生长发育的化学物质，这类物质称为植物生长物质。植物生长物质按其来源分为两大类：植物激素和植物生长调节剂。植物激素是指植物自身代谢产生的，对植物生长发育具有显著调节作用的微量有机物，故又称内源激素。植物生长调节剂是人工合成的具有激素作用的化学物质，也称为外源激素。目前生产上广泛应用的多为植物生长调节剂。

知识1　植物激素

一、生　长　素

（一）生长素的发现和种类

生长素是人们发现最早的植物激素。早期是由达尔文注意到植物的向光性，并利用金丝雀虉草胚芽鞘进行研究开始的，后经多位科学家的深入研究，证实其化学本质是吲哚乙酸（IAA），是一种含氮的有机酸，直到 1946 年才从高等植物中分离出来。植物体内具有生长素效应的物质还有苯乙酸（PAA）、吲哚丁酸（IBA）等。

（二）生长素的合成部位、分布和运输

生长素主要的合成部位是茎尖、嫩叶及发育中的种子，成熟叶片及根尖中也可合成微量的生长素。

生长素在植物体内分布很广，但集中分布在生长旺盛的部位，如茎尖、嫩叶、根尖、正在生长的果实、萌发的种子、受精后的子房等。某些微生物中也含有 IAA 并对寄生或共生的植物产生影响，如豆科植物根瘤菌的形成就与根瘤菌中含有 IAA 有关。衰老器官中生长素含量较少。

生长素的运输方式以极性运输为主，此外还有非极性运输。极性运输是生长素所特有的，即由形态学上端向形态学下端运输。而非极性运输是在成熟组织中通过韧皮部向上、向下运输。

（三）生长素的生理作用

1. 促进细胞伸长　生长素可使细胞壁软化松弛，促进细胞吸水，加快细胞伸长生长，使植物器官表现出体积的增大，如根、茎的伸长，果实的生长等。生长素的作用表现出正负两重性：既能促进生长，也能抑制生长；既能促进发芽，也能抑制发芽；既能保花保果，也能疏花疏果。这主要取决于生长素的使用浓度以及植物种类、器官类型及细胞的年龄等。通常情况下，低浓度生长素促进生长，高浓度生长素抑制生长，过高的浓度甚至会杀死植物。一般来说，根对生长素最敏感，其次是芽，茎最不敏感（图 10－1）；双子叶植物比单子叶植物敏感，故可用较高浓度的生长素类似物来杀死单子叶庄稼地里的双子叶杂草，同时促进单子叶植物的生长；幼小细胞比衰老细胞敏感。

2. 促进侧根和不定根的发生　生长素可促进细胞的分裂与分化，促进器官的发生，如用一定浓度的吲哚乙酸浸泡树木或葡萄的枝条，可促进枝条生根。因此生长素有“成根激素”之称。

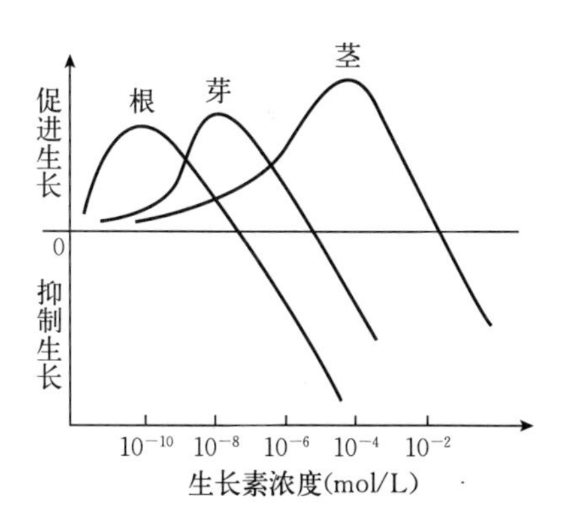

图 10－1　同一植株的不同器官对生长素浓度的反应
（陈忠辉，2009. 植物与植物生理）

3. 促进果实发育　受精后，胚珠发育成种子的过程中会产生大量生长素，刺激子房发育成果实。未受精的情况下，若子房含有的生长素浓度适当，则可以发育成无籽果实，如番茄、葡萄在开花前去雄，然后用生长素处理即可形成无籽果实。

4. 形成顶端优势　侧芽对生长素的反应比顶芽敏感，生长素浓度稍高就会抑制生长，愈靠近顶芽对侧芽抑制越明显，植物就表现出了顶端优势。若顶芽产生的生长素少，则顶端优势不明显，如常见的灌木。若摘除顶芽，侧芽受抑制的作用被解除，生长便不受抑制，如生产上对棉花打尖、去群尖及果树的整形修剪等，就是应用此原理。

此外，生长素还能促进菠萝开花及瓜类植物雌花的形成等。

二、赤　霉　素

（一）赤霉素的发现和种类

最早是在 1921 年日本人黑泽对水稻恶苗病的研究中发现的，后来发现致病的赤霉菌中含有促进生长的化学物质，经分离鉴定为赤霉素（GA）。

目前已从植物体内分离出 120 多种不同的赤霉素，分别用 GA_1、GA_2、GA_3……表示，其中活性最高的为 GA_3，生产上多用 GA_3、GA_{4+7}。

生产上应用的赤霉素主要是利用微生物发酵生产的。

（二）赤霉素的合成部位、分布和运输

合成赤霉素最活跃的部位是正在发育的果实和种子，其次是茎尖，再次是根尖。

赤霉素主要分布在植株生长旺盛的部位，如根尖、茎尖、正在生长的果实种子及幼嫩组织。一般来说，生殖器官中的赤霉素含量高于营养器官。

赤霉素的运输可以同时向上、向下双向进行，如嫩叶合成的赤霉素可通过韧皮部向下运输，根尖合成的赤霉素可沿导管向上运输。

（三）赤霉素的生理作用

1. 促进茎的伸长 赤霉素最显著的作用是促进茎叶的伸长，尤其对矮生突变品种效果明显（图 10－2）。生产上使用赤霉素可促进以茎叶等为收获目的的作物的高产，如芹菜、菠菜、莴苣、牧草、麻类等，使用效果十分明显。同时，赤霉素使用时不存在超最适浓度的抑制作用，高浓度的赤霉素仍可表现出较明显的促进作用。但赤霉素对根的形成和生长没有促进作用。

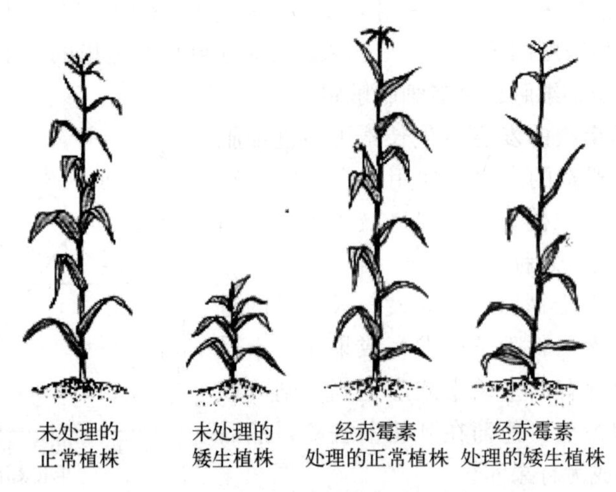

图 10－2 赤霉素对矮生植株的反应

（沈建忠，2006. 植物与植物生理）

2. 打破休眠 促进萌发 赤霉素是打破休眠的特效药，对许多植物休眠的种子，使用赤霉素可有效打破休眠，促进萌发。例如，生产上刚收获的马铃薯用赤霉素处理，可达到一年两季栽培的目的；对于一些需要低温或光照才能萌发的芽，赤霉素可以起到代替这种因素的作用，如桃树、葡萄、牡丹。

3. 促进单性结实 赤霉素可以使未受精子房膨大，发育成无籽果实。例如，葡萄花后一周喷赤霉素溶液，果实的无籽率达 60%～90%。

此外，赤霉素还有决定花的性别分化作用，对雌雄同株异花植物，可以增加雄花数量。在啤酒生产上，可以诱导 α-淀粉酶产生，完成糖化过程，促进啤酒生产。

三、细胞分裂素

（一）细胞分裂素的发现和种类

最初是从鲱鱼精子的脱氧核糖核酸中分离出的一种活性物质，对细胞分裂具有极大的作

用，称为激动素（KT），但它并不是植物体内的激素。1963 年，科学家从玉米幼胚中分离提纯到的玉米素（ZT），是植物中第一个被发现的细胞分裂素。目前，在高等植物中至少鉴定出了 30 多种细胞分裂素，都是腺嘌呤的衍生物。

（二）细胞分裂素的合成部位、分布和运输

细胞分裂素的主要合成部位是根尖，另外，幼嫩种子及幼果中也能合成少量的细胞分裂素。

细胞分裂素主要分布在植物生长旺盛的部位，在萌发的种子、生长的果实、胚组织及根尖较多。

细胞分裂素主要是通过导管运向地上部分，通过对植物伤流液成分的分析，发现其中含有较多的细胞分裂素。

（三）细胞分裂素的生理作用

1. 促进细胞的分裂与扩大　细胞分裂素主要促进细胞质分裂，吲哚乙酸促进核分裂，二者共同作用完成植物细胞的分裂。例如，叶片被病菌感染后出现的冠瘿瘤以及泡桐的丛枝病，就是由于病菌分泌的细胞分裂素，促使局部细胞过度分裂造成的。细胞分裂素还能促进细胞横向扩大，如促进一些双子叶植物如菜豆、萝卜子叶扩大，同时也能使茎增粗。

2. 促进器官分化　在组织培养时，愈伤组织分化出根还是芽，与培养基中激素的比例有关，吲哚乙酸／细胞分裂素比值高时生根，比值低时生芽，比值为中间数值，则只生长愈伤组织而不能发生分化。

3. 消除顶端优势，促进腋芽分化　细胞分裂素能解除由生长素所引起的顶端优势，促进侧芽生长发育，这是由于细胞分裂素抑制吲哚乙酸对细胞的伸长作用，还能加快营养物质向侧芽运输的缘故。

4. 延缓叶片衰老　这是细胞分裂素特有的作用。在正常叶片衰老的过程中，其中的叶绿素、蛋白质、RNA 等逐渐分解并运出叶片。如在离体叶片上局部涂抹细胞分裂素，则该部位保持鲜绿的时间远远超过未涂抹的其他部位，这说明细胞分裂素有延缓叶片衰老的作用，同时也说明了细胞分裂素在组织中一般不易移动。

四、脱　落　酸

（一）脱落酸的发现

20 世纪 60 年代初科学家在研究棉花幼铃脱落和槭树休眠时，几乎同时发现了同一种物质，它可以引起脱落和休眠，早期曾被称为脱落素和休眠素，1967 年正式命名为脱落酸（ABA）。

（二）脱落酸的合成部位、分布和运输

脱落酸的合成部位主要在根冠和萎蔫的叶片，茎、花、果和种子等器官也有合成脱落酸的能力。

脱落酸在整个植物体内都有分布，在将要成熟、衰老及脱落的部位含量较高，处在逆境中的植株及器官中含量也较多。

根中合成的脱落酸主要通过木质部向上运输，叶中合成的 ABA 可通过韧皮部向上、向下运输。

（三）脱落酸的生理作用

1. 促进器官的衰老与脱落 脱落酸促进叶、花、果实脱落。脱落酸对器官脱落的调节作用，对有些植物器官起直接作用，如叶片衰老、果实成熟时，外施脱落酸促进脱落，效果明显；而对有些植物则是由于脱落酸引起细胞衰老，从而刺激了乙烯的合成，造成器官脱落，起间接作用。

2. 促进休眠 脱落酸能促进多年生木本植物和种子的休眠。在秋季短日照条件下，叶中合成的脱落酸增多，使芽进入休眠状态以便越冬。桃、蔷薇的休眠种子内脱落酸含量也较高，需层积处理一段时间，才能萌发；刚收获的马铃薯块茎休眠也是此原因。

3. 增加植物抗逆性 一般来说，干旱、严寒、高温、盐渍、水涝等逆境时，体内脱落酸水平迅速增加，同时抗逆性增强。脱落酸可诱导某些酶的重新合成，增加植物的抗寒性、抗涝性和抗盐性。因此，脱落酸被称为应激激素或胁迫激素。

此外，脱落酸还具有调节气孔关闭、抑制生长等作用。

五、乙　　烯

（一）乙烯的发现和种类

我国古代就发现，将果实放在燃烧着香烛的房子里可以促进果实的成熟。20 世纪初期的欧洲，人们发现煤气街灯附近的树叶早落，是由于泄漏的煤气和燃烧的废气中含有的乙烯造成的，直到 1934 年甘恩（Gane）才首先证明植物组织能产生乙烯，后来进一步证明在高等植物的各个部位都能产生乙烯，1966 年乙烯被正式确定为植物激素。

（二）乙烯的合成部位、分布和运输

高等植物各器官都能产生乙烯，产生最多的器官是成熟的果实，当植物受机械损伤和逆境（如高温、淹水、病虫害等）胁迫时，形成的乙烯较多，其次是形成层和节、叶片。

乙烯在植物体内分布情况和产生部位大致相同，在衰老叶片、成熟果实中含量较多。

乙烯是气体，运输性差，可通过扩散作用运向其他部位，也可通过乙烯合成的前体进行运输。

（三）乙烯的生理作用

1. 诱导“三重反应”和偏上生长 黄化豌豆幼苗经微量乙烯处理后发生“三重反应”，即抑制茎的伸长生长、促进茎或根的横向增粗及茎的横向生长，这是乙烯的典型效应。同时，乙烯还能使叶柄产生偏上生长，即将植株放在含有乙烯的环境中，叶柄上侧细胞生长速度大于下侧细胞生长速度，出现叶柄弯曲，叶片下垂的现象（图 10 - 3）。

2. 促进果实成熟 催熟是乙烯最主要和最显著的效应，因此被称为催熟激素，其原因是增加质膜的透性，提高果实中水解酶的活性，呼吸加强，果肉内物质转化加快，促进果实达到成熟状态。例如，将刚摘的柿子与成熟果实（如苹果）放在一起，就会加快成熟；采摘的青香蕉，用密闭的塑料袋包装（使香蕉产生的乙烯不扩散），可运往各地销售。

3. 促进衰老和脱落 乙烯可促进多种植物叶、花、果实的脱落，其原因是乙烯能使脱落器官基部的细胞衰老和细胞壁分解，并产生离层，从而迫使器官机械脱落。

4. 促进开花和调控花的分化 乙烯能诱导菠萝等凤梨科植物开花，并且开花提早，花期一致，但乙烯对大多数植物的成花诱导没有作用。当成花诱导完成后，乙烯表现出对性别分化的调控作用，如诱导黄瓜的雌花增多。

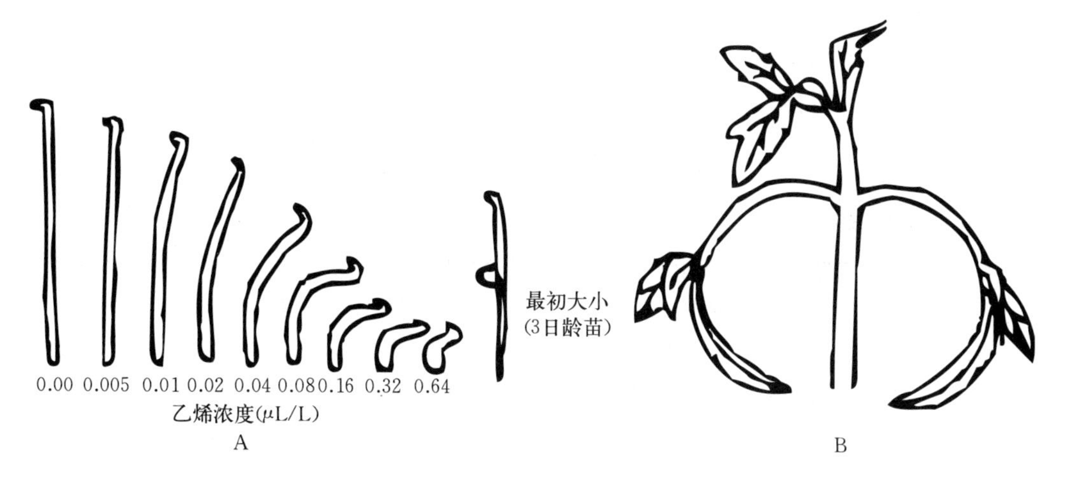

图 10－3　乙烯“三重反应”和“偏上生长”

A. 不同乙烯浓度下黄化豌豆幼苗生长状态　B. 用 10 μL/L 的乙烯处理 4 h 后番茄苗的形态，由于叶柄上侧的细胞伸长大于下侧，使叶片下垂

（陈忠辉，2009. 植物与植物生理）

此外，乙烯还可促进植物体内次级代谢物（如橡胶树乳胶）的排出，增加产量。

六、植物激素间的相互关系

植物的生长发育过程是多种激素共同起作用，而不是某种激素单独作用的结果。植物激素之间一方面起相互促进或协调作用，另一方面也存在相互抵消的拮抗作用。例如，吲哚乙酸和赤霉素都有促进细胞伸长的作用，二者共同作用的效果大于单独作用的效果；脱落酸和乙烯都能促进器官脱落，由于乙烯的作用使脱落酸效果更加明显；吲哚乙酸和细胞分裂素共同作用能够加快细胞分裂。这种激素之间相互增强生理效应的现象称为增效作用。一种激素对另一种激素生理效应的抑制称为拮抗作用。例如，赤霉素促进茎节间伸长、打破休眠，而脱落酸抑制茎生长使节间缩短、促进休眠；吲哚乙酸维持顶端优势，而细胞分裂素减弱顶端优势；细胞分裂素促进气孔开放，而脱落酸诱导气孔关闭。

植物生长发育的任何阶段都是由多种激素相互作用的结果，任何一类植物激素都可能影响到植物生长发育的多个过程；多数情况下植物生长发育的某个过程，也受到多种激素的调节。植物激素综合起来对植物的整体协调发挥作用称为整合作用。例如，种子在休眠时脱落酸含量很高，成熟过程中脱落酸含量逐渐下降，后熟作用时，脱落酸含量降到最低，而赤霉素含量很高，在适宜的条件下开始萌发，吲哚乙酸、赤霉素增加，促进萌发和幼苗生长，根系不断生长，合成细胞分裂素输送到地上部，促进茎叶的生长。因此，植物是在多种激素的共同作用下，完成整个生长发育过程的。

知识 2　植物生长调节剂

由于植物激素在植物体内含量极微，提取困难，部分植物激素易被分解氧化等，不适于

大量生产，因此人工合成（也有来自微生物的提取）的植物生长调节剂在生产实践中广泛应用。植物生长调节剂与植物激素的生理作用相同或相似，其活性有的比植物激素还要高，普遍使用于大田作物、果树、蔬菜、林木和花卉的生产中。

一、植物生长调节剂的类型及应用

（一）生长促进剂

凡是能够促进细胞分裂、分化和伸长，可促进植物生长的人工合成物质，其生理作用与生长素、赤霉素、细胞分裂素相同或相似的生长调节剂都属于生长促进剂。

1. 萘乙酸（NAA） 广谱性植物生长调节剂，是最早人工合成的生长素类似物质，难溶于冷水，易溶于热水及乙醇等有机溶剂，对人畜低毒。

萘乙酸可通过种子、叶片、树枝的嫩表皮吸收并传导，具有促进细胞伸长、促进生根、防止落果、诱导雌花形成并产生无籽果实的功能。萘乙酸性质稳定、价格便宜，在生产上被广泛应用。

2. 生根粉（ABT） 是一类高效复合型生长调节剂。生根粉具有补充外源激素与促进内源激素合成的作用，促进不定根形成，缩短生根时间；对于难生根的植物扦插育苗，可提高扦插成活率。ABT 5 号适用于处理具有块根和块茎植物的生根，如人参、三七等。

3. 防落素（PCPA） 纯品为白色结晶，略带刺激性臭味，性质稳定，低毒，对人畜无害。

防落素具有促进生长，阻止离层形成，促进坐果与诱导单性结实的作用。防落素的应用比 2，4－D 安全，不易产生药害，在番茄和瓜类的单性结实上应用广泛。

4. 氯吡脲 具有细胞分裂素活性的苯脲类植物生长调节剂，比嘌呤类植物生长调节剂的生物活性高 10～100 倍。

氯吡脲能够加速细胞有丝分裂，促进细胞增大和分化，防止花果脱落，从而促进植物生长，早熟，延缓作物后期叶片衰老，增加产量。氯吡脲在生产上可作为果实膨大剂、保鲜剂、催熟剂等。

5. 复硝酚钠 强力细胞复活剂，易溶于水，常温下稳定，具酚类芳香味，低毒，是一种集营养、调节、防病为一体的高效生长调节剂。

复硝酚钠能迅速渗透到植物体内，促进原生质流动，加速植物排毒，对于植物遭受药害、肥害、冻害等具有强烈的解毒愈创作用，这是其他植物生长调节剂所不具有的。

（二）生长抑制剂

生长抑制剂主要抑制顶端分生组织细胞的分裂与伸长，使植物丧失顶端优势，植株矮小。外施生长素可逆转这种抑制效应，但不能被赤霉素解除。

1. 青鲜素（马来酰肼、抑芽丹） 纯品为白色结晶粉末，难溶于水。商品为棕色液体，含量为 25%～35%的青鲜素钠盐水剂，稳定性很强，耐贮藏，低毒，使用时可直接加水稀释，通常加 0.1%～0.5%的表面活性剂，以提高其活性。

青鲜素作用正好和吲哚乙酸相反，具有内吸传导性，在植物体内可经输导组织运往顶芽、腋芽部位积累并发挥作用，抑制细胞分裂，阻止芽的生长。青鲜素在生产上常用于抑制马铃薯、圆葱、大蒜贮藏期间发芽和生根，减少养分消耗；抑制胡萝卜、萝卜抽薹开化；抑制烟草腋芽生长。

2. 三碘苯甲酸（TIBA）　纯品为白色粉末或近紫色非晶形粉末，商品为黄色或浅褐色溶液或含98%三碘甲苯酸的粉剂。三碘苯甲酸不溶于水，较稳定，低毒。

三碘苯甲酸被称为抗生长素，阻碍生长素的极性运输，抑制顶端组织，使植株矮化，促进腋芽萌发，增加分枝。其广泛用于大豆生产上，可提高结荚率，增产效果显著。

（三）生长延缓剂

生长延缓剂主要抑制亚顶端区域细胞的分裂和伸长，使节间缩短，植株矮化，诱导花芽分化，促进坐果。这种受抑制的现象可通过外施赤霉素或其他生长促进剂消除。

1. 缩节胺（Pix）　纯品为白色结晶，无味，易溶于水，商品为含40%或97%的缩节胺浅褐色粉剂，或25%的水剂，低毒。

缩节胺抑制赤霉素的生物合成，叶片吸收后向各部位运输，缩短节间，矮化植株，促进坐果。缩节胺主要应用于棉花高产栽培，防止棉花徒长，减少蕾铃脱落；用于番茄、瓜类和豆类可提高产量，提早成熟。

2. 多效唑（PP_{333}）　原药为白色固体，主要剂型有可湿性粉剂、悬浮剂以及原粉，低毒。

多效唑可通过植物根、茎、叶吸收并经木质部传导，抑制生长素和赤霉素的产生，延缓植物生长，缩短节间，促进植物分蘖，促进花芽分化，增加抗逆性，提高产量。多效唑广泛应用于果树、花卉、蔬菜和大田作物，效果显著；在盆景应用上能省工省力、树型美观、提高欣赏价值。

但是，多效唑在土壤中残留时间较长，田块收获后必须翻耕，以防对后茬作物有抑制作用。

（四）其他生长调节剂

1. 乙烯利　纯品为白色针状结晶，工业品为淡棕色液体，易溶于水，常温和pH小于3时性质稳定，在pH为4时可分解放出乙烯，pH越高，产生乙烯越多。乙烯利对皮肤、眼睛、黏膜有刺激性，无致畸、致癌、致突变作用。

乙烯利通过叶片、树皮、果实或种子被吸收之后传导到作用部位释放出乙烯。乙烯利主要能够增强细胞中核糖核酸合成的能力，促进蛋白质的合成；促进果实成熟，叶片脱落，矮化植株，增加雌花数，诱导雄性不育等。

2. 芸薹素内酯　最早由美国科学家在油菜花花粉中提取发现，经研究确定为一种天然的甾体化合物。

芸薹素内酯具有减轻病害缓解药害、协调营养平衡、增强抗逆性等功能；在很低浓度下，即能显著地增加植物营养体生长和促进受精作用；常与叶面肥混配应用在大田作物、果树、蔬菜等作物上。

3. 碧护　含有天然植物内源激素、黄酮类物质和氨基酸等30多种植物活性物质，组成了一个独特的植物生长复合平衡调节系统。

碧护从作物种子萌发到开花、结果、成熟全过程均发挥综合平衡调节作用，多用于提高作物抗逆性（冻害、干旱、涝害、土壤板结、盐碱等）及抗病虫害能力，增加产量和改善品质。碧护与氨基酸肥、腐殖酸肥、有机肥配合使用增产效果更佳，与杀虫杀菌剂混用，有增效作用。

4. S-诱抗素 纯品为白色结晶，强光易分解，对人畜无毒害、无刺激性。

S-诱抗素堪称是植物生长调节剂中的调节剂，具有促进植物平衡吸收水、肥和协调体内代谢的能力，可有效调控植物的根冠比及营养生长与生殖生长的关系，提高农作物产量和品质；可有效激活植物体内抗逆免疫系统，增强植物综合抗性（抗旱、抗热、抗寒、抗病虫、抗盐碱等）。例如，在阴天、低温或高温等不良条件之下，用S-诱抗素和其他调节剂、杀菌剂、肥料等配合使用，可大幅度提高作物对氮、磷、钾等营养元素的吸收，增加产量和品质。

二、植物生长调节剂的常规使用方法

（一）浸种法

将种子浸在配置好的一定浓度的药液中，经过一定时间后，取出晾干供播种用。浸种时间6～24 h，若温度高于25 ℃以上时间应相应缩短，低于20 ℃时间可略长，但一般不超过24 h。药液以浸没种子为限，并注意水质变化。例如，用0.5～4 μL/L赤霉素溶液，浸马铃薯10～15 s，捞出后晾干（或拌上草木灰）播种，可打破休眠，促进发芽。

（二）浸蘸法

主要用于促进插条生根、催熟果实、贮藏保鲜等，其中以促进插条生根最为常用。浸蘸时间与浓度有关，如将葡萄插条浸于500～2 000 mg/kg ABT生根粉溶液中30 s后再扦插，促进生根；将未成熟番茄采收后放在200 mg/kg乙烯利溶液中浸泡1 s，再捞出于25 ℃下催红。

（三）喷洒法

用喷雾器将调节剂稀释液喷洒到植物叶面或全株上，是最常用的方法。喷洒时力求均匀，雾滴细小，喷湿为止，时间最好在傍晚，一般风速在3级以下，气温在15～30 ℃效果较好，同时还应避开雨天喷洒。大面积喷洒还可以采用飞机喷洒。

（四）涂抹法

用毛笔等工具将生长调节剂涂抹在处理部位。例如，茄果类蔬菜的保花、保果，采用浓度为10～20 mg/kg的2,4-D蘸番茄花，促进无性结实；用15%多效唑可湿性粉剂150～300倍液涂干，可使幼株矮化、紧凑；用浓度为2 000～4 000 mg/kg乙烯利涂抹转色期的番茄果实，促进成熟。

（五）土壤处理及浇灌法

一般在苗期为培育壮苗或成长期调节生长发育时采用土壤处理及浇灌法。例如，水稻苗期用1 mg/kg复硝酚钠溶液浇灌，促使苗齐、苗壮；黄瓜结果盛期，追肥同时，每公顷随水浇灌复硝酚钠150 g，促新根、防早衰，增加结果量；秋季，每棵盛果期苹果树用10%多效唑可湿性粉剂10～15 g，挖宽30 cm、深20 cm的环状沟，将药撒入沟内，覆土，然后浇水，可以抑制植株旺长，促进花芽分化，提高产量。

同种生长调节剂在不同植物、同一植物的不同时期用药量和使用方法也有不同，如多效唑在大田作物上一般可以采用浸种、喷雾法；在果树上，采用土壤处理、涂干、喷雾相结合；在蔬菜上，注意苗期使用低浓度，成长期浓度稍高；在幼树上采用涂干结合喷雾处理，在成龄树上采用土壤处理。

三、植物生长调节剂使用注意事项

植物生长调节剂的使用必须在了解植物实际生长状况、环境条件及其变化等前提下，合理选用、配制和使用适宜的生长调节剂。

植物的生长需要自身的生理调节，加上稳定的外部环境，才能正常生长。这些生理调节一般情况下不可随意打破，只有在生长不正常或者不能满足人类需要时，才进行人为干预。因此，不能随意地使用植物生长调节剂，否则就会适得其反，甚至发生药害。所以在使用植物生长调节剂时，注意以下几点：①严格按照规定用药量、严格按照配药比例和程序进行使用；②喷药时不重喷、不漏喷，防止药害，减少残留，保证无公害；③掌握合理的用药时机、处理部位、使用方法用药；④使用植物生长促进剂时，要及时配合肥水和其他栽培管理，掌握好技术的配合；⑤有些生长调节剂需协同发挥作用，要做好试验和混配混用。

单元小结

植物生长物质是调节植物生长发育的物质，包括天然的植物激素和人工合成或提取的植物生长调节剂。植物激素主要包括生长素、赤霉素、细胞分裂素、脱落酸和乙烯。前 3 种对植物的生长发育主要起促进作用，促进细胞分裂、伸长及扩大，促进器官的分化，解除器官的休眠及增强植物的抗逆性。后 2 种对植物的生长起抑制作用，与植物器官的成熟、衰老及休眠有关。

植物生长调节剂与植物激素作用相同或相似，广泛用于生产上，人为调节植物的生长发育，合理科学使用对植物的生长有显著的作用。植物生长物质并不是营养物质，不能代替水肥。

知识拓展：由植物生长调节剂引发的农产品质量事件——西瓜膨大剂事件

单元十复习思考题

单元十一

植物的生长与发育

知识目标

1. 掌握种子休眠和萌发的影响因素。
2. 了解生长、分化、发育的概念及其相互关系。
3. 掌握春化作用、光周期现象的概念、特点及花芽分化和性别表现。
4. 了解种子和果实成熟时的生理生化变化，理解不同因素对种子和果实成熟的影响。

技能目标

1. 能利用对春化作用、光周期现象的理解，指导引种、育种和花期调控等生产实践。
2. 通过调节影响种子和果实成熟的因素调控其成熟、贮藏时间。

植物的生长发育是植物各种生理与代谢活动的综合表现，包括组织、器官的分化和形态的建成、营养生长向生殖生长的过渡，以及个体最终走向衰老、成熟与死亡。因此，植物的生长发育与农业生产具有密切的关系。

知识1　植物的休眠与种子的萌发

无论是种子、芽或其他贮藏器官（变态器官）休眠，都有较强的抗逆性，使植物抵抗干旱、高温或低温等不良环境，以利于延续生命。

一、植物的休眠

（一）休眠的概念

植株在系统发育过程中，形成了适应多变环境的机制，在周期性的恶劣环境因素来临之前，植物的整株或某一器官在某一时期内只进行维持生命活动的基础代谢而停止生长的状态，称为植物的休眠，以此来增强植物对不良环境的抵抗力，从而有利于植物种群的延续。

（二）休眠的类型

1. 生理休眠　由于种子自身内在的生理原因造成的休眠，称为生理休眠或深休眠。种

子、茎（包括鳞茎、块茎）、块根上的芽都可以处于休眠状态。例如，刚收获的油菜、水稻等种子必须经过一段时间的干燥贮藏后才能萌发；桂花、落叶果树（如苹果、梨等）等植物的种子要经过层积处理后才能萌发。

2. 强迫休眠　当植物在生育期内遇到高温、低温或干旱等不利条件时引起的休眠，称为强迫休眠。例如，葱、蒜等遇到高温、干旱的夏季，地上部分死去，地下鳞茎处于休眠状态，若将其置于有调控设施的大棚内栽培，给予适宜的水分和温度，即使在夏季，鳞茎也可发芽生长。生产上常用有调控设施的大棚来栽培反季节蔬菜，以满足市场需求。

（三）种子休眠的原因

1. 种皮（果皮）的限制　很多植物的种皮比较厚，或附有致密的蜡质或角质；核果有坚硬的内果皮，导致胚得不到水分和氧气的供应，二氧化碳不能排出，积累在胚的附近，抑制了胚的萌发；或者由于种皮、果皮的机械压制而阻碍胚的生长，使种子呈现休眠状态。例如，豆科、锦葵科等种子受种皮限制，核桃、板栗、桃、李、杏、莲子、椰子等受坚硬果皮的限制。

2. 胚休眠　一种是种子胚尚未发育完全。例如，人参、兰花、冬青、当归等植物的种子成熟时胚都很小，结构不完善，必须经过一段时间的发育后，才具备萌发的能力。另一种是种子未完成后熟。例如，苹果、梨、桃等蔷薇科植物和松柏类植物的种子，这些种子的胚已经分化发育完全，胚在形态上貌似成熟，而生理上尚未成熟，在适宜的条件下仍不能萌发，需要经过一定时间的休眠，在胚内部发生一系列生理、生化变化后，才能萌发。

3. 抑制萌发物质的存在　有些种子不能萌发是由于果实或种子内有抑制萌发物质的存在，如挥发油（如芥子油）、酚（如水杨酸）、醛（如柠檬醛）、碱（如咖啡碱）、不饱和内酯（如脱落酸）等，这些抑制物存在于果肉（如苹果、梨、甜瓜）、种皮（如大麦、燕麦、甘蓝）、果皮（如橙）、胚乳（如莴苣）或子叶（如菜豆）等处，抑制种子的萌发。

（四）芽休眠的原因

1. 日照长度　是诱发和控制芽休眠最重要的因素。对多年生植物而言，长日照促进生长，短日照抑制生长并促进休眠芽的形成。短日照之所以能诱导芽休眠，是因为短日照促进了脱落酸含量增加的缘故。

2. 温度　温度对芽的休眠有很大影响。不同植物、同一植物的不同品种以及同一株树上不同的芽对温度的要求不同。落叶果树进入自然休眠期后需要一定限度的低温才能顺利通过休眠。夏季低温处理（冷藏）可以使郁金香、水仙、百合等秋植球根在冬季提前萌动。大丽花等春植花卉则需要较高的温度才能萌发生长。

3. 缺水干旱或营养不良　缺水干旱或营养不良也能促进植物的休眠。

二、种子的萌发

（一）种子的生命力

种子生命力的强弱和品质的好坏直接影响到种子的萌发、出苗的多少和幼苗的健壮程度，种子生命力的强弱主要从以下几个方面来衡量。

1. 种子活力　种子活力即种子的健壮度，是种子发芽和出苗率、幼苗生长的潜在能力、植株抗逆能力和生产潜力的总和，是种子品质的重要指标，也是评定种子播种品质的指标。一般健全饱满、未受损伤、贮存条件好的种子活力高；大粒种子的活力一般高于小粒种子；

同一品种活力高的种子往往比活力低的种子长出的植株高大、健壮、抵抗力强，获得高产的可能性大。种子生活力是指种子的发芽力。能发芽的种子不一定都能成苗，能成苗的也不一定能长成健壮的苗。

2. 种子寿命 种子从成熟到丧失生活力所经历的时间，称为种子的寿命。根据种子寿命的长短，可将种子分为短命种子（如杨树、柳树、榆树及可可属、椰子属、茶属植物种子等）、中命种子（如小麦、大麦、菜豆等种子）和长命种子（如莲子）。

（二）种子的萌发过程

在适宜的环境条件下，解除休眠的种子吸水膨胀，代谢活性加强，胚开始生长，胚根（很少情况下是胚芽）突破种皮的现象，称为种子萌发。种子萌发的过程可分为吸涨、萌动和发芽3个阶段。

吸涨是干种子内的蛋白质、淀粉等亲水物质吸水膨胀的物理过程。一般蛋白质含量高的种子，吸涨能力最强；含淀粉为主的种子稍差；含脂肪较多的种子吸水最少。

吸涨的种子由于含水量增加，酶活性增强，胚乳或子叶中贮藏的营养物质分解，并合成新的、复杂的有机物质以构成新细胞，使胚细胞的数目增多，体积增大，当胚的体积大到一定程度时，胚根首先顶破种皮，这就是萌动（俗称露白）。

种子胚根伸出后，向下伸入土层，固定于土壤，此时胚根已能吸收土壤水分，接着长出胚芽。当胚根的长度等于种子的长度或胚芽达到种子长度一半时即为发芽。胚芽继续向上顶土，最后突出地面，即为出苗。

（三）种子萌发过程中的生理、生化变化

1. 种子的吸水 种子萌发过程中对水分的吸收呈现“快—慢—快”的特点，与种子鲜重增加的变化一致。第一阶段是快速吸水，此时种子靠吸胀作用吸水，无论种子死活都可以进行，所以吸涨吸水与种子的代谢活动无关。第二阶段缓慢吸水，正值种子充分膨胀至胚根尚未突破种皮时，死种子和休眠种子吸水至此阶段为止，而对于破除休眠的种子则正是代谢活动开始增强期。第三阶段种子又体现出快速吸水的特点，胚的生长速度加快，胚根突破种皮，呼吸增强，此时的吸水是与代谢作用有间接关系的渗透性吸水。死种子或休眠种子没有渗透性吸水。

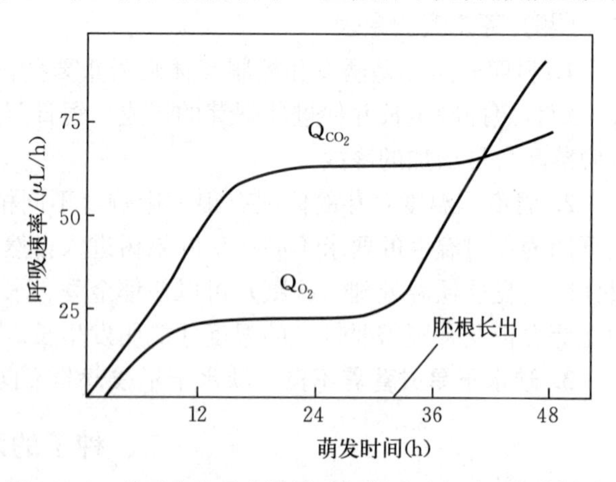

图11-1 豌豆萌发吸水滞缓时期的呼吸表现（赵秀娟画）

2. 呼吸作用的变化 种子萌发过程中呼吸速率的变化与吸水的变化很相似，也分急剧上升、滞缓和再急剧上升3个阶段（图11-1）。在第一阶段，主要是物理吸水，与种子代谢无关；在吸水滞缓阶段，种子呼吸产生的二氧化碳大大超过氧气的消耗，此时种子以无氧呼吸为主；在胚根突破种皮重新迅速吸水阶段，种子以有氧呼吸为主。

3. 贮藏物质的变化 在萌发过程中，种子中贮藏的淀粉、脂肪和蛋白质在酶的催化下，水解为简单的可溶性化合物，运送到正在生长的幼胚中，为幼胚的生长和代谢提供营养和能量来源。

4. 内源激素的变化　种子萌发过程由多种内源激素控制。未萌发的种子通常不含自由型的吲哚乙酸，但萌发初期束缚型的吲哚乙酸即转变为自由型的吲哚乙酸，并继续合成新的的吲哚乙酸。落叶松、桃、苹果等种子的层积处理过程中，生长抑制剂的量逐渐减少，而赤霉素水平则逐渐上升。实验证明，细胞分裂素、赤霉素、乙烯和脱落酸等内源激素都与种子的休眠和萌发有关。

（四）影响种子萌发的条件

1. 水分　水分是种子萌发的重要条件。种子吸水后，种子内的原生质胶体由凝胶转为溶胶，酶活性加大，代谢活动增强，种子内的贮藏物质转化为可溶性物质供胚发育。同时，吸水使种皮膨胀、软化，一方面有利于氧气进入种子内部，并排出二氧化碳，增强胚的呼吸作用；另一方面有利于胚根、胚芽突破种皮而继续生长。

种子萌发时吸水的多少与种子类型有关。一般含淀粉多的种子，萌发时需水较少；蛋白质含量高的种子吸水量较多；油料作物的种子萌发所需要的吸水量介于前两者之间。

2. 温度　种子的萌发是由一系列酶催化的生化反应引起的，因而受温度的影响较大，并存在温度三基点，即最低温度、最适温度和最高温度（表 11－1）。在最低温度时，种子虽然能萌发，但需要时间长，发芽不整齐，易烂种。种子萌发的最适温度是指在最短的时间内萌发率最高的温度。高于最适温度，虽然萌发较快，但发芽率低。而低于最低温度或高于最高温度，种子就不能发芽。

虽然最适温度下种子萌发速度快，但由于呼吸作用强，消耗的有机物质多，供给胚的养料相应减少，导致幼苗弱小，抵抗力差。因此，生产中一般认为种子的适宜播种温度应稍高于最低温度而低于最适温度。为了提前出苗，可通过薄膜、温室、温床、阳畦和风障等设施来提早播种，如玉米、棉花、西瓜等多种农作物采用地膜覆盖增温、保水的方法，不但有利于种子萌发、幼苗生长，还可有效抑制杂草。

表 11－1　几种农作物种子萌发的温度范围（℃）

作物种类	最低温度	最适温度	最高温度
大麻	0～2	37～40	50～51
大麦、小麦类	3～5	20～28	30～40
玉米、高粱	8～10	32～35	40～45
大豆	6～8	25～30	39～40
水稻	10～12	30～37	40～42
烟草	10～12	25～28	35～40
棉花	10～12	25～32	38～40
花生	12～15	25～37	41～46
白菜	8～10	20～25	30～32
芹菜	8～10	15～20	25～28
辣椒	14～16	25～30	34～36
番茄	15	25～30	35
黄瓜	15～18	31～37	38～40

3. 氧气　种子萌发和胚生长需要呼吸作用提供能量消耗，因而需要充足的氧气。一般作物种子需在 10%以上氧气浓度下才能正常萌发，当氧气浓度低于 5%时，很多作物的种子

不能萌发。

种子萌发所需的氧气大多来自土壤空隙中，如果土壤板结或水分过多，则会造成氧气不足，种子发生无氧呼吸，产生乙醇毒害，影响种子萌发，甚至造成烂种。因而精细整地、排水、排渍，改善土壤通气条件，有利于种子萌发和培育壮苗。

4. 光照 大多数作物种子的萌发，只要有适宜的水分、温度和氧气浓度就可以萌发，不受光照的影响，这类种子称为中光种子，如小麦、水稻、大豆等。有些植物如莴苣、胡萝卜等的种子，在有光条件下萌发良好，在黑暗中则不能发芽或发芽不好，这类种子称为需光种子。还有些植物如葱、韭菜、甜瓜、西瓜等的种子则在光照下萌发不好，而在黑暗中反而发芽很好，称为嫌光种子。

（五）幼苗的类型

由胚长成的幼小植株称为幼苗。幼苗有两种类型，即子叶出土的幼苗（如棉花、大豆、蓖麻、桃、苹果、葡萄及瓜类等）和子叶留土的幼苗（如豌豆、蚕豆、核桃、禾谷类植物等）。子叶出土的植物种子萌发时，胚根最先突破种皮，入土形成主根，接着下胚轴伸长，开始弯曲成弧状，出土后逐渐伸直，将子叶和胚芽一起送出土面（图 11－2）。而子叶留土的植物种子萌发时，因下胚轴不伸长，故子叶仍留在土中（图 11－3），它的作用只是供给营养物质而不能进行光合作用。花生种子的萌发兼有子叶出土和子叶留土的特点，它的下胚轴伸长有一定限度，所以播种较浅时，子叶露出地面；播种较深时，则看不到子叶出土，这种情况的幼苗称为子叶半出土幼苗。

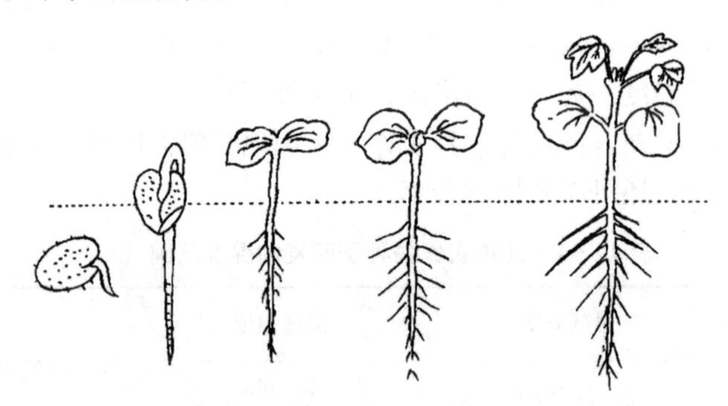

图 11－2 棉花种子萌发过程，示子叶出土（赵秀娟画）

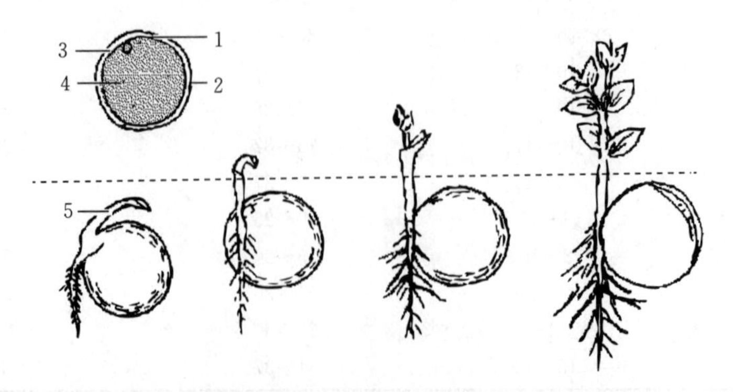

图 11－3 豌豆种子萌发过程，示子叶留土（赵秀娟画）

1. 胚根 2. 种皮 3. 胚芽 4. 子叶 5. 上胚轴

一般来说，子叶出土的幼苗，播种时要浅一些，但也要看下胚轴的出土能力和种子中所含脂肪的多少。例如，大豆的脂肪较多，脂肪分解时需要大量的氧气，同时下胚轴的出土能力较弱，因此要浅播。子叶留土的幼苗，一般在出土时阻力较小，可适当深播，以利幼苗扎根及抗旱和防冻，但也要有一定限度，例如，冬小麦，播种过深，种子中的养分过多地消耗于地中茎的生长，不利于壮苗；播种过浅，地中茎不伸长或伸长少，分蘖节近于地面，易受冬季严寒的冻害。所以，农业生产中要根据种子大小、贮藏养分种类、土壤湿度等条件来决定播种深度。

总之，要获得全苗、壮苗，除了要有健全饱满、生命力强的种子外，还要有充足的水分、适宜的温度、足够的氧气和适宜的光照条件。因此，播种前精细整地，适期播种，注意播种深度和方法，就能获得水、温、气、光协调的萌发环境，种子便能够顺利萌发并长成壮苗。

知识2　植物的生长与发育

种子萌发后，胚根伸入土壤发育成根系，胚芽出土，子叶展开，并分化出真叶，上胚轴和芽轴发育成茎，形成幼苗。幼苗经过生长和发育，最终长成一个成年植株。

一、生长、分化、发育的概念及相互关系

（一）生长、分化和发育的概念

1. 生长　生长是指在生命周期中，生物的细胞、组织和器官的数目、体积或干重的不可逆增加过程。它通过原生质的增加、细胞分裂和细胞体积的扩大来实现，如根、茎、叶、花、果实、种子的体积增大或干重增加，都是生长现象。通常将根、茎、叶的生长称为营养生长，将花、果实和种子的生长称为生殖生长。

2. 分化　分化是指细胞在结构、机能和生理生化方面发生的质的变化，如从受精卵分裂转变成胚，从生长点转变成叶原基、花原基等都是分化。

3. 发育　在生命周期中，植物的组织、器官或整体在形态、结构和机能上有序变化的过程称为发育。发育是生长和分化的总和，是植物生长分化的动态过程。例如，根原基长成根，分化出侧根，成为完整的根系，是根的发育。通常所说植物从营养生长向生殖生长有序的变化过程，就称为发育。

植物的发育是植物的遗传信息在内外条件共同影响下有序表达的结果，发育在时间上有严格的进程，如种子萌发、幼苗成长、开花结实、衰老死亡都是按照一定的顺序进行的。同时，发育在空间上也有巧妙的布局，如茎上的叶原基按照一定顺序发育形成叶序。

（二）生长、分化和发育的相互关系

生长、分化和发育关系密切，有时交叉或重叠在一起。

1. 生长是量变，是基础；分化是质变；发育则是器官或整体量变与质变的有序统一
发育只有在生长和分化的基础上才能进行，没有生长和分化，就没有发育。一般认为，发育包含了生长和分化，如果实的发育包含了果实的各部分生长和分化。同样，没有营养物质的

积累、细胞的增殖、营养体的分化和生长，就没有生殖器官的分化和生长，也就没有果实的发育。

2. 生长和分化受发育的制约　植物的某些部位生长和发育需要通过一定的发育阶段后才能开始，如水稻必须生长到一定叶数以后，才能感受并完成光周期诱导。

二、高等植物生长发育的特点

（一）植物生长的周期性

植物的器官或全株的生长速率随昼夜或季节发生着有规律的变化，这种现象称为植物生长的周期性。

1. 生长的昼夜周期性　植物的生长速率有明显的昼夜周期性。其原因是影响植物生长的因素，如温度、光照、湿度以及植物体内的水分与营养供应，在一天中发生着有规律的变化。例如，越冬植物，白天的生长量通常大于夜间，因为冬季限制植物生长的主要因素是温度。水稻在昼夜温差大的地方栽种，不仅植株健壮，而且籽粒饱满、米质好，这是因为白天温度高、光照好，有利于光合产物的形成、转化和运输，夜间温度低，呼吸消耗少，有利于有机物质的积累。

2. 生长季节的周期性　植物在一年中生长随季节的变化呈现一定的周期性，这种周期性是与温度、光照和水分等因素的季节性变化相适应的。春季日照延长，气温升高，植物的种子萌发；夏季光照进一步延长，温度进一步升高，植物根繁叶茂；秋季日照缩短，温度下降，抑制生长的激素脱落酸含量增加，导致芽休眠，叶脱落。

3. 植物生长大周期　植物的整株或器官在整个生长过程中，其生长速率都表现出“慢—快—慢”的基本规律，开始时生长慢，以后逐渐加快，到达最高点后，生长又减慢甚至停止，这种生长规律，称为生长大周期，用坐标系表示，呈S形曲线（图 11－4）。

了解植物或器官的生长大周期，具有重要的实践意义。首先，由于植物生长是不可逆的，促进植株或器官生长，就必须在植株或器官生长最快的时期到来之前，及时地采取农业措施，加以促进或抑制，以控制植株或器官的生长量。例如，玉米、谷子等禾谷类作物，要想籽粒饱满，就必须在生长前期加强水肥管理，形成大量枝叶，这样就能积累大量的光合产物，如果在生长后期（开花孕穗期）才加强水肥管理，不仅效果小，而且会造成贪青晚熟，降低产量和品质。如果是果树育苗，在生长后期加强水肥管理，则会使生长期延长，枝条幼嫩，树苗抗寒力弱，易受冻害。其次，在同一作物中不同器官生长大周期的进程是不一致，因此控制某一器官生长时，应考虑到对其他器官的影响。例如，控制小麦的拔节，灌拔节水不能太晚，否则会影响穗的生长和分化，造成减产。

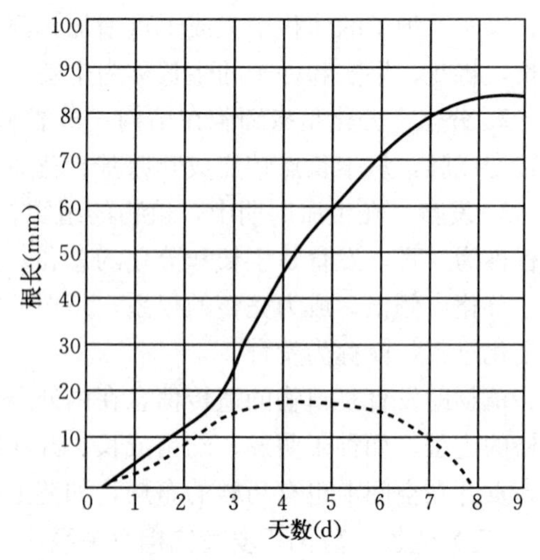

图 11－4　蚕豆根的生长曲线（图中虚线为增长度变化）（赵秀娟画）

（二）植物生长的相关性

1. 地上部分与地下部分的相关性　高等植物是多细胞、多器官的有机体，各个器官既精细分工，又是一个完整的统一体，各部分之间存在着相互依存和相互制约的关系，这种相互制约与协调的现象，称为相关性。

（1）根冠比　植物的地上部分与地下部分的相关性常用根冠比（R/T）来衡量。所谓根冠比，是指植物地下部分与地上部分干重或鲜重的比值。不同物种有不同的根冠比，同一物种在不同的生育期根冠比也有变化。一般草本植物，苗期根冠比大于1，中期等于1，后期小于1。但甜菜、萝卜等以收获地下变态根为主的农作物，到发育后期，由于大量有机物输送到贮藏根中，根冠比反而增大，收获期可达到2以上。

（2）影响根冠比的因素

① 土壤水分　土壤有效水的供应量直接影响枝叶的生长。土壤水分充足时，促进地上部分生长，消耗有机养料多，而向地下部分输送的养料少，必然削弱根系生长。另外，土壤水分多，易导致通气不良，根系生长不好，因此水多导致根冠比减小。干旱时，根系水分状况好于地上部分，生长正常或受阻较小，地上部分缺水生长受阻较大，光合产物相对较多地输送到根系，促进根系生长，根冠比变大。生产中，玉米苗期控水“蹲苗”，其目的就是通过控制水分达到促根壮苗。

② 光照　一定范围内，光照度增加则提供则光合产物增多，对根与冠的生长都有利。弱光或田间郁蔽、相互遮阴，会导致作物节间伸长，地上部分生长量大，而地下部分得到的有机养料少，根冠比变小；强光对植物的生长有抑制作用，使作物地上部分矮壮，而地下部得到的养料多，使根冠比变大。

③ 矿质营养　不同营养元素或不同的营养水平，对根冠比的影响不同。氮肥充足，蛋白质合成旺盛，有利于枝叶生长，根冠比变小；供氮不足时，首先满足根的生长，运输到冠部的氮素较少，根冠比变大。磷、钾肥有利于调节有机物的转化和运输，使根得到的糖类多，通常能增加根冠比。

④ 温度　通常根的活动与生长所需要的温度略低于地上部分，故在气温较低的秋末至早春，不利于冠部生长，根冠比变大；当气温升高时，利于地上部生长，根冠比变小。

⑤ 修剪或深锄等农业措施　修剪与整枝是调节根冠比、改善营养状况的主要措施。剪去部分枝叶和芽后，先使根冠比变大，然而后期效应是降低根冠比。这是因为修剪和整枝刺激了侧芽、侧枝的生长，使大部分光合产物用于新梢生长，削弱了对根系营养的供应；另一方面，由于地上部分减少，留下的叶、芽从根系得到的水分和矿物质相应地增加，有利于地上部生长。在作物中耕与移栽中，由于使部分根系受损，根冠比暂时变小，但由于断根后地上部对根系的供应相对增加，加之中耕后土壤通气良好，为根系生长创造了良好的条件，促进了侧根与新根的生长，因此其后期效应是根冠比变大。

⑥ 植物生长物质　给作物喷施细胞分裂素、赤霉素和萘乙酸等生长物质，可促进茎、叶生长，使根冠比变小；喷施矮壮素、多效唑等生长延缓剂后，可有效地控制地上部生长，使根冠比变大。

2. 主茎与侧枝、主根与侧根的相关性　植物主茎的顶芽生长快，抑制腋芽或侧芽生长，主茎生长占优势的现象称为顶端优势。顶端优势现象普遍存在于植物界，但各种植物表现不尽相同。有些植物的顶端优势十分明显，如向日葵、玉米、高粱等的顶端优势很强，一般不分枝；有些植物顶端优势较为明显，如松、杉、柏等，越靠近顶端的侧枝，生长受抑越强，从而形成宝塔形树冠；有些植物顶端优势不明显，如灌木型植物。同一植物在不同生育期，其顶端优势也有变化，如水稻、小麦在分蘖期顶端优势弱，分蘖节上可多次长出分蘖，进入拔节期，顶端优势增强，主茎上不再长出分蘖。

农业生产上，有时需要利用和保持顶端优势，如向日葵、玉米、烟草、高粱、麻类等作物以及用材树木，需控制其侧枝生长，使主茎强壮、挺直。有时则需要消除顶端优势，以促进分枝生长，如棉花打顶、果树修剪整枝、瓜类摘蔓等可调节营养生长，合理分配养分。

3. 营养生长与生殖生长的相关性 营养生长和生殖生长是植物生长周期中两个不同阶段，通常以花芽分化作为生殖生长开始的标志。营养生长和生殖生长并不是截然分开的，如小麦、水稻等禾谷类作物，从萌发到分蘖是营养生长，从拔节前后到开花是营养生长与生殖生长并进时期，而从开花到成熟是生殖生长。

（1）依赖关系 营养生长是生殖生长的基础，生殖生长是营养生长的必然结果。生殖生长需要以营养生长为基础，如花芽必须在一定的营养生长的基础上才能分化。生殖器官生长所需要的养料，大部分是由营养器官提供的，营养器官生长不好，生殖器官的发育就差。营养生长和生殖生长基本是统一的。

（2）制约关系 一是营养器官生长过旺，会影响到生殖器官的形成和发育。例如，玉米、水稻等农作物若前期水肥过多，则引起茎叶徒长，延缓幼穗分化，增加空瘪率，若后期水肥过多，则易造成贪青晚熟，影响粒重。二是生殖生长抑制营养生长。例如，果树中的大小年，就是由于果树当年结实太多，营养大量消耗于果实上，削弱了当年枝叶的生长，使枝条中贮备的养料不足，降低花芽分化率，致使翌年花、果减少，造成产量上的小年。

在生产上，通过水肥管理、合理修剪、适当疏花疏果等措施，既可防止营养器官的早衰，又可抑制营养器官生长过旺。例如，在果树生产中，可以通过适当疏花疏果使营养收支平衡，消除大小年。对于以营养器官为收获物的植物，如叶菜类、麻类等，则可通过供应充足的水分、增施氮肥、摘除花芽等措施来促进营养器官的生长，抑制生殖器官的生长。

4. 植物的极性与再生

（1）极性 极性是指植物的器官、组织或细胞的形态学两端在生理上所具有的差异性（异质性）。例如，将柳条挂在潮湿的空气中，不管是正挂还是倒挂，形态学下端总是长根，上端总是长芽（图 11－5）。这种茎的形态学上端只生芽，形态学下端只生根的现象，就是茎的极性的明显例证。

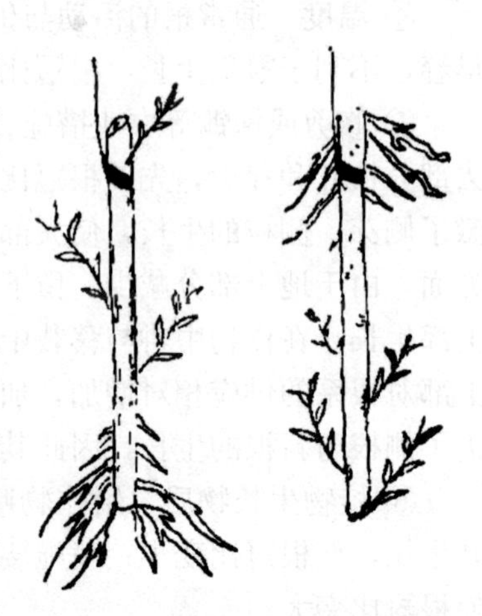
图 11－5 柳条的极性（赵秀娟画）

极性产生的原因一般认为与生长素的极性运输有关。生长素在茎中是由形态学上端向下端运输，所以在下端积累了较高浓度的生长素，诱导形态学下端愈伤组织的形成和根的分化，而生长素浓度较低的形态学上端则有利于芽的萌发。

（2）再生作用 再生作用是指植物离体部分具有恢复植物体其他部分的能力。再生作用是植物营养繁殖的依据，生产上进行扦插繁殖就是利用植物的再生能力。甘薯的插蔓、压条等，葡萄、月季、杨树、柳树等扦插繁殖等，都是利用植物的再生能力，但在扦插时特别要注意枝条和块根的极性。植物组织培养也是利用了植物的再生能力（细胞的全能性）。

知识3 成花生理

在营养器官生长的基础上，适宜的环境条件下，植物细胞内部发生一系列生理变化，最终分化出生殖器官（花），结出果实。花芽分化是植物由营养生长过渡到生殖生长的标志。对花芽分化最有影响的环境条件是日照长度和温度。

一、光周期现象

（一）光周期现象概念

很多植物在开花之前，有一段时期，需要每天有一定时间的光照或黑暗才能开花，这种现象称为光周期现象。

（二）植物对光周期的反应

根据植物开花对光周期的不同反应，可将植物分为3种主要类型，即短日植物、长日植物和日中性植物（表11-2）。

表11-2 几种常见植物对光周期的反应及调控

类型	常见植物	调控
短日植物	大豆、晚稻、玉米、高粱、烟草、甘薯、大麻、红麻、黄麻、紫苏、菊	日照时数小于临界日长，促进开花
长日植物	小麦、燕麦、油菜、萝卜、甜菜、菠菜、豌豆	日照时数大于临界日长，促进开花
日中性植物	茄子、番茄、菜豆、辣椒、黄瓜、花生、向日葵、极早熟大豆、早稻	对日照要求不严格，只要其他条件适宜，便可开花

1. 短日植物 这类植物要求每天日照时数小于一定限度（或每天连续黑暗大于一定限度）才能开花。在一定范围内，日照时间越短（即连续黑暗时间越长），开花越早。但日照时间太短，光合作用制造的有机物太少，会导致营养不足而不能开花甚至死亡。短日植物每天要求的最长日照时数因植物不同而有所差异，引起短日植物开花的最大日照长度，称为临界日长。短日植物只有日照时数小于临界日长时才能开花，若日照时数超过临界日长，便延迟开花或不开花。短日植物因植物种类不同，每天要求的最长日照时数也不同（表11-3）。

表11-3 几种长日植物和短日植物的临界日长

长日植物	24 h周期中的临界日长（h）	短日植物	24 h周期中的临界日长（h）
白芥菜	14	菊花	16
甜菜	13～14	苍耳	15.5
菠菜	13	裂叶牵牛	14～15
拟南芥	13	红叶紫苏	14
冬小麦	12	浮萍	14
天仙子	11.5	大豆	13.5～14
毒麦	11	草莓	10.5～11.5

2. 长日植物 这类植物要求每天日照时数大于一定限度（或连续黑暗时数小于一定限度）才能开花，而且每天日照越长，开花越早。长日植物只有在日照长度大于临界日长时才能开花。

3. 日中性植物 一些植物对每天日照长短要求不严格，只要其他条件适宜，在任何日照条件下都能开花，这些植物称为日中性植物。

（三）光周期诱导

植物只要得到足够日数的适和光周期，以后可以在任何日照长度下开花，这种现象称为光周期诱导。不同植物的光周期诱导时间不同，一般一天至十几天，如水稻 1 d，大麻 4 d，菊花 12 d，油菜 1 d，甜菜 15～20 d。

（四）光期与暗期的生理意义

植物开花对暗期的反应比光期更明显。换句话说，短日植物是在超过一定的暗期才开花，长日植物是在短于一定的暗期才开花。如果在长暗期的中途，用闪光（短暂的灯光照明几分钟至 30 min）打断暗期的连续性，就会产生与短夜一样的效果，即短日植物不能开花，而长日植物开花；如果用短暂的黑暗打断光期，则不论对短日植物还是长日植物都没有影响（图 11－6）。

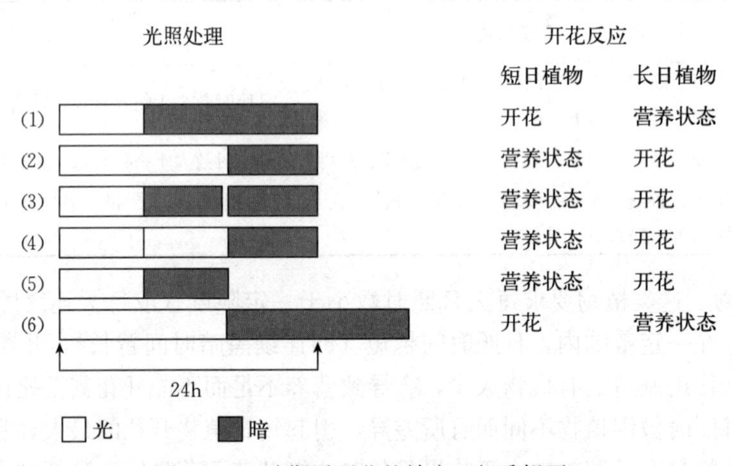

图 11－6 暗期对开花的效应（赵秀娟画）

用闪光打断暗期，最有效的时间是午夜，较早或较晚效果都差，靠近暗期的开端或终止几乎无效。由于暗期闪光可促进或延迟开花，在选育上如要促进长日植物（如小麦、油菜等）开花，不需补充光照，只要在半夜闪光即可。

（五）感受光周期的部位

植物感受光周期的部位是叶片。现已菊花为例来说明（图 11－7），菊花为短日植物，若将菊花下部叶片给予短日照条件，而上部去叶的枝条给予长日照条件，不久就可以看到枝条上形成花蕾并开花；但若下部叶片给予长日照条件，而把上部去叶枝条给予短日照条件，则枝条的顶端仍继续生长而不开花。因此，感受光周期刺激的部位是叶片不是分生区。叶片对光周期的感受能力与年龄有关，幼嫩和老龄叶片感受能力小或者没有，成长的叶片感受能力最强。

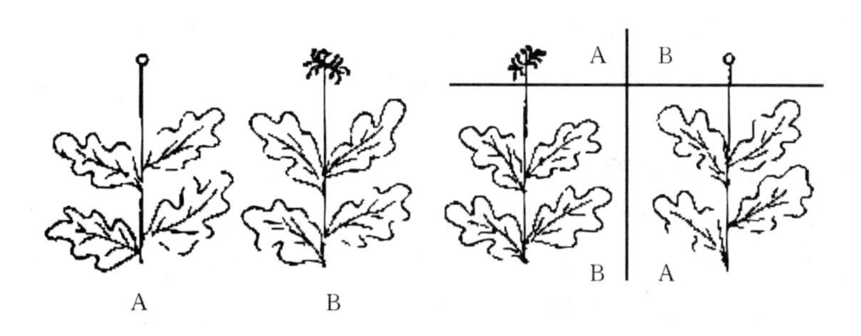

图11－7　给予菊花叶片和顶端不同的光周期处理对开花反应的影响（赵秀娟画）
（植株的顶端叶片全部去掉）
A. 长日照　B. 短日照

（六）光周期在农业生产中的应用

1. 引种和育种　引种时除了了解不同地区间温度差异、被引品种的光周期特性，还要了解作物原产地和引种地生长地日照条件的差异及引进品种的经济价值。如将短日植物从北方引种到南方，会提前开花，如果是为了收获果实或种子，应当选用晚熟品种；从南方引种到北方，则应选择早熟品种。相反，如果将长日植物从北方引种到南方，会延迟开花，应选用早熟品种；而从南方引种到北方时，应选择晚熟品种。

通过人工光周期诱导，可以加速良种繁育，缩短育种年限。例如，在甘薯杂交育种中，人为缩短光照使甘薯开花整齐，以便有性杂交，培育新品种。短日植物（如水稻、玉米等）可在北方选育，冬季到南方加速繁育种子。长日植物（如小麦）夏季在黑龙江种植，冬季在云南种植，可以充分满足作物发育对光照和温度的要求，加速育种进程。

2. 调控花期　花卉栽培中，通过人工控制光周期，根据需要提前或推迟花卉植物开花。例如，在自然条件下，短日植物菊花在秋季开花，如果给予遮光处理缩短光照时间，则可提前至夏季开花；而对于杜鹃、茶花等长日植物，通过人工延长光照处理，则可提早开花。

3. 调节营养生长与生殖生长　对于以收获营养体为主的作物，可通过控制光周期来抑制其开花。例如，原产热带或亚热带的短日植物烟草，引种至温带时，可提前到春季播种，利用夏季的高温及长日照条件，促进营养生长，提高产量。另外，利用暗期光间断处理可抑制甘蔗开花，从而提高产量。

二、春化作用

（一）春化作用概念

植物需要经过一定时间的低温才能开花的现象，称为春化作用。在植物春化过程结束之前，如果将植物放到较高生长温度下，低温的效果会被减弱或消除，这种现象称为去春化作用或解除春化，通常解除春化的温度为25～40℃。一般植物经过低温春化的时间越长，解除春化越困难。当春化过程结束后，春化效应很稳定，即便进行高温处理也不能解除。

各种植物春化作用所需要的温度不同，这种特性是植物在系统发育中形成的。根据春化过程对低温要求的不同，可将植物分为冬性、半冬性和春性类型。

（二）感受春化作用时期及部位

低温对植物花诱导的影响，一般可在种子萌发或在植物生长的任何时期中进行，也可在苗期进行，其中以3叶期最快。例如，冬小麦等一年生冬性植物除了在营养体生长时期外，在种子萌动时就能进行春化，而胡萝卜、芹菜等植物只有在幼苗长到一定大小时才能感受低温通过春化。

（三）春化作用完成后的生理变化

植物经过春化作用后，虽然外形没有明显的差异，但其内部蒸腾作用加强，水分代谢加快；叶绿素含量增多，光合速率加快，许多酶活性增强，呼吸加快。由于春化后植物的代谢旺盛，因而抗逆性尤其是抗寒性显著降低。以小麦为例，因主茎和分蘖生长有先后，所以在通过春化作用的时间上也有先后，遇到晚霜或寒潮侵袭时，主茎和完全通过春化的分蘖可能被冻死，而未完全通过春化的分蘖仍具有较强的抗寒性而保留下来，只要加强水肥管理，仍然可以分蘖成穗。

（四）春化作用在生产中的应用

1. 人工春化处理 生产上人们常对萌动的种子进行人为的低温处理，使之完成春化作用的措施称为春化处理。在育种工作中利用春化处理，可以在一年中培育3～4代冬性作物，加速育种进程。另外，对春小麦进行人工春化处理，适当晚播，可避免春季倒春寒对其造成低温伤害，缩短生育期。

2. 引种调种 在同纬度地区间引种容易成功。但不同纬度地区的温度差异很大，在南北方地区之间引种时，必须了解品种对低温的要求，避免造成不可弥补的损失。例如，北方品种引种到南方，有可能因当地温度较高而不能满足它对低温的要求，致使植物只进行营养生长而不开花结实。

3. 调控花期 通过低温处理，可促进花卉的花芽分化（如石竹），还可使秋播的一二年生草本花卉改为春播，当年开花。另外，利用解除春化作用控制某些植物开花，如越冬贮藏的圆葱在春季种植前用高温处理可以解除春化，防止它在生长期抽薹开花而获得高产。

三、花芽分化

（一）花芽分化概念

花芽分化又称花器官的形成，包括花原基形成、花芽各部分分化与成熟的过程。花芽分化是植物由营养生长过渡到生殖生长的标志，此过程可分为生理分化期、形态分化期和性细胞形成期3个阶段，是内、外界条件共同作用的结果。

（二）茎生长点的变化

1. 形态变化 植物经过适宜条件的成花诱导后，发生成花反应。成花反应的标志是茎端分生组织在形态上发生变化，从营养生长锥变成生殖生长锥，花器官的分化从生殖生长锥开始。不论哪种植物，花器开始分化时，生长锥的表面积都变大。由于生长锥表面细胞分裂快而中部细胞分裂慢，两者速率不均匀，从而使生长锥的表面出现皱褶。在原来分化叶原基的地方开始形成花原基，再由花原基分化产生花器官的各部分原基，进而形成花或花序。

2. 生理生化变化 花芽分化开始后，细胞代谢水平增高，有机物发生剧烈转化，如生长锥内部的可溶性糖呈增加的趋势，氨基酸含量增加，氨基酸种类增多，蛋白质和核酸的合成量也趋于增多，所有这些变化均为生长锥的分化提供物质和能量基础。

3. 花器官形成所需的条件

（1）营养状况 营养是花芽分化及花器官形成和生长的物质基础。例如，碳水化合物是

合成其他物质的碳源和能源；另外，花器官的形成需要大量的蛋白质；氮素不足，花芽分化缓慢且花少，氮素过多，植株易贪青徒长，花反而发育不好。

（2）内源激素对花芽分化的调控　花芽分化受内源激素的调控。例如，赤霉素可抑制多种果树的花芽分化；细胞分裂素、脱落酸和乙烯可促进果树的花芽分化；低浓度生长素对花芽分化起促进作用，而高浓度则有抑制作用。

（3）外因　主要包括光照、温度、水分和矿质营养等。

光对花器官的形成影响最大。花芽分化期间，若光照充足，有机物合成多，有利于开花；若阴雨连绵，则营养生长延长，花芽分化受阻。农业生产中果树的整形修剪、棉花的整枝打杈，都可以避免树枝的相互遮阴，使各层叶片都得到较强的光照，促进花芽分化。

一般情况下，在一定的温度范围内，随着温度升高花芽分化加快。温度主要通过影响光合作用、呼吸作用和物质的转化及运输，从而间接影响花芽分化。

不同植物花芽分化对水分的需求不同。例如，水稻、小麦的孕穗期遇干旱会导致颖花退化，而夏季的适度干旱则可提高果树的根冠比，有利于花芽分化。

（三）性别分化与表达

1. 性别表现类型　在花芽分化过程中，进行着性别分化。大多数高等植物的花芽在同一花内形成雌蕊和雄蕊，称为雌雄同花，即两性花，如苹果、梨、大豆、高粱、番茄及一些花卉植物等。也有不少雌雄异株植物，即一株植物只形成雌蕊或雄蕊，如杨树、柳树、银杏、大麻等。另外一些植物在同一株中既有雌花又有雄花，称为雌雄同株植物，如黄瓜、西瓜、玉米、山毛榉、四季海棠等。同一株植物上既有两性花，又有单性花的称为杂性同株，如向日葵、柿树等。

2. 雌雄花出现的规律性　在雌雄同株异花植物中，花朵的性别出现是有一定顺序的。通常早期出现的是雄花，随后是雄花和两性花都有，最后只出现雌花。多年生木本植物中，随着分枝级数的增高，雌花比例上升，这说明雄花多在较幼嫩的下层枝条上出现，而雌花在生理年龄较老的枝条上出现。

3. 植物性别分化的调控　影响植物性别形成的外界条件主要是光周期、营养、温度、激素和伤害。

（1）光周期　光周期对植物花芽分化影响较大。一般来说，短日照促使短日植物多开雌花，长日植物多开雄花；长日照促使短日植物多开雄花，长日植物多开雌花。如果增加光周期诱导次数，会使雌雄同株和雌雄异株植物的雌花数量增加，而在光周期诱导不足时，雄花数量增加。短日照会使玉米雄花序中央复总状花序发育成一个小的雌穗。菠菜是一种雌雄异株的长日植物，经过长日照诱导后紧接着用短日照处理，在雌株上可以形成雄花。

（2）营养条件　一般来说，氮肥多、水分充足的土壤促进雌花的分化；氮肥少、土壤干旱则促进雄花分化。此外，磷、硼、钾等元素可以提高瓜类的雌花率。

（3）温度　夜间低温可促进许多植物雌花分化，如菠菜、葫芦、大麻等，同样低温却促进黄瓜雄花分化。

（4）激素　一些植物激素和人工合成的生长调节物质也对植物的性别分化有影响。生长素可促进黄瓜雌花分化，赤霉素则促进其雄花分化。

（5）伤害　伤害可以使雄株转变为雌株。例如，黄瓜茎折断后，长出的新枝条全开雌花；番木瓜雄株伤根或地上部分折伤后，新产生的全是雌株。

知识4 种子和果实的发育与成熟

许多植物都是通过种子和果实繁衍后代，多数作物的经济产量是以收获种子和果实为目的。因此，了解植物种子和果实的发育与成熟及其影响因素，采取相应的农艺措施，促进其发育成熟是非常必要的。

一、种子的发育与成熟

种子的发育是从受精开始的，受精卵发育成胚，胚珠发育成种子。种子的发育与成熟实质上是胚的发育，以及营养物质在种子中的转化和积累过程。

(一) 种子成熟时的生理生化变化

1. 主要有机物的变化 随着种子体积的增大，由其他部分运来的简单的可溶性有机物（如蔗糖、葡萄糖、氨基酸等）在种子内逐渐转化复杂的不溶性有机物（如淀粉、脂肪、蛋白质）。

（1）淀粉类种子 淀粉类种子成熟时，由其他部分运来的可溶性糖主要转化为淀粉（图11－8），因此种子内积累大量淀粉，同时也会积累少量蛋白质和脂肪。另外，种子中还会积累各种矿质元素，如磷、钙、钾、镁、硫及微量元素，其中以磷为主。

（2）脂肪类种子 脂肪类种子成熟时，先在种子内积累碳水化合物（包括可溶性糖和淀粉），随着干物质的增加，碳水化合物逐渐转化为脂肪。此外，在种子成熟初期，合成饱和脂肪酸，而后再转化为不饱和脂肪酸，以后才逐渐形成甘油酯。所以，油料种子要充分成熟，才能完成转化过程。如果油料种子尚未成熟就收获，则不但含油量低，而且油脂质量也差。此外，油料作物种子中也含有较多的蛋白质。

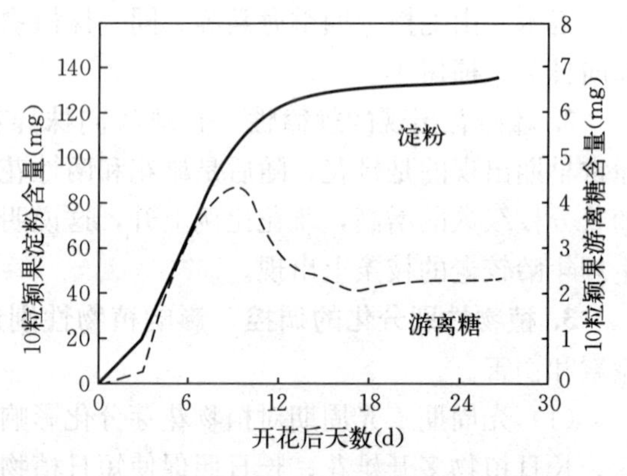

图11－8 水稻成熟过程中颖果内淀粉和游离糖含量的变化（赵秀娟画）

（3）蛋白质类种子 蛋白质类种子积累的蛋白质是由氨基酸和酰胺合成的。例如，豆科植物种子成熟时，先在豆荚中合成蛋白质，并暂时贮存，以后以酰胺态运送到种子中，转变为氨基酸合成蛋白质。

2. 其他生理变化

（1）呼吸作用 在种子形成的初期，呼吸作用旺盛，因而有足够的能量供给种子的生长和有机物的转化与运输。随着种子的成熟，呼吸作用逐渐降低，代谢活动也随之减弱。

（2）内源激素 种子成熟过程中，内源激素也发生着动态变化。受精后，细胞分裂素、赤霉素、生长素、脱落酸含量依次增加升到峰值，然后下降。例如，小麦受精末期，细胞分裂素含量由原来的很低，突然增加直到最高后即下降；受精后籽粒开始生长，赤霉素含量迅速增加，在受精后3周达到峰值，然后下降；在籽粒膨大时，生长素含量增加，当籽粒鲜重

达到最大时，生长素含量最高，成熟时，生长素基本失活，而脱落酸大大增加。由上可见，细胞分裂素与籽粒形态建成的细胞分裂有关，其次增加的赤霉素和生长素参与调节有机物向籽粒运输和积累，而脱落酸可能与籽粒的休眠有关。

（3）含水量 种子生长达到最大后，含水量逐渐降低，此时种子的鲜重降低，但干重基本稳定，这是种子的成熟脱水，是种子完成生活史的必经过程。含水量降低，有利于种子贮藏，抵御不良环境，延长种子寿命，确保种系繁衍。

（二）外界条件对种子成熟的影响

植物的遗传特性决定着植物种子具有特定的生物学特性，但外界条件仍能通过基因的调控作用而影响种子的成熟。在种子成熟过程中，影响光合作用的因素都会影响种子的发育。

1. 水分 土壤水分供应不足，种子灌浆受阻，通常淀粉含量少，而蛋白质含量高。例如，小麦种子在成熟过程中若较早时期因缺水干缩，可溶性糖来不及转化为淀粉，而被糊精胶结，形成玻璃状籽粒，这时蛋白质的积累过程所受的阻碍小于淀粉，故而蛋白质含量相对较高。我国北方降水量及土壤含水量普遍比南方少，所以北方生产的小麦蛋白质含量高于南方。

2. 温度 成熟期中适当的低温有利于油脂的积累。在油脂品质上，油料种子成熟时温度较低且昼夜温差大时，有利于不饱和脂肪酸的形成（如亚麻）；反之，则有利于饱和脂肪酸的形成。因此，最好的干性油是从海拔较高或纬度较高的地区生长的油料种子中获得的。小麦种子灌浆期若遇高温（尤其是夜间高温），不利于干物质积累，影响籽粒的饱满度。

3. 光照 光照直接影响光合作用。光合作用将无机物转变成有机物，运送到植物的各个器官。在一定范围内，随着光照时间的增加和光照度增强，光合产物增加，分配到种子的有机物增多，种子饱满；相反，则种子干瘪皱缩。

4. 营养 营养条件对种子的成熟过程也有显著影响。氮是蛋白质的组成成分之一，适当增施氮肥可提高淀粉类种子的蛋白质含量，但在作物生长后期若过多施用氮肥则会引起植株贪青晚熟而减产。磷参与了脂肪的形成，合理施用磷肥有助于脂肪类种子提高含油量。钾能够促进糖类的运输，可增加籽粒的淀粉含量，同时对脂肪形成也有良好的影响。

（三）空秕粒的生理成因

在种子发育过程中，由于某些内部和外部原因，导致空秕粒现象发生。空秕粒对农作物种子的产量和品质有很大影响。

1. 内在原因 在花粉发育时期，尤其是花粉母细胞减数分裂期，遇到不良的环境条件，一部分花粉败育，使花粉数量减少，生活力减弱，甚至完全没有受精能力而形成空秕粒。有时花粉粒分裂不正常，形成畸形花粉粒，最终形成空粒。受精后子房在中途停止发育，或在灌浆过程中胚乳生长停止而形成秕粒。

2. 外部条件 养分缺乏、光照不足、干旱等都会影响花粉母细胞的正常发育，形成空秕粒。例如，缺硼会影响花粉管生长，造成“花而不实”；缺磷时影响细胞分裂。受精的子房发育时需要大量的碳水化合物，光照不足，合成的碳水化合物减少，部分小花和幼果退化，秕粒增多。大多数禾谷类作物开花期是水分临界期，如玉米开花期缺水或伴随高温干旱，会缩短花和花柱的寿命，引起玉米“秃尖”。肥水虽然能防止退化，但是肥水过多（尤其是氮肥）会引起植物徒长、田间郁蔽，引起颖花退化，空秕粒增多。

二、果实的发育与成熟

果实是由子房或连同花的其他部分发育而成的。单纯由子房发育而成的果实称为真果，如桃、番茄、柑橘等；除子房外，花的其他部分（包括花托、花萼、花冠等）也参与了果实的形成，这样的果实称为假果，如梨、苹果、瓜类。果实的发育从雌蕊的形成开始，包括雌蕊生长、受精后子房等部分的膨大、果实形成及成熟等过程。果实成熟是果实充分成长后到衰老之间的一个发育阶段。而果实的完熟则指成熟的果实经过一系列的质变，达到最佳食用的阶段。通常所说果实的成熟包含了完熟过程。

（一）影响果实大小的因子

果实的生长是果实细胞分裂、细胞增大和同化产物积累转化，从而使果实不断增大和增重的过程。

1. 影响果实大小的因子 果实成熟时的大小和重量与细胞数目、细胞体积、细胞密度和气室有关，其中以细胞数目和细胞体积影响最大。

细胞数目的大小与细胞分裂的时间和速度有关。细胞分裂始于花原基形成后，开花暂时停止分裂，花后视植物种类而异。有些植物可持续分裂至果实成熟，如草莓；有些植物在授粉后不再分裂，只有细胞增大，如黑穗醋栗的食用部分；大多数果实介于两者之间，即受精后也有分裂。一般大果型和晚熟型品种，花后细胞分裂持续的时间较长，细胞数目也较多。

细胞膨大要求有较高的膨压和果实内有较高的赤霉素含量。随着水和糖类不断进入细胞，液泡不断增大，细胞体积也不断增大。大多植物的果实体积增长主要来自细胞膨大，如葡萄成熟，按细胞数目增长计算，使果实体积增加 2 倍，而按细胞体积计算，增加约 300 倍。所以，细胞大小是决定果实大小的主要因子。只是细胞太大的果实多不耐贮藏。

2. 生产中的应用 细胞大小和细胞数量不同组合的结果，就产生了大小、品质、贮藏性各异的果实。生产中，既要促进果实开花前的细胞分裂，又要重视开花后细胞的膨大。因此，必须重视上一生长季节的树体管理，使果枝粗壮、花芽饱满，加强树体早春的营养调节，可以增加花期前后的细胞分裂数目。后期的营养调节，对果实细胞的膨大以及后含物的增加有显著作用，如使用 6-苄基腺嘌呤（6-BA）疏花疏果可促进细胞分裂，而喷施赤霉素则可延长细胞增大的时期和延迟成熟期，二者均有增大果实的效果。

（二）单性结实

有些植物不经过受精也能形成果实，这种现象称为单性结实。单性结实的果实不产生种子，形成无籽果实。单性结实有两类：天然单性结实和刺激性单性结实。

1. 天然单性结实 天然单性结实是指不需要经过受精作用或其他刺激诱导而结实的现象，如菠萝、香蕉和一些葡萄、柑橘等。这些植物的祖先都是靠种子传种的，由于种种原因，个别植株或枝条发生突变，形成了无籽果实。现在常见的无核品种是人们用营养繁殖的方法将突变植株或枝条保存下来获得的。

天然单性结实虽然受遗传基因控制，但也受环境因素的影响。例如，短日照和较低的夜温可引起瓜类单性结实；低温和高光强可诱导无籽果实；霜害可引起无籽梨的形成等。

2. 刺激性单性结实 又称诱导性单性结实，是通过外界刺激（如生长调节剂等）代替植物内源激素，使子房等组织膨大形成无籽果实，如葡萄用赤霉素以及番茄、茄子用 2，4-D 等都能诱导单性结实。

但不是所有的无籽果实都是由单性结实所致。有些植物虽然完成受精作用，但由于种种原因，胚停止发育而子房或花的其他部分继续发育，也会形成无籽果实，这种现象称为假单性结实。

单性结实的意义：当传粉条件受到限制时仍能结实，可以缩短成熟期，增加含糖量，提高果实品质。例如，北方温室栽培番茄，由于日照短使得花粉发育不正常，但在花期用2，4－D处理，则可达到正常结实的目的。

（三）果实的成熟

在成熟过程中，果实由内到外发生了一系列变化，如色泽变化、呼吸速率的变化、乙烯合成、贮藏物质的转化等，表现出特有的色、香、味，使果实达到最佳食用状态。

1. 跃变型和非跃变型果实　根据果实成熟过程中是否存在呼吸跃变，可分为跃变型（S型）和非跃变型（双S型）两类（图11－9）。跃变型果实的呼吸速率随成熟而上升，如苹果、香蕉、梨、桃、李、猕猴桃、番茄、西瓜等。不同果实的呼吸跃变差异很大，如苹果呼吸高峰值是初始的2倍，而香蕉几乎是10倍，桃却只上升约30%。非跃变型果实在成熟期呼吸速率会逐渐下降，不出现高峰，如橙、柑橘、草莓、樱桃、荔枝、菠萝、黄瓜等。

2. 果实成熟时的生理变化（以肉质果实为例）

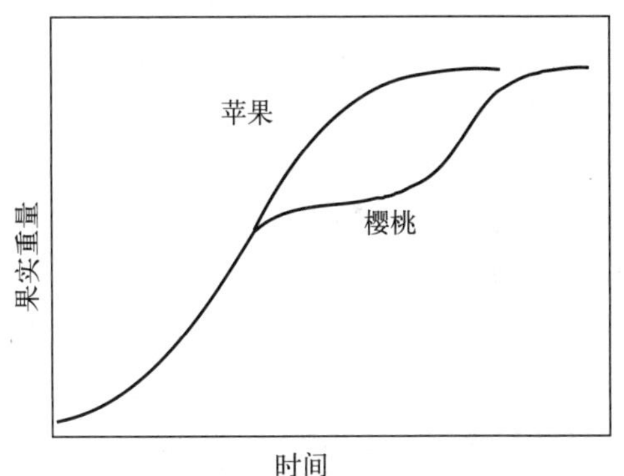

图11－9　果实的生长曲线简图（赵秀娟画）
（苹果为S型，樱桃为双S型）

（1）色泽　随着果实的成熟，多数果实的色泽由绿色逐渐变为黄、橙、红、紫或褐色。这种颜色变化常常作为果实成熟度的直观标准。与果实色泽有关的色素包括叶绿素、类胡萝卜素、花色素、类黄酮素等。

① 叶绿素。叶绿素一般存在于果皮中，有些果实（如苹果）在果肉中也有。叶绿素的消失可以在果实成熟之前（如橙）、之后（如杏）或与成熟同时进行（如香蕉）。香蕉、杏等果实中叶绿体的消失于叶绿体的解体有关，而在番茄等果实中则主要由于叶绿体转变为有色体，使叶绿素失去了光合作用能力。赤霉素、细胞分裂素、生长素都可以延缓果实褪绿；而乙烯有促进成熟作用，故可以加快褪绿。

② 类胡萝卜素。类胡萝卜素一般存在于叶绿体中，果实褪绿时便显现出来。香蕉成熟时，果皮中的叶绿素几乎全部消失，但叶黄素和胡萝卜素则维持不变。番茄、桃、柑橘等成熟时，叶绿素转变为有色体而合成新的类胡萝卜素。类胡萝卜素的形成易受环境影响，如番茄在25℃时最容易合成番红素，黑暗可以阻遏柑橘中类胡萝卜素的生成。

③ 花色素苷和其他多酚类化合物　花色素苷是花色素和糖形成的β-糖苷。花色素能溶于水，一般存在于液泡中，到成熟期大量积累。花色素苷的合成与碳水化合物的积累密切相关。适当低温有利于糖分积累也促进着色。另外花色素苷的形成需要光，如黑色和红色的葡萄只有在照射下果粒才能显色。

此外，高温不利于着色。如苹果一般在日平均气温为12～13℃时着色良好，而在27℃时着色不良或根本不着色，所以中国南方的苹果着色比较差。有些苹果需要光照才能着色，所以能够照射到阳光的苹果红于处于树叶郁蔽中的苹果。另外，光质也会影响着色。蓝紫光照射可以促进苹果花色素的形成。果实中还含有多酚类化合物，在一定条件下酚被氧化生产褐黑色的醌类物质，如荔枝等，这种过程称为褐变。苹果、梨、桃、杏、香蕉等果实，在遭受冷害、药害、机械创伤或病虫为害后也会出现褐变现象。此外，乙烯、2，4-D、多效唑等都有利于果实着色。

（2）香气　果实成熟时会发出特有的香气，这是由于果实内部存在微量挥发性物质，这类物质主要是酸、酯、醇、醛和萜烯类化合物等。例如，香蕉的香味是乙酸戊酯，橘子的香味主要是柠檬酸，而苹果中主要含有乙酸丁酯、乙酸己酯、辛醇等物质。成熟度与这些挥发性物质的产生有关，未成熟的果实中很少或没有这些香气挥发物，所以收获过早的果实香味比较差。低温影响挥发性物质的形成，如香蕉采收后长期保持在10℃时，会抑制挥发物质的产生。

（3）味道　果实成熟后，由酸变甜，涩味消失。果实成熟期间逐渐变甜，主要是由于淀粉等贮藏物质水解为蔗糖、果糖、葡萄糖等，而甜度与糖的种类有关。各种果实的糖转化速度和程度不尽相同。通常成熟期日照充足、昼夜温差大、降水量少，果实的含糖量相对比较高，如新疆吐鲁番的葡萄和哈密瓜较其他地方的甜。果实形成初期含有各种有机酸和单宁，因此会发酸、发涩。随着果实的成熟，有机酸一部分发生氧化用于呼吸，另一部分转变为糖，含酸量逐渐下降。在这个过程中，单宁被氧化，或凝结成不溶性物质而使涩味消失。因此，果实成熟时具有甜味，酸味减少，涩味消失。

（4）触感　果实成熟后会逐渐软化，这是果实成熟的一个重要特征。引起果实软化的主要原因是细胞壁物质的降解。果实成熟期间，多种与细胞壁有关的水解酶活性增加，细胞壁结构成分及聚合物分子大小发生显著变化，其中变化最大的是不溶性的果胶物质降解为可溶性的果胶或果胶酸。

乙烯在细胞质内诱导细胞壁水解酶的合成并运输到细胞壁，从而促进细胞壁水解软化。所以，用乙烯处理果实，可促进成熟，降低硬度。

（四）落花、落果的生理原因

正常条件下，老叶的脱落与成熟果实的脱落是器官衰老的自然特征。但在营养失调、干旱、雨涝及病虫害等因素影响下，可使器官未长成而提早脱落，给农业生产带来严重损失。

1. 受精、激素对花、果实脱落的影响　一般来说，受精是果实和种子发育的必需条件，如果不受精，花开后便会脱落。所以，凡能影响受精的条件，都能使花果脱落，如棉花开花时遇雨，大多在开花后几天脱落，这与遇雨影响受精有关。

受精后子房、胚或胚乳会产生较多促进生长的激素，如细胞分裂素、生长素、赤霉素等，这些激素能促进营养物质向果实和种子运输，因而不但能促进果实和种子生长，而且有抑制离层产生的作用，因此能防止花、果的脱落。而在果实、种子发育的后期，乙烯和脱落酸含量增加，脱落酸可促进离层形成、器官脱落，乙烯能促进果实成熟，也能促进脱落。因此，果实的形成与脱落，是各种激素共同作用的结果。生产中利用人工合成的生长调节剂既能防止落花落果，又能疏花疏果，关键在于使用生长调节剂的时间、种类、浓度以及喷施的位置。例如，萘乙酸可以防止苹果采前落果，若在盛花期喷施，则可起到疏花疏果的作用。

2. 营养对花、果实脱落的影响　果实和种子的形成需要大量的营养物质，如果营养物质供应不足，果实的发育就会受到影响，甚至脱落。一般落果是由营养失调引起的。营养失调的情况有两种：一种是由于肥水不足引起植株生长不良，叶面积小、光合能力弱，形成光合产物较少，不能满足大量花果生长的需要，这样的植株前期开的花可结果，后期开的花大

量脱落；另一种情况是水分和氮肥过多，造成营养生长过旺，大量光合产物消耗在营养生长上，使花、果实得不到足够的养分，这样使植株前期花、果实大量脱落，到后期营养生长逐渐减弱时才会结果。

知识 5　植物的衰老与脱落

植物的衰老通常是指植物的器官或整个植株生理机能的衰退，是导致自然死亡的一系列恶化过程。脱落是指植物的器官如叶、花、果实、种子或枝条等自然离开母体的过程。衰老和脱落是植物生长发育的正常过程之一。认识植物衰老和脱落的原因，可以更好地服务于生产，指导实践。

一、植物的衰老

（一）衰老类型

植物衰老有以下几种类型（图 11-10）。

1. 整体衰老　许多一年生或二年生植物，开花结实后整株植物衰老死亡，如小麦、玉米、高粱、大豆、水稻等。

2. 地上部分衰老　多年生草本植物，地上部分每年衰老死亡，而地下部分维持生命，继续生存多年。

3. 同步衰老（落叶衰老）　多年生落叶木本植物，其叶片发生季节性的衰老脱落，如杨树、柳树、槐树等。

4. 顺序衰老（渐次衰老）　多年生常绿木本植物，其茎和根存活多年，而叶片渐次衰老脱落，如松、柏等。

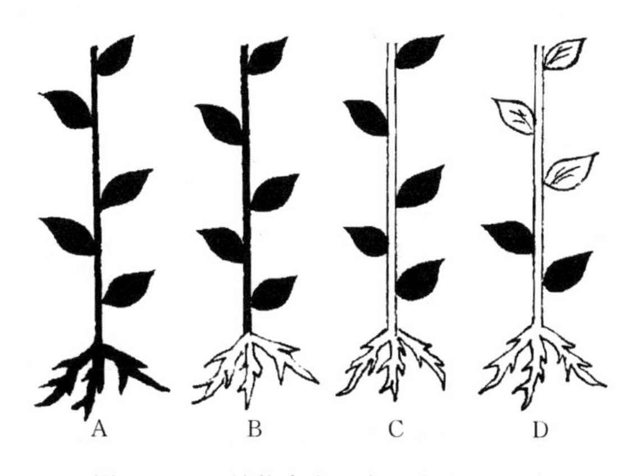

图 11-10　植物衰老的类型（赵秀娟画）
A. 整体衰老　B. 地上部分衰老　C. 同步衰老　D. 顺序衰老

（二）衰老时的变化

1. 外部形态变化　植物衰老时，由于内部叶绿素逐渐降解，叶片逐渐由绿变黄，最后干枯。

2. 生理、生化变化　生长速率和光合速率逐渐下降；呼吸速率下降较光合速率慢，但有些植物叶片在衰老开始时呼吸速率保持平稳，后期会出现一个呼吸跃变期，之后呼吸速率迅速下降；核酸、蛋白质含量下降；大多数有机物和矿质元素转运到幼嫩的叶片或其他生长中心被再度利用；促进植物生长的植物激素（如细胞分裂素、生长素、赤霉素等）含量下降，而诱导成熟和衰老的激素含量增加（如脱落酸、乙烯等）。

（三）植物衰老的原因

1. 内部原因　主要是营养竞争和激素调节。植物的生殖器官是竞争力很强的代谢库，植物开花后，将大量养分从营养器官运输到生殖器官被再利用，致使营养器官衰老，若将生殖器官摘除，则可适当延缓叶片和整株植物的衰老。另外，植物体内激素的相对水平不平衡也是引起衰老的原因，如细胞分裂素、生长素、赤霉素等具有抗衰老作用，而乙烯、脱落酸等物质具有促进衰老的作用。低浓度生长素可延缓衰老，而高浓度生长素则促进衰老，这与高浓度生长素可诱导乙烯的合成有关。不同激素之间相互作用，共同调控植物的衰老。

2. 外部原因 即环境因素。

(1) 光照 光照度、光质和光照时间都与植物衰老有关。适度光照能延缓多种作物植株或离体器官的衰老（如小麦、菜豆、烟草等），强光可加速植物衰老；不同光质对衰老作用不同，红光能延缓衰老，而远红光可消除红光的作用；长日照可延缓衰老，短日照促进衰老，这是由于日照长度影响植物体内赤霉素和脱落酸的合成，因此影响器官的衰老。

(2) 水分 干旱可刺激植物体内形成乙烯和脱落酸，加速叶绿素解体，光合作用下降、呼吸速率上升，加速物质分解，促进衰老；水涝会导致根系因缺氧而坏死，减少甚至停止对水分和养分的吸收，最后导致地上部分衰老。

(3) 温度 高温和低温都可加速植物叶片衰老。

(4) 气体 主要指氧气和二氧化碳。氧气浓度过高，加速自由基形成，引发衰老。高浓度二氧化碳（5%～10%）可抑制乙烯的合成，可延缓衰老。

(5) 矿物质 植物营养（如N、P、K、Ga、Mg等）亏缺会促进衰老。

(6) 其他不良环境 如大气污染、病虫害等都不同程度地促进植物或器官衰老。

（四）衰老的调控

低温、气体浓度、源库比例的调节、延长光照、合理的水肥管理、苗期促进根系生长等措施都可以有效控制衰老。如适当的低温，可抑制呼吸和代谢活动，有利于延长果实贮藏时间。低氧气浓度（2%～3%）、高二氧化碳浓度（5%）也可抑制果实的呼吸。生产中若遇到茄果类、瓜类蔬菜植株太小，可摘除下部第一朵花，促进其营养生长，开花节位上升，有利于花、果膨大，也可防止衰老。

二、植物器官的脱落

脱落是指植物细胞、组织或器官自然脱离母体的现象。

脱落有3种类型：①由于衰老或成熟引起的脱落称为正常脱落，如叶片和花的衰老脱落，果实或种子的成熟后的脱落；②由于逆境（干旱、水涝、高温、病虫害、大气污染等）导致的脱落称为胁迫脱落；③因为植物自身生理活动异常造成的脱落称为生理脱落，如果树、大豆、棉花等的营养生长和生殖生长竞争引起的脱落。胁迫脱落和生理脱落属于异常脱落。

脱落是植物对环境的适应，脱落的意义在于植物物种的保存。在不适宜生长的环境条件下，部分器官的脱落可减少呼吸消耗，即减少水分和养分消耗，去除病虫害侵染源，有利于存留器官的发育和成熟，延续种子生命，以繁殖后代。

（一）影响脱落的因素

1. 内因 植物脱落的内部因素主要是激素。

(1) 生长素 既可以抑制脱落，也可以促进脱落，它对器官脱落的效应与生长素使用的浓度、时间和施用部位有关。将生长素施加到离层区靠茎的一侧（近轴端）时，可促进脱落；施加到离层区靠叶的一侧（远轴端）时，则抑制脱落。因此，有人提出脱落与离区两侧

的生长素含量有关，远轴端生长素含量高于近轴端时，则抑制或延缓脱落；反之，则加速脱落（图 11－11）。

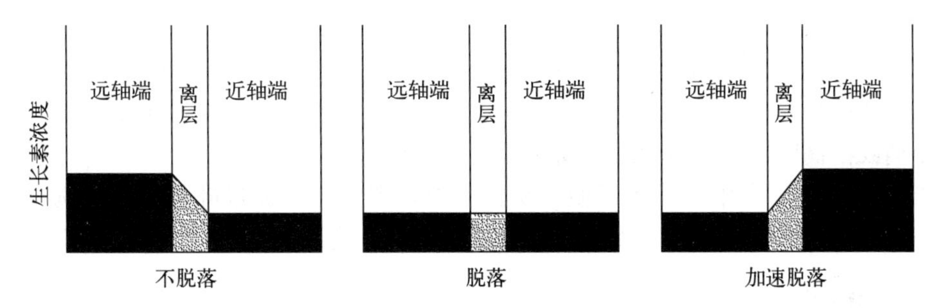

图 11－11　叶片脱落与叶柄离层远轴端生长素和近轴端生长素的相对含量的关系（赵秀娟画）

（2）乙烯　是与脱落有关的重要激素。内源乙烯水平与脱落率呈正相关。乙烯对脱落的影响受离层生长素水平的控制，即只有当离层生长素含量降低到一定值时，才会促进乙烯合成和器官脱落，而在高浓度生长素作用下，乙烯虽然浓度增加，却反而抑制脱落，这是因为离区的生长素水平是控制组织对乙烯敏感性的主导因素。

（3）脱落酸　在生长的花、果实中脱落酸含量极低，而在衰老的组织、器官里却含有大量脱落酸。有关证据表明，脱落酸能促进衰老，仅能诱导少数植物的器官脱落，所以引起植物器官脱落的主要因素是生长素和乙烯。

（4）赤霉素和细胞分裂素　赤霉素和细胞分裂素对脱落也有影响，不过都是间接的，这可能是因为二者都可以延缓衰老而减少脱落。例如，赤霉素用于棉花、苹果、番茄等植物上，而细胞分裂素用于玫瑰中，都可以延缓植株衰老减少脱落。

各种激素的作用不是彼此孤立的，器官的脱落也并非受单一激素控制，而是由多种激素相互协调、共同作用的结果。

2. 外因

（1）光照　光照度、日照长度和光质都会影响器官的脱落。光照度减弱，脱落增加；短日照促进落叶而长日照延迟落叶；远红光可增加组织对乙烯的敏感性，促进脱落，而红光则延缓脱落。

（2）水分　干旱、水涝都会影响植物内源激素水平，促进器官脱落。例如，玉米在干旱时落叶，可减少水分消耗，以维持上部叶片生长，这是植物的保护性反应。因为缺水时生长素和细胞分裂素活性降低，而乙烯和脱落酸含量大大增加的缘故。

（3）温度　高温和低温都会加速脱落，如四季豆在 25 ℃下叶片脱落最快，棉花在 30 ℃下脱落最快。在田间，高温引起干旱而加速脱落。低温是秋天树木落叶的信号之一，霜冻也可以引起棉花落叶。

（4）氧气　增加氧气浓度会增加脱落率，高氧气浓度促进脱落是由于促进了乙烯合成，从而诱发脱落。

（5）矿质营养　矿质营养缺乏时，代谢失调，器官易于脱落。例如，氮、锌缺乏会影响生长素的合成；硼缺乏会使花粉败育；钙是中胶层的组成成分，缺钙会引起严重脱落。另外，糖等有机物供应不足也会引起花和果实的脱落。

此外，大气污染、病虫害、紫外线、盐害等都对脱落有影响。

（二）脱落的调控

器官脱落对农业生产影响很大，所以常常需要采取措施对脱落进行调控。

1. 防止脱落 施用生长素类化合物可有效延缓果实脱落，如喷施 10～25 mg/L 2，4－D溶液可防止番茄落花落果，施用 20 mg/L 赤霉素溶液，可防止和减少棉铃脱落。增加水肥供应和适当修剪，可使花、果实得到足够养分，减少脱落，如用 0.05 mol/L 醋酸钙能减轻金橘或柑橘因施用乙烯利而造成的落叶、落果。

2. 促进脱落 生产中有时为了便于机械收获，常常需要促进叶片脱落。例如，棉花、豆科植物可采用乙烯利、2，3-二氯异丁酸、氯酸镁、硫氰化铵等植物生长调节剂促进叶片脱落。

单元小结

休眠包括生理休眠和强迫休眠。种子休眠的原因有种皮（果皮）的限制、胚休眠和抑制萌发物质的存在。

种子萌发的过程可分为吸涨、萌动和发芽 3 个阶段。影响种子萌发的条件有水分、温度、氧气和光照。幼苗有两种类型，即子叶出土的幼苗和子叶留土的幼苗。

生长是量变，是基础；分化是质变；发育则是器官或整体量变与质变的有序统一，生长和分化均受发育的制约。

高等植物生长发育的特点包括植物生长的区域性、植物生长的周期性和植物生长的相关性。

花芽分化是植物由营养生长过渡到生殖生长的标志。根据植物开花对光周期的不同反应，可将植物分为 3 种主要类型，即短日植物、长日植物和日中性植物。植物感受光周期的部位是叶片。光周期在农业生产中的应用有引种和育种、调控花期、调节营养生长与生殖生长。

植物需要经过一定时间的低温才能开花的现象，称为春化作用。根据春化过程对低温要求的不同，可将植物分为冬性、半冬性和春性类型。低温对植物花诱导的影响，一般可在种子萌发或在植物生长的任何时期中进行，也可在苗期进行，其中以 3 叶期最快。

植物的衰老通常是指植物的器官或整个植株生理机能的衰退，是导致自然死亡的一系列恶化过程。器官脱落的类型有正常脱落、胁迫脱落和生理脱落。

知识拓展：芽休眠的调控

单元十一复习思考题

单元十二

植物的抗逆生理

知识目标

1. 了解逆境与植物对逆境的适应性。

2. 了解抗逆生理与农业生产的关系，掌握提高作物抗逆性的途径。

技能目标

在生产中能够应用减轻或消除逆境对植物造成的伤害的措施。

适宜的环境是植物正常生长发育所必需的条件。但在自然界中，植物一生完全生活在绝对适宜的环境中是罕见的，恶劣的气候、病虫害、环境污染等，往往成为限制植物生产的最重要因素，有些植物整个生活周期就是在极严酷的环境中完成的。本章将分别介绍逆境、植物抗逆性等内容。

知识1　逆境与植物的抗逆性

植物体是一个开放体系，生存于自然环境中。自然环境不是恒定不变的，天南地北，水热条件相差悬殊，即使同一地区，一年四季也有冷热旱涝之分。我国幅员辽阔，地形复杂，气候多变，各地都有其特殊的环境。

一、逆境的概念及种类

凡是对植物生存与生长不利的环境因子总称为逆境。逆境的种类很多，包括物理的、化学的和生物的（图 12－1）。

二、逆境对植物的影响

逆境会伤害植物，严重时会导致植物死亡。

（1）逆境可使植物细胞脱水，膜系统破坏。

（2）逆境会使光合速率下降，同化产物形成减少。

（3）逆境会使呼吸速率发生变化，其变化进程因逆境种类而异。

（4）逆境会使植物体内物质发生变化。

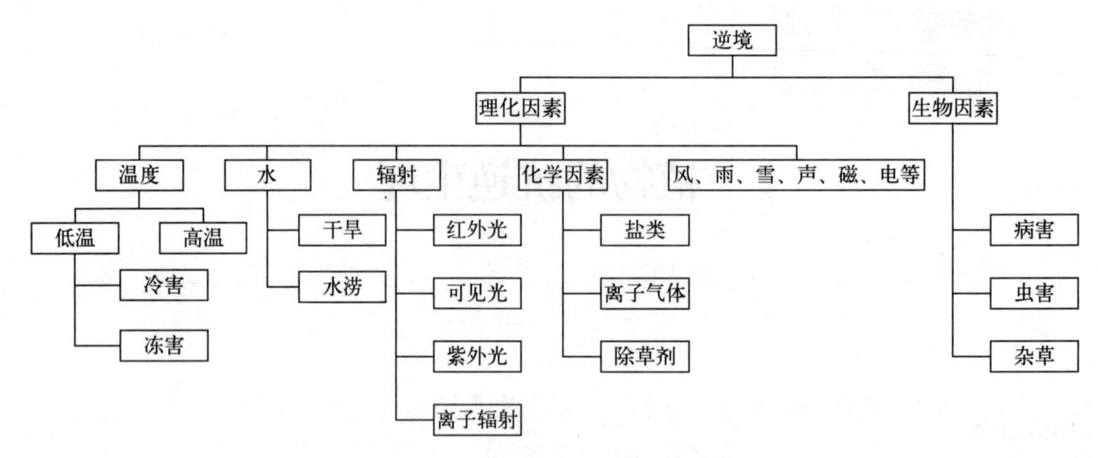

图 12-1　逆境的种类（裴东升画）

三、植物抗逆性的方式

植物对逆境的适应性和抵抗能力，称为植物的抗逆性，简称抗性。抗逆性是植物对环境的一种适应性反应。植物对逆境的抵抗主要有两种方式（图 12-2）。

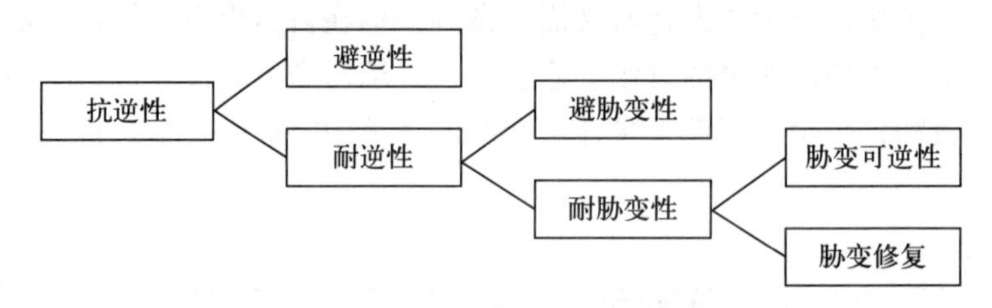

图 12-2　植物抗逆性的方式（裴东升画）

避逆性是指植物对不良环境在时间上或空间上的躲避，如阴生植物在树荫下生长，沙漠中的植物只在雨季生长。而耐逆性是指植物能够忍受逆境的作用，一般来说，植物在可忍受范围内，逆境所造成的损伤是可逆的，即可以恢复其正常生长。

四、提高植物抗逆性的一般途径

（1）选育抗逆性强的品种，是提高植物抗逆性的最根本的方法。

（2）农业生产上的各种栽培管理措施，也是行之有效的增强抗逆性的途径，如进行抗寒锻炼、抗旱锻炼、合理施肥等。

（3）适当施用植物生长调节剂，调控植物体内激素平衡，也可达到提高植物抗逆性的目的。

知识 2　低温、高温的危害与植物的抗性

温度是植物生产的重要影响因素之一，在植物整个生命周期中具有重要意义。适宜的温

度有利于植物生长，而温度过低或过高都会对植物造成危害。

一、低温对植物的影响与植物的抗性

（一）低温对植物的危害

按低温程度和受害情况，可分为冻害（0 ℃以下低温）和冷害（0 ℃以上低温）两种。

0 ℃以下的低温对植物的伤害称为冻害，植物对 0 ℃以下的低温的适应性称为抗冻性，冻害对植物的影响主要是由于结冰而引起的。而 0 ℃以上的低温对植物的伤害称为冷害，植物对 0 ℃以上的低温的适应性称为抗冷性，冷害主要发生于早春和晚秋低温时期。

（二）提高植物抗冻性与抗冷性的措施

1. 低温锻炼　植物突然由高温转入低温的生长环境，容易受到冷害的影响。因此，在温室中培育的幼苗，移栽至大田之前，通常要先经受 2～3 d 的低温锻炼，能够明显提高对低温的适应性。

2. 施用植物生长调节剂　细胞分裂素、脱落酸、多效唑等生长调节剂可以提高植物对低温的抵抗能力。此外，植物体内若含有丰富的钾离子，也具有较好的抗低温能力。

3. 运用有效的农业措施　例如，北方小麦及果树等在越冬前浇好越冬水，果树在冬前培土，适当延迟北方地区冬小麦的播期等。

二、高温对植物的影响与植物的抗性

（一）热害

温度过高对植物造成的伤害称为热害，植物对热害的适应性称为抗热性。

不同种类的植物对高温的忍耐程度有很大差异，水生和阴生植物热害界限为 35 ℃左右，而一般陆生植物的热害界限可高于 35 ℃。此外，发生热害的温度与作用时间长短成反比，热害的时间愈短，植物可忍耐的温度就愈高。

（二）提高植物抗热性的措施

1. 高温锻炼　对植物进行高温锻炼，可在一定程度上提高植物的抗热性。例如，把一种鸭跖草在 28 ℃上栽培 5 周，与在 20 ℃下生长 3 周的对照相比，其叶片的耐热性从 47 ℃提高到 51 ℃。

2. 采取适当的栽培措施　进行灌溉，通过地面蒸发及植物的蒸腾作用散失一部分热量，降低植株的温度；有条件的情况下，在植物上方用遮阳网遮盖，通过降低光照度使温度适当降低。

3. 化学制剂处理　可在叶面喷施一定浓度的 $CaCl_2$、$ZnSO_4$、KH_2PO_4 等溶液，提高植物的抗热性。

知识 3　干旱、水涝的危害与植物的抗性

水是植物的重要组成成分，水对植物的生命具有决定性的作用。在植物生长过程中，需要大量的水分供应来满足植物的正常生活。但当干旱缺水或水涝淹水时，植物就会受到不同程度的伤害。

一、干旱对植物的影响与植物的抗性

（一）旱害

旱害是指土壤水分缺乏或大气相对湿度过低对植物造成的危害。植物对旱害的抵抗能力称为抗旱性。

旱害发生的原因有两个：一是大气干旱，如我国西北、华北地区夏季常发生的干热风，由于高温与干热风造成大气相对湿度过低，植物因过度蒸腾而破坏了体内的水分平衡；二是土壤干旱，由于土壤中没有或只有少量有效水而影响植物对水分的吸收。

（二）提高植物抗旱性的措施

1. 抗旱锻炼 提高植物对干旱的适应能力。例如，蹲苗措施，农作物、蔬菜等在苗期适当控制水分，抑制生长以锻炼其适应干旱的能力。

2. 化学试剂处理种子或植株 如用0.05% $ZnSO_4$ 溶液进行叶面喷施可提高植物抗旱性。

3. 合理施肥 增施磷、钾肥可促进根系生长，提高保水能力；施用硼肥或硫酸铜等微量元素肥料，也可提高植物抗旱能力。

4. 使用生长调节剂 适当施用抗蒸腾剂、脱落酸等生长调节剂，也可以有效提高植物抗旱性。

二、涝害对植物的影响与植物的抗性

（一）涝害

涝害是指水分过多对植物造成的危害。植物对积水或土壤过湿的适应力和抵抗力称为抗涝性。

水分过多的危害并不在于水分本身，而是由于水分过多引起缺氧，从而产生一系列危害。在低湿地、沼泽地带、河湖边，发生洪水或暴雨过后，常有涝害发生。土壤含水量过高，根系处于过湿状态，导致通气不良，有氧呼吸受抑制，无氧呼吸加强，ATP合成减少，同时积累大量的无氧呼吸产物，从而影响根系的生长和吸收功能。在缺氧条件下，根系所产生的有害物质对植物也产生一定的毒害作用，导致代谢减弱。如果长时间处于过湿状态，则会造成根系窒息、腐烂，完全失去吸收能力，从而导致植物死亡。

（二）提高植物抗涝性的措施

作物的抗涝性强弱取决于植物对缺氧的适应能力，因植物的种类、品种、生育期而不同。一般抗涝性强的植物往往具有发达的通气组织（如水稻），可以把氧气从叶片输送到根部，即使地下淹水，也可以从地上部分获得氧气。

常见的抗涝措施有：一是兴修水利，做好防洪排涝的工作；二是水涝后及时清洗植株上的泥沙，既有利于光合作用又防止机械损伤；三是水涝后如遇暴晒，水要逐渐排放，以免蒸腾过快造成体内水分亏缺。

知识4 盐碱的危害与植物的抗性

在气候干燥和地下水位较高的地区，由于蒸发强烈，地下水携带盐分上升到地表，加上

降水量小，致使土壤表层的盐分积累越来越多。此外，沿海地带的土壤，由于水位高和海水倒灌，土壤表层也会积累大量盐分。

植物的一生，需要从土壤中吸收矿质元素，但土壤盐分过多，特别是易溶解的盐类（如 NaCl、K_2SO_4 等）过多，则对植物是有害的。

一、盐分过多对植物的生理影响

土壤中可溶性盐过多对植物造成的危害称为盐害，植物对盐分过多的适应能力称为抗盐性。土壤中可溶性盐含量过高时，不利于植物的生长发育。土壤盐分过多对植物的影响主要表现在：

1. 渗透胁迫　土壤盐分过多使土壤溶液的浓度增大，水势降低，使植物根系吸水困难，甚至体内水分外渗，导致生理性干旱，植物产生萎蔫现象。

2. 离子毒害　当土壤中某一种盐类（如 NaCl、K_2SO_4）过多时，细胞原生质体内累积过多某一盐类的离子（如 Na^+、Mg^{2+}、Cl^-、SO_4^{2-} 等），会引起其他离子（如 K^+、NO_3^- 等）缺失，造成植物对离子的不平衡吸收，轻则抑制植物生长发育，重则死亡，这种现象称为单盐毒害。

3. 生理紊乱　土壤盐分过多时，叶绿体降解，光合作用受阻，呼吸作用受到抑制，蛋白质的合成被破坏，植物体内累积大量的有害代谢产物。例如，盐分过多促使蚕豆植株积累腐胺，腐胺在二胺氧化酶催化下脱氨，植株含氨量增加，从而产生氨害。

二、植物的抗盐性及提高抗盐性的途径

某些植物，由于长期生长在盐碱地，因此对盐分具有高度的适应能力，能在含盐分很高的土壤中生长，这些植物称为盐生植物。其主要特征是细胞液浓度高，可以从多盐的土壤溶液中吸收水分；另外，盐生植物对高浓度盐有很强的抵抗力，即原生质体膜对盐的透性很低，限制许多盐分进入植物体内，以免盐分过多造成的伤害。

提高植物抗盐性的途径：

1. 品种选择　选育抗盐品种，提高植物抗盐性。

2. 土壤改良　通过种植物绿肥、洗盐灌溉等农业生产措施降低土壤盐分含量。

3. 种子处理　用高浓度溶液浸种或用植物激素吲哚乙酸溶液浸种处理，增强植株耐盐力。

知识 5　病原微生物的危害与植物的抗性

细菌、真菌和病毒等微生物寄生在植物体内，对寄主产生危害，称为病害。使植物致病的微生物称病原物，被寄生的植物称为寄主。病害引起作物伤亡，极大影响产量。

病害是寄主和病原微生物之间相互作用的结果。当寄主受到病原物侵袭，两者亲和性较小时，寄主发病较轻，寄主可被认为是抗病的，反之则认为是感病的。

一、植物的抗病性

植物对病原微生物侵染的抵抗力，称为植物的抗病性。

（一）植物对病原物的反应类型

寄主对病原物的反应可分为以下几种类型。

1. 感病型 即寄主受病原物侵染后，使其生长发育受阻，甚至造成局部或整株死亡，影响产量和品质。

2. 耐病型 即寄主对病原物的侵染比较敏感，侵染后同样有发病症状，但对产量及品质无很大的影响。

3. 抗病型 即病原物侵入寄主后，由于寄主自我保护反应而被局限化，不能继续扩展，寄主发病症状轻，对产量和品质影响不大。

4. 免疫型 即寄主排斥或破坏病原有机体入侵，在有利于病害发生的情况下也不被感染或不发生任何病症。

（二）植物抗病性反应的几种类型

1. 避病 是指由于病原物的感发期和寄主的感病期相互错开，寄主避免受害。例如，雨季葡萄炭疽病孢子大量产生时，早熟葡萄已经采收或接近采收，因而避开危害。

2. 抗侵入 是指由于寄主具有形态、解剖及生理生化的某些特点，可阻止或削弱某些病原物的侵染，如植物叶表皮的茸毛、刺、蜡质和角质层等。

3. 抗扩展 寄主的某些组织结构或生理生化特征，使侵入寄主的病原物的进一步扩展受阻或被限制，如厚壁、木栓及胶质组织均可限制扩展。

4. 过敏性反应 又称保护性坏死反应，即病原物侵染后，侵染点及附近的寄主细胞和组织很快死亡，使病原物不能进一步扩展的现象。

二、病原微生物对植物的生理影响

（一）水分平衡失调

病原微生物干扰水分代谢的途径主要有3种：一是病原微生物侵染后破坏根部，使植物不能正常吸水；二是病原微生物本身或代谢产物堵塞维管束，水分向上运输被中断；三是病原微生物破坏细胞质结构，使膜透性加大，蒸腾失水过多。

（二）呼吸作用加强

染病组织的呼吸速率往往比健康组织高10倍。呼吸加强的原因：一方面是病原微生物本身具有强烈的呼吸作用；另一方面是寄主呼吸速率也加快。

（三）光合作用下降

染病组织的叶绿体被破坏，叶绿素合成减少，光合速率减慢。随着病株感染程度的加重，光合作用更加减弱，甚至完全失去同化二氧化碳的能力。

（四）同化物运输受到干扰

植物感病后，同化产物较多地运往染病组织，健康组织得到的同化产物减少。例如，小麦的功能叶感病后，严重阻碍光合产物的输出，影响籽粒的充实。

（五）内源激素发生变化

植物组织在染病过程中会大量合成各种激素，其中以吲哚乙酸最为突出。例如，小麦锈病能使小麦植株中吲哚乙酸含量增加；水稻恶苗病使水稻产生大量赤霉素导致植株徒长；而小麦丛矮病使小麦赤霉素含量下降，促使植株矮化。

三、植物的抗病机理及提高抗病性的措施

植物抗病的途径很多，主要有以下几种。

（一）形态结构屏障

许多植株外部有坚硬的角质层，能阻挡病原物的侵入，如苹果和李的果实由于具备角质层的而抵抗各种真菌的侵染。

（二）组织局部坏死

抗病品种与病原物接触时，产生过敏反应，结果在侵染部位形成枯斑，受侵染的细胞或组织坏死，使病原物得不到生长发育的适宜环境而死亡，这样病害就被局限在某个范围内而不能扩展。

（三）病菌抑制物的存在

植物体原本就含有一些对病原有抑制作用的物质，如儿茶酚对圆葱鳞茎炭疽病菌具有抑制作用，绿原酸对马铃薯的疮痂病、晚疫病和黄萎病具有抑制作用。生物碱和单宁也都有一定的抗病作用。

（四）植保素

植保素是指由于受病原物或其他非生物因子刺激后，寄主产生的一类对其有抑制作用的物质，它通常是指出现在侵染点附近的低分子化合物。

此外，植物还可通过各种方式来产生抗病的效果，如产生一些对病原物菌丝具有酶解作用而抵制病原物进一步侵染的水解酶等。

当然，改善植物的生存环境和营养状况也是提高植物抗病能力的重要农艺措施。

知识6　环境污染与植物的抗性

近代工业的迅猛发展，工业“三废”（废渣、废气、废水）排放越来越多，再加上现代农业化肥、农药的大量应用，所产生的有害物质远远超过环境的自然净化能力，造成环境污染。

环境污染就其污染的因素而言，可分为大气污染、水体污染、土壤污染、生物污染等，其中大气污染和水体污染对植物的影响最大。

一、大气污染

大气污染物包括硫化物、氟化物、氯化物、氮氧化物、粉尘以及种种矿物质燃烧产生的废气等，都能被植物吸收而影响植物体内正常的生理功能。另外，乙烯、乙炔、臭氧、二氧化碳、一氧化碳等对植物也有毒害作用。

大气污染对植物的毒害主要表现为：

（1）影响植物体内正常的生理功能，如硫化物、氟化物、氯化物、氮氧化物等。

（2）粉尘的危害主要是堵塞叶面气孔，遮盖叶面，影响植物的蒸腾作用和光合作用的正常进行。

(3) 乙烯、乙炔、臭氧等对植物有毒害作用。

(4) 二氧化碳、一氧化碳超过一定浓度时对植物有毒害作用。

二、水体污染和土壤污染

(一) 水体污染

水体污染是指排入水体的污染物超过了水的自净能力，使水的组成及性质发生变化，从而使动植物的生长条件恶化，生长发育受到损伤，人类的生活与健康受到不良影响。水体污染物种类繁多，如各种重金属盐类、洗涤剂、酚类化合物、氰化物、有机酸、含氮化合物、油脂、漂白粉和染料等。另外，城市下水道含有病菌的污水也会污染植物。

(二) 土壤污染

土壤污染是指土壤中积累的有毒有害物质超出了土壤的自净能力，使土壤的理化性状发生改变，土壤微生物的活动受到抑制和破坏，进而危害作物生长和人畜健康。土壤污染物主要来自于大气污染、水体污染以及农药残留，如酸雨、污水灌溉、施用高浓度农药等。

(三) 水体、土壤污染物对植物的危害表现

1. 重金属（如含 Hg、Cr、As、Cd 等）**盐类**　在低浓度下可抑制酶的活性，或与蛋白质结合，破坏质膜选择透性，阻碍植物的正常发育，高浓度下可使原生质变性。

2. 酚类化合物　包括一元酚、二元酚和多元酚，主要来自于石化、炼焦、煤气等。酚类也是土壤腐殖质的重要组分。用经过处理的含酚量在 0.5～30 mg/L 的工业废水灌溉水稻，不但无害反而促进水稻生长；但当污水中的含酚量达到 50～100 mg/L 时，水稻生长受到抑制，植物矮小，叶色变黄；当含酚量达到 250 mg/L 以上时，水稻生长受到严重抑制，基部叶片呈橘黄色，叶片失水，叶缘内卷，根系呈褐色，逐渐死亡腐烂。

3. 氰化物　对植物生长的影响与其浓度密切相关，含量在 20 mg/L 以下时对水稻、油菜的生长无明显危害；当含量达到 50 mg/L 时对水稻、油菜等多种作物的生长与产量会产生不良影响；如果浓度更高则植物呼吸受到明显抑制，根系发育受阻。

4. 其他因素　如三氯乙醛、洗涤剂、石油、酸雨等都会对植物的生长发育产生不良影响。

三、提高植物抗污染力的措施

(一) 抗性锻炼

用较低浓度的污染物预先处理种子或幼苗，可提高植物的抗污染物能力。

(二) 改善土壤营养条件

通过改善土壤条件，提高植物的生活力，可增强对污染的抵抗力。例如，当土壤 pH 过低时，施入石灰可中和酸性，改变植物吸收阳离子的能力，可增强对酸性气体的抗性。

(三) 化学调控

用维生素和植物生长调节剂物质喷施柑橘幼苗，或加入营养液让根系吸收，提高了植物对臭氧的抗性。喷施石灰溶液能固定或中和有害气体的物质，可减轻氟的危害。

单元小结

逆境的种类多种多样，但都引起细胞脱水，生物膜破坏，各种代谢无序进行。而植物有

抵御逆境伤害的本领。

低温对植物的危害可分冻害和冷害。

高温使生物膜功能键断裂，膜蛋白变性，膜脂液化，正常生理不能进行。

干旱时细胞过度脱水，光合作用下降，呼吸作用过程中的氧化磷酸化和电子传递解偶联。脯氨酸在抗旱性中起重要作用。

涝胁迫造成植物缺氧。植物适应涝胁迫主要是通过形成通气组织以获得更多的氧气。缺氧刺激乙烯形成，乙烯促进纤维素酶活性，把皮层细胞壁溶解，形成通气组织。

盐分过多可使植物吸水困难，生物膜破坏，生理紊乱。不同植物对盐胁迫的适应方式不同，或排除盐分，或拒吸盐分，或把盐分隔离在液泡中等。植物在盐分过多时，生成脯氨酸、甜菜碱等以降低细胞水势，增加耐盐性。

病害微生物感染作物后，使作物水分平衡失调，氧化磷酸化解偶联，光合作用下降。作物对病原微生物是有抵抗力的，如加强氧化酶活性；促进组织坏死以防止病菌扩大；产生抑制物质，如植物防御素、木质素、抗病蛋白（几丁质酶、病原相关蛋白质、植物凝集素）。

知识拓展：沙漠植物

第二部分

基本技能

实验实训 1 显微镜的构造和使用

一、目的要求

1. 学会显微镜的使用方法。
2. 认识显微镜的机械部分和光学部分。

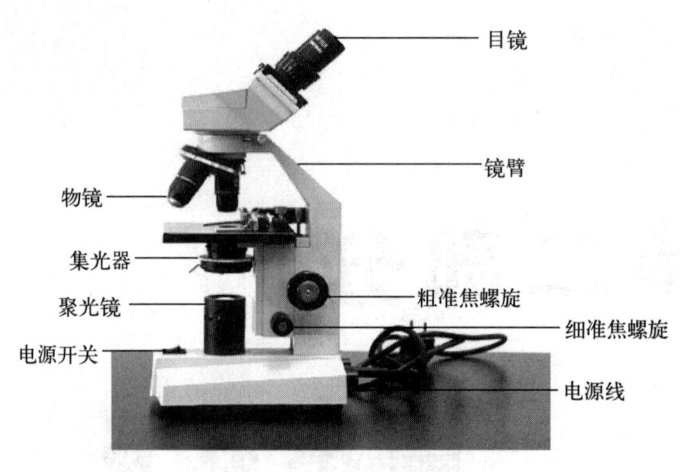

双目电光源显微镜

二、材料用品

显微镜、载玻片、擦镜纸。

三、内容和方法

1. 认识显微镜

（1）认识显微镜的机械部分　包括电源、镜座、镜柱、镜臂、镜筒、转换器、载物台、对焦螺旋等。

（2）认识显微镜的光学部分　包括聚光镜、光圈、集光器、物镜、目镜等。

2. 显微镜的使用

（1）取镜与安放　取镜后要检查各部分是否完好，用纱布擦拭镜身机械部分。用擦镜纸或绸布擦拭光学部分，不可随意用手指擦拭镜头，以免影响观察效果。

安放显微镜要选择临窗或光线充足的地方，桌面要清洁、平稳。右手握镜臂，左手托镜座，轻放桌上，镜筒向前，镜臂向后，然后安放目镜和物镜。

（2）对光　接通电源，扭转转换器，使低倍镜正对通光口，打开聚光器上的光圈，然后双眼自然睁开，左眼贴近目镜，用手翻转反光镜，对向光源，光强时用平面镜，光较弱时用凹面镜。这时从目镜中可以看到一个明亮的圆形视野，调节光亮程度适中即可。

（3）放片　把玻片标本放在载物台上，用压片夹压住玻片，并将观察的部位居中。

（4）低倍物镜的使用　转动粗调节轮，同时要从侧面看着物镜下降，转动粗调节轮不能碰触盖玻片。再用左眼接近目镜进行观察，并转动粗调节轮，使镜筒缓慢上升，直至看到物

像，再转动细调节轮，直至物像清晰。

（5）高倍镜的使用　首先用低倍镜找到要观察的部分，并将要观察的部分移至视野的中央，然后转换高倍镜便可粗略看到映像，再转动细调节轮，直到物像清晰为止。

（6）还镜　使用完毕，须把显微镜擦干净，各部分转回原处，并使两个物镜跨于透光孔的两侧，再下降镜筒，使物镜接触到载物台为止。盖上绸布或纱布。

四、实验报告

如何正确使用显微镜。

实验实训 2　制作临时装片观察植物细胞的结构

一、目的要求

1. 学会临时装片法。
2. 认识植物细胞结构。
3. 学会生物绘图。

二、材料用品

显微镜、植物学盒（内装刀片、小剪、镊子、解剖针各 1 把；载玻片、盖玻片各 6 片）、培养皿、滴管、纱布、毛笔、吸水纸、蒸馏水、75%乙醇、染色液（1%番红液、碘液、甲紫）、圆葱鳞叶。

三、内容和方法

徒手切片是制作切片中的一种简单的方法，制作时只需要一把刀片和一个培养皿即可开展工作。对草本植物器官的观察一般都可用徒手切片法进行，甚至于木本植物较细的嫩枝也可用此法。

1. 用植物茎（或其他器官）**制作徒手切片**　切取一小段（长约 2 cm）的玉米或蚕豆幼茎，用左手的拇指、食指和中指夹住材料，材料要稍高于拇指 0.5～1 mm，右手执刀，刀要锋利，刀口向内，自左前向右后水平拉切。刀片与材料垂直切时最好用臂力而不用腕力，用刀要均匀，材料与刀成垂直，切片时只动右手，左手不动，更不要来回拉切。

不论切什么材料，在切前刀片及材料要蘸水。每切几片后，用毛笔蘸水将材料蘸到有水的培养皿中，然后选择最薄的进行染色装片。

将薄片放在载玻片上，滴一滴 1%番红液或碘液、甲紫，约 1 min 后，用吸水纸将番红液吸去，再滴两滴蒸馏水，稍微摇动，再用吸水纸吸去多余的水分，盖上盖玻片后，便可镜检。

2. 用植物叶片制作徒手切片　将萝卜（或胡萝卜、马铃薯等）切成长、宽各 0.5 cm、高 2 cm 的长方条，将小麦叶片（或其他叶片）夹在萝卜长方条的切口内，用上述方法做徒手切片。此外，也可将叶折叠或卷成数层后用手指夹持进行切片，或将叶片切成窄条放在载玻片上，重叠 3 片刀片，利用刀片间隙控制厚度切成薄的切片。

取圆葱鳞叶，按简易装片法装好片子，为使细胞观察得更清楚，可用碘液染色，即在装片时载玻片上放一滴稀碘液，将表皮放入碘液中，盖上盖玻片，即可用低倍镜观察到许多长形的细胞。再换用高倍镜观察细胞的详细结构，可看到：

（1）细胞壁　包在细胞的最外面。

（2）细胞质　幼小细胞的细胞质充满整个细胞，形成大液泡时，细胞质贴着细胞壁成一薄层。

（3）细胞核　在细胞质中有一个染色较深的圆球状颗粒，这就是细胞核。

（4）液泡　把光调暗一些，可见细胞内较亮的部分，这就是液泡。幼小细胞的液泡小，数目多；成熟的细胞通常只有一个大液泡，占细胞的大部分。

四、实验报告

绘几个圆葱表皮细胞，并注明细胞壁、细胞质、细胞核、液泡。

实验实训3　观察质体和淀粉粒

一、目的要求

识别3种质体、淀粉粒的形态。

二、材料用品

显微镜、植物学盒、10％糖液。

藓类植物叶片（葫芦藓、大叶藓、提灯藓等）或菠菜叶片、红辣椒果实或胡萝卜直根、大葱葱白或鸭跖草叶片、马铃薯块茎、小麦籽粒、花生种子。

三、内容和方法

1. 观察质体

（1）叶绿体　在玻璃片中央滴一滴清水，用镊子撕一片苔藓叶置于水滴中，制成简易切片，在低倍镜下进行观察，藓叶由一层细胞构成，呈六棱形，其中充满椭圆形颗粒状的绿色质体就是叶绿体。

如果用菠菜叶片，需在载玻片上先滴一滴10％糖液，再撕取菠菜叶下表皮，用刀刮取少量叶肉，放入载玻片糖液中均匀散开，先用低倍镜观察到叶绿体后，再换高倍镜观察。

（2）白色体　取大葱葱白内表皮用简易装片法制得切片后，进行显微镜观察即可看到白色体。若用鸭跖草叶片，沿叶脉处撕取下表皮制成切片进行显微观察。

（3）有色体　取红辣椒用解剖针挑取辣椒果肉，制成切片后用显微镜进行观察，可见细胞内含有橙红色的颗粒，这就是有色体。亦可用胡萝卜的肥大直根制作徒手切片，其皮层细胞内的有色体为橙红色的结晶体。

2. 观察淀粉粒　观察淀粉粒的材料是马铃薯块茎。观察时用解剖刀在切开的块茎表面轻轻刮一下，将附着在刀口附近的混浊液放在载玻片上，加一滴水放上盖玻片即可进行观察，可见细胞内有许多卵形发亮的颗粒，就是淀粉粒。许多淀粉粒充满在整个细胞内，还有些淀粉粒散落到水中，把显微镜的光线调暗些，可见淀粉粒上有轮纹。淀粉粒遇碘液变成蓝色。

四、实验报告

1. 分别绘出叶绿体、有色体和白色体。
2. 绘出马铃薯的淀粉粒。

实验实训 4　观察植物细胞的有丝分裂

一、目的要求

认识植物细胞有丝分裂各个时期的主要特征。

二、材料用品

显微镜、圆葱根尖纵切片。

三、内容和方法

取圆葱根尖纵切片置于显微镜下进行观察，先用低倍镜观察，找出分生区内处于分裂间期和分裂期的细胞，再用高倍镜进行观察，可见有些细胞处在不同的分裂过程中，分别绘出在分裂间期、分裂各期（前期、中期、后期和末期）的细胞对照图示进行观察。

四、结果报告

绘出细胞有丝分裂各期的一个细胞，并注明分裂时期。

实验实训 5　观察植物的成熟组织

一、目的要求

认识植物成熟组织的特征及分布。

二、材料用品

显微镜、植物学盒、吸水纸、1%番红液、间苯三酚。

蚕豆（或芹菜）茎和叶、玉米（或小麦）幼茎和叶、油菜（或蚕豆）幼根、柑橘、圆葱根尖纵切片、南瓜茎纵切片。

三、内容和方法

1. 保护组织　取蚕豆叶下表皮，制切片，在显微镜下观察，可见下表皮是由形状不规则、凸凹嵌合、排列紧密的细胞所组成。在表皮细胞之间还分布着一些由两个半月形保卫细胞组成的气孔器。

取小麦叶上表皮制片观察，可见表皮结构是由许多长形细胞组成。转换高倍镜观察，可见气孔器是由两个哑铃形保卫细胞组成，在保卫细胞两旁还有一对菱形的副卫细胞。在有些植物的表皮上还可看到表皮毛和腺毛。

2. 基本组织 用芹菜茎或用玉米茎横切观察，可见茎中部有大量薄壁细胞，细胞内具有一薄层贴紧着淡黄色的原生质体和液泡，细胞间隙较大，这就是基本组织。

3. 机械组织 取蚕豆（或芹菜）茎做徒手横切制片观察，可见表皮细胞下方的一些细胞，其角隅处细胞壁加厚，若用1%番红液染色，则加厚部分染成淡暗红色，此即厚角组织。

取蚕豆茎制作徒手横切制片，用间苯三酚染色，用显微镜观察，可见每个维管束的外方都有一束细胞壁加厚的组织着色，即为厚壁组织中韧皮纤维。

4. 输导组织 取油菜幼根一小段，置于载玻片上，用镊子柄将其压扁、压散，然后用间苯三酚染色制片，在显微镜下观察，可见多条红色的导管旁边夹杂着一些薄壁细胞。调节显微镜细调节轮，可清楚看到导管次生壁不均匀加厚的各种花纹。

用显微镜观察南瓜茎纵切片，在导管的两侧即为韧皮部。韧皮部一般着蓝色，有许多纵向连接的管状细胞为筛管。两个筛管连接处的横隔称为筛板。筛管旁是伴胞，伴胞长与筛管相近，但直径较小。

5. 分泌组织 取柑橘果皮制作徒手切片，用显微镜观察，可见分泌腔：由许多薄壁细胞围拢成圆形的腔状结构，其中有挥发油存在。

四、实验报告

绘图并记录下列各组织的特征：

保护组织、薄壁组织、机械组织、输导组织、分泌组织。

实验实训6 观察双子叶植物根的结构

一、目的要求

1. 识别根尖各区所在部位及细胞构造特点。
2. 掌握双子叶植物根的初生结构、次生结构。

二、材料用品

玉米（或圆葱）根尖纵切片、棉花幼根横切片、棉花（或向日葵）老根横切片。显微镜、擦镜纸等。

三、内容和方法

（一）根尖分区的观察

取玉米（或圆葱）根尖纵切片，置于低倍镜下，边观察边移动切片来辨认根冠、分生区、伸长区、根毛区所在的部位，然后转高倍镜仔细观察各部位细胞的形态、结构和特点。

1. 根冠 位于根尖的最先端，由数层薄壁细胞组成，排列疏松，外层细胞较大，内部细胞较小，整个形状似帽，罩在分生区外部。

2. 分生区 包于根冠之内，长1～2 mm，由排列紧密的小型多面体细胞组成。细胞壁

薄、核大、质浓，染色较深，有时可见到有丝分裂的分裂相。

3. 伸长区 位于分生区上方，长 2～5 mm，此区细胞一方面沿长轴方向迅速伸长，另一方面细胞开始分化，向成熟区过渡。细胞内均有明显的液泡，核移向边缘。

4. 根毛区 位于伸长区上方，表面密生根毛，根毛是由表皮细胞外壁向外延伸而形成的管状突起。此区中央部分可见到已分化成熟的螺纹、环纹导管。

（二）根初生结构的观察

取棉花幼根横切片，在显微镜下观察，从外到内辨认以下几个部分。

1. 表皮 表皮是幼根的最外层细胞，排列整齐紧密，细胞壁薄，在切片上可观察到有些表皮细胞向外突出形成根毛，注意根的表皮细胞有无气孔器。

2. 皮层 位于表皮之内，由多层薄壁细胞组成，紧接表皮的 1～2 层排列整齐紧密的细胞为外皮层。皮层最内一层细胞，排列整齐紧密，为内皮层。内皮层和外皮层之间的数层薄壁细胞，为皮层薄壁细胞，细胞大，排列疏松，具有发达的细胞间隙。内皮层细胞凯氏带结构，在棉花横切面上仅见径向壁上的凯氏点，往往被番红液染成了红色。

3. 维管柱 内皮层以内部分为维管柱，位于根的中央，由中柱鞘、初生木质部、初生韧皮部 4 部分组成。

（1）中柱鞘 紧接内皮层里面的一层薄壁细胞，排列整齐而紧密，即为中柱鞘。中柱鞘细胞可转变成具有分裂能力的分生细胞，侧根、不定根、不定芽、木栓形成层和维管形成层的一部分发生于中柱鞘。

（2）初生木质部 初生木质部呈辐射状排列，在切片中有些细胞被染成红色，明显可见，辐射角尖端是最先发育的原生木质部，细胞管腔小，由一些螺纹和环纹导管组成。辐射角的后方是分化较晚的后生木质部，细胞管腔大，注意由哪几种类型组成。

（3）初生韧皮部 位于初生木质部两个辐射角之间，与初生木质部相间排列，该处细胞较小、壁薄、排列紧密，其中呈多角形的是筛管或薄壁细胞，呈三角形或方形的小细胞为伴胞。初生韧皮部外侧为原生韧皮部，内侧为后生韧皮部。在蚕豆根的初生韧皮部中，有时可见一束厚壁细胞即韧皮纤维。

（4）薄壁细胞 介于初生木质部和初生韧皮部之间的细胞，当根加粗生长时，其中一层细胞与中柱鞘的细胞联合起来发育成为形成层。

（三）根次生结构的观察

取棉花（或向日葵）老根横切片，先在低倍镜下观察周皮、次生维管组织和中央的初生木质部的位置，然后在高倍镜下观察次生结构的各个部分。

1. 周皮 位于老根最外方，在横切面上呈扁方形，径向壁排列整齐，常被染成棕红色，几层无核木栓细胞，即木栓层。在木栓层内侧，有一层被固绿染成蓝绿色的扁方形的薄壁活细胞，细胞质较浓，有的细胞能见到细胞核，即木栓形成层。在木栓形成层的内侧，有 1～2 层较大的薄壁细胞，即栓内层。

2. 初生韧皮部 位于栓内层以内，大部分被挤压而呈破损状态，一般分辨不清。

3. 次生韧皮部 位于初生韧皮部内侧被固绿染成蓝绿色的部分，为次生韧皮部，它由筛管、伴胞、韧皮薄壁细胞和韧皮纤维组成。其中，细胞口径较大，呈多角形的为筛管；细胞口径较小，位于筛管的侧壁呈三角形或长方形的为伴胞；韧皮薄壁细胞较大，在横切面上与筛管形态相似，常不易区分；细胞壁薄，被染成淡红色的为韧皮纤维。此外，还有许多薄壁细胞在径向上排列成行，呈放射状的倒三角形，为韧皮射线。

4. 维管形成层 位于次生韧皮部和次生木质部之间，是由一层扁长形的薄壁细胞组成的圆环，染成浅绿色，有时可观察到细胞核。

5. 次生木质部 位于形成层以内，在次生根横切面上占较大比例。次生木质部被番红液染成红色的部分，它由导管、管胞、木薄壁细胞和木纤维细胞组成。其中，口径较大，呈圆形或近圆形，增厚的木质化次生壁被染成红色的死细胞为导管，管胞和木纤维在横切面上口径较小，可与导管区分，一般也被染成红色，其中木纤维细胞壁较管胞壁更厚。此外，还有许多被染成绿色的木薄壁细胞夹在木纤维细胞之间。呈放射状、排列整齐的薄壁细胞，为木射线。木射线与韧皮射线是相通的，合称为维管射线。

6. 初生木质部 在次生木质部之内，位于根的中心，呈星芒状。

观察根的次生结构，还可用椴树或洋槐根作为实验材料，徒手横切、染色，制成临时装片，进行观察。

四、实验报告

1. 绘棉花幼根横切面结构图，并注明各部分结构名称。
2. 识别棉花老根横切面各结构名称。

实验实训 7　观察单子叶植物根的结构

一、目的要求

掌握单子叶植物根的结构。

二、材料用品

小麦或水稻根横永久切片、韭菜根横切片、显微镜、擦镜纸、二甲苯等。

三、内容和方法

取小麦或水稻根横切永久制片，在显微镜下观察，从外到内辨认以下各部分。

1. 表皮 表皮是幼根的最外层细胞，排列整齐紧密，细胞壁薄，表皮内有数层厚壁组织。

2. 皮层 位于表皮之内，由多层薄壁细胞组成，紧接表皮的1～2层排列整齐紧密的细胞为外皮层；皮层最内一层细胞，排列整齐紧密为内皮层。内皮层细胞多为五面加厚，并栓质化，在横切面上呈马蹄形，仅外向壁是薄壁，正对初生木质部处的内皮层细胞常不加厚，保持薄壁状态，即为通道细胞。

3. 维管柱 初生木质部辐射角数目在6束以上，且不到达根的中央，维管柱中央是薄壁细胞组成的髓，占据根的中心，为单子叶植物根的典型特征之一。没有形成层和木栓形成层这样的次生构造。

四、实验报告

1. 绘小麦或水稻根的横切面结构图，并注明各部分结构名称。

2. 比较单子叶植物根的结构与双子叶植物根初生结构的异同点。

实验实训8　观察双子叶植物茎的构造

一、目的要求

1. 掌握双子叶植物茎初生结构、次生结构的解剖特点。
2. 进一步理解双子叶植物茎次生结构的形成过程。

二、材料用品

棉花幼茎横切永久切片、棉花老茎横切永久切片、椴树茎横切永久切片、显微镜、擦镜纸、二甲苯等。

三、内容和方法

(一) 双子叶植物茎初生结构的观察

取棉花幼茎横切永久切片，置显微镜下自外向内依次观察各部分结构。

1. 表皮　位于茎的最外一层细胞，排列紧密，形状规则，细胞外侧壁较厚，有角质层，有的表皮细胞转化成单细胞或多细胞的表皮毛。注意表皮上有无气孔分布。

2. 皮层　位于表皮之内、维管束以外的部分，紧接表皮的几层比较小的细胞，为厚角组织。厚角细胞的内侧是数层薄壁细胞，细胞之间有明显的细胞间隙，在薄壁细胞层中还可以观察到由分泌细胞所围成的分泌道的横切面。

3. 维管柱　皮层以内的部分为维管柱，在低倍镜下观察时，茎的维管柱明显分为维管束、髓、髓射线三部分。

(1) 维管束　多呈束状，在横切面上许多染色较深的维管束排列成一环。转换为高倍镜时，观察一个维管束，可见韧皮部和木质部呈相对排列。维管束外侧是初生韧皮部，包括筛管、伴胞和薄壁细胞，在韧皮部最外面有一束被染成红色的韧皮纤维。紧接韧皮部的是束中形成层，它位于初生韧皮部和初生木质部之间，是原形成层分化初生维管束后留下的潜在分生组织，由一层分生组织细胞经分裂演化成数层，在横切面上观察细胞呈扁平状、壁薄。维管束内侧，形成层之内是初生木质部，包括导管、管胞、木纤维、木薄壁细胞，注意从细胞形态结构特点看它由内向外演化的过程及其与根的演化有何不同。

(2) 髓射线　是相邻两个维管束之间的薄壁组织，外接皮层，内接髓。

(3) 髓　位于茎的中央部分，由薄壁细胞组成，排列疏松。

(二) 双子叶植物茎次生结构的观察

取棉花老茎（或椴树茎）横切永久切片，置于显微镜下，从外向内，观察其次生结构。

1. 表皮　位于茎的最外面，由一层排列紧密的表皮细胞组成。在老的枝条上，表皮已不完整，大多脱落。注意表皮上有无皮孔分布。

2. 周皮　为表皮以内的数层扁平细胞，观察时注意区别木栓层、木栓形成层和栓内层。

(1) 木栓层　位于周皮最外层，紧接表皮沿径向排列数层整齐的扁平细胞，壁厚，栓质化，是无原生质体的死细胞。

(2) 木栓形成层　位于木栓层内侧，只有一层细胞，在横切面上细胞呈扁平状，壁薄，质浓，有时可观察到细胞核。

(3) 栓内层　位于木栓形成层内侧，有1～2层薄壁的活细胞，常与外面的木栓细胞排列成同一整齐的径向行列，区别于皮层薄壁细胞。

3. 皮层　位于周皮之内，维管柱之外，由数层薄壁细胞组成。

4. 韧皮部　位于形成层之外，细胞排列呈梯形，其底边靠近维管形成层。在韧皮部中有成束被染成红色的韧皮纤维，其他被染成绿色的部分为筛管、伴胞和韧皮薄壁细胞。

与韧皮部相间排列着一些薄壁细胞，为髓射线，这些髓射线细胞越靠近外部越多越大，呈倒梯形，其底边靠近皮层。

5. 维管形成层　位于韧皮部内侧，由1～2层排列整齐的扁平细胞所组成，呈环状，被染成浅绿色。

6. 木质部　维管形成层以内染成红色的部分，即为木质部，在横切面上所占面积最大，在低倍镜下可清楚地区分为3个同心圆环，即3个年轮。观察时注意从细胞特点上区别早材和晚材。

7. 髓　位于茎的中心，由薄壁细胞组成。髓部与木质部相接处，有一些染色较深的小型细胞，排列紧密呈带状，为环髓带。

8. 射线　由髓的薄壁细胞呈辐射状向外排列，经木质部时，是一列或两列细胞；至韧皮部时，薄壁细胞变多变大，呈倒梯形，即为髓射线，是维管束之间的射线。

在维管束之内，横向贯穿于次生韧皮部和次生木质部的薄壁细胞，即为维管射线。注意它和髓射线有什么区别。

四、实验报告

1. 绘棉花幼茎横切面（包括一个维管束）部分图，并注明各部分结构名称。
2. 试比较双子叶植物茎与根的初生结构。
3. 识别棉花老茎横切面各部分结构名称。

实验实训9　观察单子叶植物茎的构造

一、目的要求

掌握单子叶植物茎的解剖特点。

二、材料用品

玉米或小麦茎横切永久切片、显微镜、擦镜纸、二甲苯等。

三、内容和方法

取玉米茎横切永久切片，置于显微镜下自外向内依次观察各部分结构。

1. 表皮　在茎的最外一层细胞为表皮，在横切面上，细胞呈扁方形，排列整齐、紧密，外壁增厚，注意表皮上有无气孔。

2. 基本组织　表皮之内，被染成红色，呈多角形紧密相连的1～3层厚壁细胞，构成机械组织环，在机械组织以内，为薄壁的基本组织细胞，占茎的绝大部分，其细胞较大，排列

疏松，具明显胞间隙，越靠近茎的中央，细胞直径越大。

3. 维管束　在基本组织中，有许多散生的维管束，维管束在茎的边缘分布多，较小，在茎的中央部分分布少，较大。

在低倍镜下选择一个典型维管束移至视野中央，然后转高倍镜仔细观察维管束结构。

（1）维管束鞘　位于维管束的外围，由木质化的厚壁组织组成鞘状结构，此厚壁组织在维管束的外面和里面比侧面发达。

（2）韧皮部　朝向茎的周边，木质部的外侧被染成绿色，其中原生韧皮部位于初生韧皮部的外侧，但已被挤毁或仅留有痕迹。后生韧皮部主要由筛管和伴胞组成，通常没有韧皮薄壁细胞和其他成分。

（3）木质部　位于韧皮部内侧，被染成红色的部分为木质部，其明显特征是有3～4个导管组成V形，V形的上半部含有两个大的孔纹导管，两者之间分布着一些管胞，即为后生木质部，V形的下半部有1～2个较小的环纹导管、螺纹导管和少量薄壁细胞，即原生木质部。V形的下半部内侧有一大空腔（气腔），注意它是怎样形成的。

四、实验报告

1. 绘玉米茎横切面中一个维管束的结构图，并注明各部分结构名称。
2. 比较单子叶植物茎与双子叶植物茎初生结构的异同点。

实验实训10　观察双子叶植物叶的构造

一、目的要求

1. 掌握双子叶植物叶的结构特点。
2. 比较双子叶植物叶肉栅栏组织和海绵组织的结构特点，了解叶脉的组成。

二、材料用品

棉花叶的横切永久制片、显微镜、擦镜纸、二甲苯等。

三、内容和方法

取棉花叶片横切片，置于显微镜下观察。

1. 表皮　在棉花叶片横切面上，上下各有一层长方形细胞排列整齐而紧密，即为表皮。表皮细胞的外壁加厚，覆盖有角质层。表皮细胞之间可以看到一双染色较深的小细胞，即为保卫细胞。一对保卫细胞和它们之间的孔称为气孔器。在气孔器下方，可见有较大的细胞间隙，称为孔下室。

2. 叶肉　上下表皮之间的绿色部分为叶肉。叶肉明显地分化为栅栏组织和海绵组织。紧接上表皮有一层长柱状细胞，垂直于表皮，排列整齐而紧密，即为栅栏组织。位于栅栏组织和下表皮之间的细胞形状不规则，排列疏松，有发达的胞间隙，即海绵组织。观察时注意这两种组织细胞中的叶绿体数目是否相同。

3. 叶脉　叶肉中的维管束就是叶脉。在显微镜下找出棉花叶中央较粗大的主脉进行观察，可见主脉的近轴面（上面）是木质部，远轴面（下面）是韧皮部，在木质部和韧皮部之间还可看到扁平的形成层细胞。在木质部和上表皮，韧皮部和下表皮之间常有数层机械组织。主脉两侧为侧脉，侧脉越小，其结构越简单。

四、实验报告

绘棉花叶通过主脉的横切面图，并注明各部分结构的名称。

实验实训 11　观察单子叶植物叶的构造

一、目的要求

掌握单子叶植物叶结构特点。

二、材料用品

小麦叶或水稻叶的横切永久制片、显微镜、擦镜纸、二甲苯等。

三、内容和方法

1. 小麦叶片横切制片的观察

（1）表皮　分上表皮和下表皮，表皮细胞近似长方形，排列紧密，外壁覆被角质层，表皮细胞之间较为均匀地分布着气孔器。在相邻两叶脉之间的上表皮上有几个呈扇形排列的大型薄壁细胞，即为泡状细胞。

（2）叶肉　细胞同型，无栅栏组织和海绵组织的分化，因此为等面叶。

（3）叶脉　维管束的结构与茎的相似，外围具双层维管束鞘，内层为小型厚壁细胞，外层为较大的薄壁细胞，叶绿体含量较少。此为 C_3 植物的结构特征。维管束与上下表皮间常有成束的厚壁细胞。

2. 水稻叶片横切制片观察

（1）表皮　表皮细胞外壁上具大量栓质和硅质突起，在相邻两叶脉之间的上表皮上有泡状细胞。

（2）叶肉　无栅栏组织和海绵组织的分化，因此为等面叶。

（3）叶脉　主脉中通气组织发达，具 2 个大型气腔。

四、实验报告

绘水稻或小麦叶通过主脉的横切面图，并注明各部分结构的名称。

实验实训 12　观察花药和子房的结构

一、目的要求

1. 认识花药和子房的结构。
2. 进一步理解被子植物的双受精过程。

二、材料用品

显微镜、百合花药横切片和百合子房横切片。

三、内容和方法

(一) 未成熟和成熟的花药结构的观察

1. 未成熟花药结构　取百合未成熟花药横切片，在低倍镜下观察，可见花药呈蝶状，其中有 4 个花粉囊，分左右对称的两部分，其中间有药隔相连接，在药隔处可看到自花丝通入的维管束。换高倍镜仔细观察一个花粉囊的结构，由外至内有下列各层：表皮为最外层，只有一层薄壁细胞。表皮下为纤维层；再往里由 2～3 层较扁平细胞组成的中层；最里面为绒毡层，绒毡层内有许多造孢细胞，核大、质浓，有的造孢细胞已开始分化为花粉母细胞。

2. 成熟花药结构　取百合成熟花药制片，在低倍镜下观察可看到每侧花粉囊间药隔膜已消失，形成大室，因此花药在成熟后仅具左右 2 室，注意观察在花药两侧的花粉囊中间的药隔处两侧之中央，由表皮细胞形成几个大型的唇形细胞，花药由此处开裂。接着用高倍镜观察花粉粒的结构。成熟的百合花粉粒由两个细胞组成，其中一个呈纺锤形的是生殖细胞，一般紧靠花粉粒壁；另一个较大的为营养细胞，含有大量贮藏物质。选择一典型的花粉粒进行观察，辨认其生殖细胞和营养细胞。

(二) 子房结构的观察

取百合子房横切片，在低倍镜下观察，可见到 3 个心皮，每一心皮的边缘向中央合拢形成 3 个子房室和中轴胎座，在每个室中有两个倒生胚珠。

移动玻片，选择一个完整而清晰的胚珠进行观察，可看到胚珠具有内外两层珠被、珠孔、株柄及珠心等部分，珠心内为胚囊，胚囊内可见到 1 个或 2 个或 4 个或 8 个核（成熟的胚囊有 8 个核，由于 8 个核不是分布一个平面上，所以在切片中，不易全部看到）。

四、实验报告

1. 绘花药横切面图，标示出各部名称。
2. 绘子房横切面图，标出子房壁、子房室和胚珠以及珠被、珠孔、珠柄、珠心、胚囊等部分。

实验实训 13　果实的结构和类型

一、目的要求

1. 了解果实的结构及各部分的来源。
2. 掌握果实主要类型的特征。

二、材料用品

植物学盒、桃、苹果、草莓、桑葚（或凤梨）。

三、内容和方法

(一) 真果的结构

取桃花与桃果（或取豆类的花与荚果）先观察桃花的各部分，然后与纵剖为二的桃嫩果对照观察。分析花各部分在形成果实时，发生了哪些变化。

一般花凋谢是花萼，花冠和雄蕊同时枯萎，雄蕊的柱头与花柱也萎谢，仅子房迅速膨大形成果实，因此称为真果。

取桃的成熟果实观察，可清楚地看到外面是一层膜质的外果皮，中间为肉质多汁的中果皮，内果皮为坚硬的骨质，这是典型的真果。

（二）假果的结构

取苹果花与果实，观察其子房的位置。用刀片通过花的正中作纵剖观察，可看到子房完全陷入花托之中，并与花托紧密结合在一起，而花萼、花冠和雄蕊均为上位（上位花）。然后将幼小的苹果纵剖为二，与花的结构对照分析。在果实形成时，保留了下位子房与花托，有时花萼宿存，其他部分枯萎和凋落。

再用刀片通过花托与下位子房形成的苹果做一横切面进行观察。可见苹果的果实是由5个心皮连合构成的中轴胎座，并与花托紧密结合为一体，食用部分主要来源于花托，这种由花中的子房和其他部分参与形成的果实即为假果。

（三）聚合果的结构

取草莓花和草莓果，均作纵剖观察。可见一朵草莓花中有许多分离的雄蕊（心皮），然后每个雄蕊的子房长成一个小瘦果，这是真正的果实。人们食用的肉质部分则为花托膨大而成。所以，从本质上看，草莓也是假果；从结构上看，称其为聚合瘦果。

（四）聚花果的结构

取桑葚的雌花序和桑葚（果实）作纵剖观察，可见桑葚的雌花序是由许多雌花组成的，每朵小花只有花萼和雄蕊，而桑葚就是由整个雌花序发育而成，人们食用的部分是由许多雌花的肉质花萼，故称聚花果。

四、实验报告

1. 绘一种植物由花发育到果实的简图。
2. 单果、聚合果和聚花果的结构有何不同?

实验实训14　细胞质壁分离现象的观察

一、目的要求

了解细胞质壁分离、质壁分离复原现象与水势的关系。

二、实验原理

当把细胞放在水势较低的溶液中时，细胞液的水分则流向溶液中，如果细胞失水过多时，则会产生质壁分离现象。若把已发生质壁分离的细胞放在水势较高的稀溶液或清水中时，水分便进入细胞，使细胞产生质壁分离复原。

三、材料用品

显微镜、镊子、载玻片及盖玻片、滴管、0.8 mol/L 蔗糖溶液、滴管、天平、容量瓶、纯水、紫色圆葱鳞茎。

四、内容和方法

用镊子撕取带有色素的植物组织（圆葱鳞片外表皮）一小块放在滴有清水的载玻片上，盖上盖玻片，于显微镜下观察细胞正常情况（细胞膜层紧贴着细胞壁）。然后从盖玻片的一侧滴入 0.8 mol/L 蔗糖溶液，并在盖玻片的另一侧用吸水纸吸去溶液（边操作边观察）。当表皮浸入糖液之后，在显微镜下可见到原生质体逐渐收缩离开细胞壁，该现象首先发生于角隅处，即初始质壁分离，然后呈现凹形继而凸形的质壁分离。

对已发生质壁分离的材料，从盖玻片的一侧滴入清水，在盖玻片的另一侧用吸水纸吸去溶液（边操作边观察）。放置数分钟后，当水分进入细胞，在显微镜下便可见到原生质体重新紧贴细胞壁，这就是质壁分离复原现象。

五、实验报告

1. 解释细胞质壁分离、质壁分离复原现象与外界溶液水势高低的关系。
2. 能产生质壁分离和质壁分离复原现象的细胞是死细胞还是活细胞？

实验实训 15　植物组织水势的测定（小液流法）

一、目的要求

学会用小液流法测定植物组织的水势。

二、实验原理

植物组织浸入溶液后，如植物的水势小于外液的水势，则组织吸水；反之，植物组织失水；若组织的水势与外液的水势相等，则植物组织既不吸水也不失水，外液浓度不发生变化。溶液浓度不同则密度也不同，不同浓度的溶液相遇，稀溶液密度小而会上升，浓溶液密度大会下降。根据此原理，把浸过植物组织的各浓度溶液滴回原浓度的溶液中，液滴会上升、下降或基本不动。如果液滴不动，说明溶液在浸过组织后浓度未变，那么就可以根据该溶液的浓度计算出溶液的水势，此水势值也就是待测植物组织的水势。

三、材料用品

指管架、指形管、弯头毛细吸管、移液管、打孔器、植物学盒；不同浓度的蔗糖溶液（0.2 mol/L、0.3 mol/L、0.4 mol/L、0.5 mol/L、0.6 mol/L）、亚甲蓝溶液、蒸馏水；叶片或马铃薯块茎。

四、内容和方法

1. 糖系列液　取洗净烘干的指形管 10 个，分成两组，各按糖液浓度编号，编号后按序放在指管架上，排成两排。分别用移液管向第一排指形管注入不同蔗糖溶液各 5 mL，向另一排指形管内分别注入对应浓度的蔗糖溶液 1 mL。各指形管口塞上软木塞。

2. 实验材料选取与制作　选取植物叶数片，用打孔器打取圆片 15 片，用镊子将圆片投入 5 个装有 1 mL 糖液的各指形管中，每管 3 片。叶片要浸入糖液内，塞好软木塞，以防蒸发。投入圆片后，每隔数分钟轻轻摇动，促进水分渗透平衡。

3. 加亚甲蓝标志 30 min 后，打开软木塞，用针向装有叶片的指管中各加入亚甲蓝少许，摇动指形管使糖液呈蓝色。

4. 实验结果观察 用洁净的弯头毛细吸管吸取有色糖液少许，轻轻插入同浓度的 5 mL 糖液内，弯头毛细吸管必须放在指形管中部，轻轻挤出少许糖液，观察有色糖液小滴的升降情况。再换另一支毛细吸管，按照同样方法，在对应的糖浓度下进行。

有色液滴在某一浓度的糖液中不动，说明此溶液的水势等于待测植物组织的水势；如果在各浓度的糖液中都没有出现有色液滴静止不动的现象，则可用使色滴上升和下降的相邻糖液浓度的平均值来计算。

5. 实验结果计算 根据糖液浓度，按下列公式进行计算：

$$\psi_{w细胞}=\psi_{w溶液}=\psi_{s溶液}=-iRTC$$

式中，$\psi_{w细胞}$ 为细胞的水势；$\psi_{w溶液}$ 为溶液的水势；$\psi_{s溶液}$ 为溶液的渗透势；i 为解离系数（蔗糖的 $i=1$）；R 为气体常数 8.31 kPa・L/(mol・K)；T 为热力学温度（K）；C 为溶液的摩尔浓度（mol/L）。

上式计算的水势单位是 kPa。

五、实验报告

1. 记录实验结果。
2. 将记录的数据代入公式，计算出植物组织的水势。
3. 写出实验报告。

实验实训 16　根系对离子的交换吸附

一、目的要求

掌握离子交换吸附现象的观察方法，加深对离子交换吸附的理解。

二、实验原理

根表面吸附的离子，可与溶液中的离子进行同荷等价交换，根表面的离子进入溶液中，溶液中的离子被吸附到根表面。

三、材料用品

烧杯；0.1%亚甲蓝溶液、10%氯化钙溶液、蒸馏水；具有完好根系的幼苗。

四、内容和方法

1. 取材 取两株幼苗，清洗干净。

2. 交换吸附（第一次） 将幼苗的根系浸入亚甲蓝溶液中 2 min。

3. 漂洗 取出幼苗，用蒸馏水将根系表面的蓝色溶液漂洗干净。

4. 交换吸附（第二次） 将两株幼苗的根系，一株浸入纯净的蒸馏水中，另一株浸入氯化钙溶液中。5～10 min 后，观察根系及蒸馏水、根系与氯化钙溶液的颜色变化。

五、实验报告

第二次交换吸附后，根系与蒸馏水、根系与氯化钙溶液的颜色有什么变化？解释其原因。

实验实训 17　根系对离子的选择性吸收

一、目的要求

掌握根系对离子的选择性吸收的简单方法，加深对根系选择性吸收的特点的理解，从而在生产实践中合理地施用化肥。

二、实验原理

不同植物对离子的需要不同，吸收也不同，即使是同一种盐类，植物对阳离子与阴离子的吸收量也不相同。植物对不同盐类的阴、阳离子吸收量不同，使溶液的 pH 发生改变。

三、材料用品

pH 计或精密 pH 试纸、量筒、移液管、100 mL 三角烧瓶；0.5 mg/mL $(NH_4)_2SO_4$ 溶液、0.5 mg/mL $NaNO_3$ 溶液；玉米苗。

四、内容和方法

（1）实验前 2～3 周，培养根系完好的玉米苗（或其他幼苗）。

（2）取 3 个三角烧瓶，分别加入 100 mL 浓度为 0.5 mg/mL $(NH_4)_2SO_4$ 溶液、100 mL 浓度 0.5 mg/mL $NaNO_3$ 溶液和 100 mL 蒸馏水。用 pH 计或精密 pH 试纸测定以上两种溶液和蒸馏水 pH。

（3）取根系发育完善、大小相似的玉米苗 3 份，每份株数相同，分别放于上述 3 个三角瓶中，在室温下培养 2～3 h（根系对离子吸收的时间长短与选用植株的根系发育状况和试验温度有关）。取出植株，并测定溶液的 pH。将实验结果记入下表中。

植物从盐溶液中吸收离子后溶液 pH 的变化

处　理	pH	
	放植株前	放植株后
0.5 mg/mL $(NH_4)_2SO_4$ 溶液		
0.5 mg/mL $NaNO_3$ 溶液		
蒸馏水		

为了使实验结果正确，玉米苗样本数量应有一定要求。

五、实验报告

1. $(NH_4)_2SO_4$ 是生理酸性盐还是生理碱性盐？为什么有此现象发生？
2. 本实验中用蒸馏水作对照，主要起什么作用？

实验实训 18　单盐毒害及离子拮抗作用

一、目的要求

通过观察单盐毒害与离子拮抗现象，加深对平衡溶液重要性的认识。

二、实验原理

离子间的拮抗现象的本质是复杂的，它可能反映不同离子对原生质亲水胶体的稳定性、原生质膜的透性以及对各类酶活性调节等方面的相互制约作用，从而维持机体的正常生理状态。

三、材料用品

烧杯，纱布，石蜡；0.12 mol/L KCl，0.06 mol/L $CaCl_2$，0.12 mol/L NaCl（所用药品均需用分析纯）；小麦种子。

四、内容和方法

（1）实验前 3～4 d，选择饱满的小麦种子 100 粒浸种，在室温下萌发，待根长 1 cm 时可用作材料。

（2）取 4 个小烧杯，依次分别倒入下列盐溶液：

①0.12 mol/L KCl；②0.06 mol/L $CaCl_2$；③0.12 mol/L NaCl；④0.12 mol/L NaCl 100 mL＋0.06 mol/L $CaCl_2$ 1 mL＋0.12 mol/L KCl 2.2 mL

（3）小烧杯用涂石蜡的纱布盖上。挑选大小相等及根系发育一致的小麦幼苗 10 株或 20 株，小心种植在纱布盖的孔眼里，使根系接触到溶液。

（4）室温下培育 2～3 周。

（5）注意观察根部情况。

注意：培养期间注意补充水分，可更换一次培养液。

五、实验报告

比较并解释小麦在不同盐溶液中的生长情况。

实验实训 19　叶绿体色素的提取与分离

一、目的要求

1. 初步掌握提取和分离叶绿体中色素的方法。

2. 探索叶绿体中有几种色素。

二、实验原理

1. 叶绿体中的色素能够溶解在有机溶剂丙酮中，所以可以用丙酮提取叶绿体中的色素。

2. 层析液是一种脂溶性很强的有机溶剂，叶绿体中的色素在层析液中的溶解度不同：

溶解度高的随层析液在滤纸上扩散得快；溶解度低的随层析液在滤纸上扩散得慢。这样，几分钟之后，叶绿体中的色素就在扩散中分离开来。

三、材料用品

新鲜的绿色叶片（如菠菜叶片）、干燥的定性滤纸、烧杯（100 mL）、研钵、小玻璃漏斗、剪刀、小试管、培养皿、量筒（10 mL）、天平、丙酮、层析液（石油醚）、二氧化硅、碳酸钙。

四、内容和方法

1. 叶绿体色素的提取　材料剪碎→加入有机溶剂→研磨、匀浆→过滤→提取液。
2. 色素的分离——纸层析法　做纸条→涂色素→层析。

五、注意事项

（1）选材时要注意选取新鲜、颜色深的叶片。

（2）丙酮和层析液都是易挥发且有一定毒性的有机溶剂，所以研磨时要快，收集的滤液要用棉塞塞住，层析时要加盖，减少有机溶剂的挥发。

（3）在研磨时加入少许二氧化硅，目的是为了研磨充分；加入少许碳酸钙的目的是为了防止研磨时叶绿体中色素受到破坏；加入丙酮的目的是作为叶绿体中色素的溶剂。

（4）在制备滤纸条时，要剪去两角，这是为了使色素带整齐；要在距离去两角的一端1 cm处画一铅笔细线，其目的是起标记作用，以便使每次重复画的滤液细线在同一位置，画滤液细线要重复 2～3 次，是为了增加色素的含量，使实验结果明显。

（5）分离色素时，一是不要让滤纸条上的滤液细线接触到层析液，这是因为色素易溶解于层析液中，导致色素带不清晰，影响实验效果。

六、实验报告

剪取 1/4 层析后的滤纸，贴于实验报告处，并用铅笔标示出各色素带的名称。

实验实训 20　光合速率的测定（改良半叶法）

一、目的要求

掌握改良半叶法测定植物叶片光合速率的原理和方法。

二、实验原理

改良半叶法是将植物对称叶片的一部分遮光或取下置于暗处，另一部分则留在光下进行光合作用，过一定时间后，在这两部分叶片的对应部位取同等面积，分别烘干称重。因为对称叶片的两对应部位的等面积的干重，开始时被视为相等，光下叶片重量超过暗处理的叶重，超过部分即为光合作用产物的产量，并通过一定的计算可得到光合作用强度。

在进行光合作用时，同时会有部分光合产物输出，所以有必要阻止光合产物的运出。由于光合产物是靠韧皮部运输，而水分等是靠木质部运输的，因此如果破坏其韧皮部运输，但仍使叶片有足够的水分供应，就可以较准确地用干重法测定叶片的光合强度。

三、材料用品

打孔器、分析天平、小铝盒、烘箱、毛笔、5%三氯乙酸、剪刀、小纸牌。

四、内容和方法

1. 选择测定样品 在田间选定有代表性植株叶片（如叶片在植株上的部位、叶龄、受光条件等）20 张，并进行编号。

2. 叶片基部处理 为了不使选定叶片中光合作用产物往外运，而影响测定结果的准确性，可采用下列方法进行处理。

（1）可将叶片输导系统的韧皮部破坏。如棉花等双子叶植物的叶片，可用刀片将叶柄的外皮环割约 0.5 cm 宽。

（2）可用化学方法来环割，选用适当浓度的三氯乙酸，点涂叶柄以阻止光合产物的输出。三氯乙酸是一种强烈的蛋白质沉淀剂，渗入叶柄后可将筛管生活细胞杀死，而起到阻止有机养料运输的作用。三氯乙酸的浓度，视叶的幼嫩程度而异。以能明显灼伤叶柄，而又不影响水分供应，不改变叶片自然生长角度为宜。一般使用 5%三氯乙酸。

为了使涂抹药剂或环割等处理后的叶片不致下垂，影响叶片的自然生长角度，可用锡纸或塑料管包围叶柄，使叶片保持原来着生角度。

3. 剪取样品 叶基部处理完毕后，即可剪取样品，记录时间，开始光合作用测定。一般按编号次序分别剪下对称叶片的一半（主脉不剪下），按编号顺序夹于湿润的纱布中，贮于暗处。4～5 h 后，再依次剪下另外半叶，同样按编号夹于湿润纱布中，两次剪叶的速度应尽量保持一致，使各叶片经历相等的照光时数。

4. 称重比较 将各同一叶片的两半按对应部位叠在一起，在无粗叶脉处用打孔器打取相同数量的两个叶块，分别置于照光及暗中的两个称量皿中，80～90 ℃下烘至恒重（约 5 h），在分析天平上称重比较。

五、计算结果

叶片干重差除以叶面积及光照时间，即得光合作用强度，单位为 $mg/(dm^2 \cdot h)$。

计算公式如下：

$$光合速率\ [mg/(dm^2 \cdot h)] = \frac{W_2 - W_1}{S \times T}$$

式中：

W_1——未照光叶片干重（mg）；

W_2——照光叶片干重（mg）；

S——切取叶片总面积（dm^2）；

T——光照时间（h）。

由于叶内贮存的光合产物一般为蔗糖和淀粉等，可将干物质重量乘系数 1.5，得二氧化碳同化量，单位为 $mg/(dm^2 \cdot h)$。

六、注意事项

（1）选择外观对称的植物叶片，以免两侧叶生长不一致，导致误差。

（2）选择的叶片应光照充足，防止因太阳高度角的变化而造成叶片遮阳。

（3）涂抹三氯乙酸的量应适度，过轻达不到阻止同化物运转的目的，过重则会导致叶片萎蔫降低光合作用。

七、实验报告

计算测定植物的光合速率。

实验实训 21　植物呼吸速率的测定

一、目的要求

1. 学会测定植物呼吸速率的方法。
2. 了解在不同条件下植物呼吸速率的差异。

二、实验原理

植物在密闭瓶中呼吸产生的二氧化碳与水生成碳酸，碳酸与瓶中定量的氢氧化钡溶液反应，产生碳酸钡沉淀，过剩的氢氧化钡溶液用草酸滴定。如果呼吸产生的二氧化碳越多，则草酸的滴定用量便越少，与对照瓶（无植物的）比较，少用的草酸量（体积）即相当于植物呼出的 CO_2 量。

三、材料用品

滴定管及架、三角瓶或广口瓶及塞、温度计、烧杯、酒精灯、三脚架、铁丝网、天平、量筒、0.7%氢氧化钡溶液、0.023 mol/L 草酸液［草酸晶体（$H_2C_2O_4 \cdot 2H_2O$）2.863 6 g 溶于蒸馏水中，定容 1 000 mL］、1%酚酞酒精指示液、塑料纱布小袋、发芽及未发芽小麦。

四、内容和方法

（1）取 250～500 mL 广口瓶或三角瓶 4 个，各加上一个三孔或两孔的橡皮塞。一孔插盛碱石灰的干燥管，使进入瓶内的空气不含有二氧化碳；另一孔插入温度计；第三孔插入小橡皮塞，取之可滴入草酸液。如果是两孔的，则滴定时移去温度计，从此孔滴草酸液。橡皮塞下有小钩，可以挂塑料纱布袋。

（2）在 4 个瓶中分别加入 20 mL 0.7%氢氧化钡溶液（如瓶较小，加入 10 mL 也可），用瓶塞塞紧。称取干小麦种子 3 g 并数其粒数，再取粒数相同的发芽种子两份，装入纱布袋内，然后分别放入瓶内，挂在瓶塞下，纱布袋不要和瓶底的溶液接触。未放入种子的那一瓶作为对照。将装有发芽种子的一个三角瓶置于 35～40 ℃环境中，其余 3 瓶（发芽种子、干种子和对照）放在室温下。装置好以后，立即记下并计算时间，每隔 2～3 min 轻轻摇动一次，以破坏溶液表面的碳酸钡薄膜，使氢氧化钡溶液充分吸收二氧化碳。

（3）20～30 min 后进行滴定，先小心地把种子取出，再迅速把瓶塞塞好，充分摇动

2 min，使瓶内二氧化碳充分被氢氧化钡吸收中和。然后各瓶加酚酞液2～3滴，摇匀后用草酸液缓缓滴定，至红色刚刚消失为止。记下各瓶所用的草酸液毫升量。

（4）计算　呼吸速率［mg/(g·h)，CO_2］$=\frac{(A-B)\times C}{W\times T}$

式中，A 为空白滴定值（mL）；B 为样品滴定值（mL）；C 为1 mL 0.023 mol/L 草酸液相当于 CO_2 的质量（mg），此时值为1；W 为样品鲜重或干重（g）；T 为测定时间（h）。

五、实验报告

计算各瓶种子的呼吸速率，并说明产生差异的原因。

实验实训22　种子生活力的快速测定

一、目的要求

1. 识别种子的基本结构。
2. 学会用TTC染色法和红墨水染色法快速测定种子生活力。

二、实验原理

凡有生命活力的种子胚部，在呼吸作用过程中都有氧化还原反应，在呼吸代谢途径中由脱氢酶催化所脱下来的氢可以将无色的2，3，5-三苯基氯化四氮唑（TTC）还原为红色、不溶性的三苯甲腙，而且种子的生活力越强，代谢活动越旺盛，被染成红色的程度越深。死亡的种子由于没有呼吸作用，因而不会将TTC还原为红色。种胚生活力衰退或部分丧失生活力，则染色较浅或局部被染色。因此，可以根据种胚染色的部位以及染色的深浅程度来判定种子的生活力。

有生活力的种子其胚细胞的原生质具有半透性，有选择吸收外界物质能力，某些染料如红墨水中的酸性大分子物质不能进入种胚细胞，表现为种胚不着色，而种胚和胚乳都被染成相同红色的种子即为死种子，所以可根据种胚着色情况来判断种子的生活力。

三、材料用品

玉米和大豆种子、TTC染色液、5%红墨水、刀片、镊子、培养皿、放大镜、滤纸、试纸。

四、内容和方法

（一）TTC染色法快速测定种子生命力

1. 配制试剂　取1 g TTC溶于1 L蒸馏水或冷开水中，配制成0.1%TTC溶液。药液pH应在6.5～7.5，以pH试纸测之（如不易溶解，可先加少量乙醇，使其溶解后再加水）。

2. 处理种子　取玉米种子100粒，新种子、陈种子各1份，用冷水浸泡一夜或用40 ℃左右温水浸泡40～60 min，取出沥干水分，用单面刀片沿胚的中心纵切为两半。

3. 染色　取其中胚的各部分比较完整的一半，放在小烧杯内，加入0.1%TTC溶液，以浸没种子为宜，置于30～35 ℃的恒温箱中30 min，或在45 ℃的黑暗条件下染色约

30 min。

4. 冲洗种子　保温后，倾出药液，用清水冲洗 1～2 次，直到所染颜色不再洗出为止。

5. 观察生活力　根据种胚染色的部位或染色的深浅程度来鉴定种子的生活力。

6. 计算发芽率　清点种胚着色的（活种子）种子个数，计算种子发芽率（计算结果保留小数点后两位）。

发芽率=(种胚着色的种子粒数÷种子总数)×100%

快速测定种子生活力

方法	发芽种子粒数	种子的总粒数	发芽率（%）
TTC 染色法			
红墨水染色法			

（二）红墨水染色法快速测定种子生命力

1. 稀释红墨水　市售红墨水，实验时用蒸馏水稀释 20 倍（即 1 份红墨水加水 19 份）作染色剂。

2. 处理种子　取大豆种子 100 粒，新种子、陈种子各 1 份，用冷水浸泡一夜或用 40 ℃左右温水浸泡 40～60 min，取出沥干水分，用单面刀片沿胚的中心纵切为两半（豆类种子须去皮，若是水稻子粒须去壳）。

3. 染色　取其中胚的各部分比较完整的一半放在小烧杯内，加经稀释的红墨水至浸没种子，染色 20 min 左右。

4. 冲洗种子　染色结束后，倒去红墨水，用清水冲洗 2～3 次，直到所染颜色不再洗出为止。

5. 观察生活力　种胚不着色或带浅红色者为具有生活力的种子。若胚部染成与胚乳相同的深红色，则为死种子。

6. 计算发芽率　清点种胚不着色的种子（活种子）个数，计算种子发芽率，结果保留小数点后两位。

发芽率=(种胚不着色的种子粒数÷种子总数)×100%

五、实验报告

1. 绘玉米和大豆种子横切面结构图，并注明各部分结构名称。
2. 比较 TTC 染色法和红墨水染色法测定结果有何不同？并解释其原因。
3. 计算玉米、大豆种子的发芽率。

综合实训 1　木本植物识别

一、目的要求

1. 通过对当地植物的调查研究，使学生观察、熟悉区域植物。
2. 能熟练使用植物鉴定工具书。

3. 会描述当地木本植物主要科的识别要点，能识别常见木本植物主要种类（识别种类由各校酌情确定）。

二、材料用品

放大镜、镊子、铅笔、笔记本、植物检索表及相关分类资料。

三、内容和方法

（一）现场教学

教师带领学生沿着既定的路线，针对常见的木本植物进行识别，引导学生归纳科的特征。

1. 观察记载 首先要仔细观察全株，然后着重解剖花的结构。如花太小，应使用放大镜观察。在观察过程中，对有关内容如实地进行记载。

2. 目标检索 根据观察结果，从检索表开头依次往下进行检索。当表中描述的特征与检索植物的特征相符合时，则继续往下查，如不符合，应找相对应的另一个分支查找，直到达到检索目标为止。

3. 植物图鉴及其使用 植物图鉴也是鉴定植物时常用的工具书，它是利用文字和附图说明每一种植物的特征、生长环境及经济用途等，使用方法如下。

（1）在使用检索表查出某一植物后，根据该植物所属科在图鉴前面的分科目录中查找该科所在的页码。

（2）找到指定的页码后，核对被查植物与该科的特征是否一致，如果相符，说明被查植物确属该科，再在该科的种类中核查附图和文字，如全部相符，则证明查对无误。如不符合，需进一步鉴定。

（3）有些图鉴，前面无分科目录，而在后面附有学名和中名笔画索引，可根据科名首字笔画的多少，查出该科所在的位置与页码，或按后面的拉丁文索引进行检索。

（二）分组识别

以学生小组为单位，巩固识别当地常见的木本植物，对常见木本植物的识别要点、种名和科名进行检索；结合练习总结识别与鉴定植物的方法。需注意以下几点：

（1）观察植物特征时，应采集典型材料，而不能取个别变异材料，否则将达不到目的。

（2）在开始练习时，要尽可能地采用花较大的植物，以便于解剖和观察。

（3）检索表使用熟练后，也可直接从某一步往下检索，不必从头开始。

（4）被子植物的检索表通常是根据花和果实等生殖器官的特征编写的，但花和果实不是常有，在没有花和果实时很难进行检索。有些地方由于生产上和识别的实际需要，主要根据根、茎、叶等营养器官的特征编写检索表，这种检索表也可以使用，而且比较简便，但有一定的局限性。

（三）考核

对给定的 20 种当地常见木本植物进行科学命名。

四、考核与评价

5 min 内写出给定的 20 种木本植物的种名和科名，口答为辅。

考核方法及评价标准

评价项目	木本植物识别												
	考核评价内容	自评			互评			师评			总评		
		优秀	良好	加油	优秀	良好	加油	优秀	良好	加油	优秀	良好	加油
训练态度（10分）	目标明确，能认真对待、积极参与												
团队合作（10分）	组员分工协作，团结合作配合默契												
写出植物的种名（20分）	对给定的20种常见的木本植物，正确识别10种以上计为20分；每错误一种扣1分												
写出植物的科名（20分）	对给定的20种常见的木本植物进行科别分类，正确识别10种以上计为20分；每错误一种扣1分												
科的识别特征（20分）	正确叙述随机指定植物科的识别特征5种以上，计为20分；不足5种，每少1种或错误1种扣1分												
安全文明意识（10分）	不攀爬树木、围墙等，爱护植物、植被，不折大枝												
卫生意识（10分）	实训完成及时打扫卫生保持实训场所整洁												
综合评价													

注：综合评价85分以上为优秀，70～85分为良好，70分以下为加油。

综合实训2　草本植物识别

一、目的要求

1. 通过对当地植物的调查研究，使学生观察、熟悉区域内草本植物。

2. 能熟练使用植物鉴定工具书。

3. 会描述当地草本植物主要科的识别要点，能识别常见草本植物主要种类（识别种类由各校酌情确定）。

二、材料用品

剪刀、采集铲、采集箱或篮子（用来装杂草）、植物鉴定工具书及相关分类资料等。

三、内容和方法

（一）现场教学

教师带领学生沿着既定的路线，针对常见的草本植物进行识别，引导学生归纳科的特征

（方法同综合实训 1）。

（二）分组识别

以学生小组为单位，巩固识别当地常见的草本植物，对常见草本植物的识别要点、种名和科名进行检索；结合练习总结、识别与鉴定植物的方法。

（三）考核

对给定的 20 种常见草本植物进行科学命名。

四、考核与评价

5 min 内写出给定的 20 种草本植物的种名和科名，口答为辅。

考核方法及评价标准

评价项目	草本植物识别												
	考核评价内容	自评			互评			师评			总评		
		优秀	良好	加油	优秀	良好	加油	优秀	良好	加油	优秀	良好	加油
训练态度（10 分）	目标明确，能认真对待、积极参与												
团队合作（10 分）	组员分工协作，团结合作配合默契												
写出植物的种名（20 分）	对给定的 20 种常见的草本植物，正确识别 10 种以上计为 20 分；每错误一种扣 1 分												
写出植物的科名（20 分）	对给定的 20 种常见的草本植物进行科别分类，正确识别 10 种以上计为 20 分；每错误一种扣 1 分												
科的识别特征（20 分）	正确叙述随机指定植物科的识别特征 5 种以上，计为 20 分；不足 5 种，每少 1 种或错误 1 种扣 1 分												
安全文明意识（10 分）	不攀爬树木、围墙等，爱护植物、植被，不踩踏草坪												
卫生意识（10 分）	实训完成及时打扫卫生保持实训场所整洁												
综合评价													

注：综合评价 85 分以上为优秀，70～85 分为良好，70 分以下为加油。

综合实训 3　植物标本的采集与制作

一、目的要求

学会标本的采集和制作方法；进一步熟悉植物检索表的使用。

二、材料用品

带绳标本夹、采集铲、枝剪、高枝剪、采集箱、剪刀、镊子、解剖针、米尺、放大镜、标本瓶或广口瓶、采集记录卡、采集号牌、台纸、吸水纸（可用旧报纸代替）、标本签、针线、铅笔、小纸袋等。

三、内容和方法

（一）植物标本的采集

1. 标本的选取　植物标本最好选取根、茎、叶、花和果实齐全的植株，木本植物植株高大，可选取有代表性的枝条。每一种标本采集 3～5 份为宜。标本选取后应立即挂上号牌，并尽快放入采集箱内。

2. 特征的记录　挂上号牌后，认真观察，将特征记录在植物采集记录卡上，并注意采集号数必须与号牌相同。

植物采集记录卡

采集号数＿＿＿＿＿＿＿＿　　年　　月　　日

地　　点＿＿＿＿＿＿＿＿　海拔高度＿＿＿＿＿＿＿＿

栖　　地＿＿＿＿＿＿＿＿＿＿＿＿＿＿＿＿＿＿＿＿

性　　状＿＿＿＿＿＿＿＿＿＿＿＿＿＿＿＿＿＿＿＿

高　　度＿＿＿＿＿＿＿m　　胸高直径＿＿＿＿＿＿＿m

茎＿＿＿＿＿＿＿＿＿＿＿　　叶＿＿＿＿＿＿＿＿＿＿＿

花＿＿＿＿＿＿＿＿＿＿＿　　果实＿＿＿＿＿＿＿＿＿＿

备　　注＿＿＿＿＿＿＿＿＿＿＿＿＿＿＿＿＿＿＿＿

土　　名＿＿＿＿＿＿＿＿　　科名＿＿＿＿＿＿＿＿＿＿

学　　名＿＿＿＿＿＿＿＿＿＿＿＿＿＿＿＿＿＿＿＿

采 集 人＿＿＿＿＿＿＿＿＿＿＿＿＿＿＿＿＿＿＿＿

（二）蜡叶标本的制作

1. 初步整理　剪去多余的枝、叶、花、果，但要保持植物自然生长的特性。

2. 压制标本 将一片标本夹放平，上铺3～4层吸水纸，把标本平展在吸水纸上，如草本植物太长的，可折成N形或V形，叶片须展平，大部分叶片正面向上，小部分叶片反面向上，叶、花不重叠。采集标本较多时，可每隔1～2层吸水纸摞放另一份标本（潮湿、肉质标本须多放几层吸水纸），一般可摞放30～40层标本。当标本压到一定高度后，再盖上另外一片标本压，用绳捆紧，置于通风干燥处，并用石头或其他重物压上。一般植物标本经10～20 d便能压干。肉质多浆标本压干时间更长些。

注意事项：

（1）肉质标本（如肉质茎、块根、块茎等）不易压干，可放入开水中烫30 s，再压制，或者切成两片后再压。

（2）前几天，每天更换一次吸水纸，以后视标本的干燥情况，隔一天或两天换一次（水生或肉质果浆植物，换纸更要勤一些）。每次换下的吸水纸，必须及时晾干或烘干，以备再用。在换纸过程中，如有叶、花、果脱落时，应随时将脱落部分装入小纸袋中，并记上采集号，附于该份标本上。

（3）随采随压 标本采集后应立即放入标本夹中压制，不仅使标本保持原形，而且可以减少压制中的整形工作，同时注意要在阴凉的地方整理标本，动作要快，以免萎缩变形。

3. 装订标本 装订时，首先用针线把标本固定在台纸上，每个枝条或较大的根，每隔10 cm左右钉一针，或用纸条粘贴，然后在台纸的左上角贴上植物采集记录卡，右下角贴上植物标本签。

植 物 标 本 签

采集号数________________

采集人________________

科　名________________

学　名________________

中　名________________

定名人________________

年　　月　　日

4. 保存标本 将已制成的蜡叶标本保存在干燥密闭的标本柜内，并放些杀虫剂如樟脑粉等，还须附采集记载和鉴定记载，按类别排列存放。同时，注意避免受潮，严防鼠害。

四、考核与评价

现场操作为主，口答为辅。

考核方法及评价标准

评价项目	植物标本的采集与制作												
	考核评价内容	自评			互评			师评			总评		
		优秀	良好	加油	优秀	良好	加油	优秀	良好	加油	优秀	良好	加油
训练态度（10分）	目标明确，能认真对待、积极参与												
团队合作（10分）	组员分工协作，团结合作配合默契												
植物标本的采集（20分）	标本选取典型、合理10分												
	填写植物采集记录卡10分												
蜡叶标本的制作（40分）	标本的初步整理10分												
	压制标本15分												
	装订标本10分												
	保存标本5分												
安全操作（10分）	严格遵守安全操作规程，操作结束后及时关闭水、电、气等												
卫生意识（10分）	实训完成及时打扫卫生保持实训场所整洁												
综合评价													

注：综合评价85分以上为优秀，70～85分为良好，70分以下为加油。

主要参考文献

北京市农业学校，1993. 植物及植物生理学 [M]. 北京：中国农业出版社.

北京市农业学校，2010. 植物及植物生理学 [M]. 北京：中国农业出版社.

陈坚，2005. 植物及生态基础 [M]. 北京：高等教育出版社.

陈忠辉，2001. 植物与植物生理 [M]. 北京：中国农业出版社.

高凯，2011. 植物及植物生理学 [M]. 北京：中国农业出版社.

高信曾，1991. 植物学实验指导（形态、解剖部分）[M]. 北京：高等教育出版社.

何凤仙，2000. 植物学实验 [M]. 北京：高等教育出版社.

胡宝忠，胡国宣，2002. 植物学 [M]. 北京：中国农业出版社.

李春奇，罗丽娟，2013. 植物学 [M]. 北京：化学工业出版社.

李慧，2009. 常见杂草识别及防除原色图谱 [M]. 北京：中国农业出版社.

李慧，2012. 植物基础 [M]. 北京：中国农业出版社.

李扬汉，1988. 植物学（上）[M]. 北京：高等教育出版社.

辽宁省熊岳农业学校，1984. 植物及植物生理学 [M]. 北京：农业出版社.

罗红艺，景红娟，2001. 春化作用和光周期理论在农业和园艺上的应用 [J]. 高等函授学报（自然科学版）(6)：26-29.

彭星元，2006. 植物组织培养技术 [M]. 北京：高等教育出版社.

邱国金，2001. 园林植物 [M]. 北京：中国农业出版社.

宋志伟，2013. 植物生产与环境 [M]. 北京：高等教育出版社.

王三根，2008. 植物生理生化 [M]. 北京：中国农业出版社.

王忠，2000. 植物生理学 [M]. 北京：中国农业出版社.

王衍安，龚维红，2004. 植物与植物生理 [M]. 北京：高等教育出版社.

王枝荣，1990. 中国农田杂草原色图谱 [M]. 北京：农业出版社.

吴国宜，2001. 植物生产与环境 [M]. 北京：中国农业出版社.

谢国文，姜益泉，2003. 植物学实验实习指导 [M]. 北京：中国科学文化出版社.

徐汉卿，1995. 植物学 [M]. 北京：中国农业出版社.

杨悦，1997. 植物学 [M]. 北京：中央广播电视大学出版社.

尹祖棠，1993. 种子植物实验与实习 [M]. 北京：北京师范大学出版社.

张宪省，贺学礼，2003. 植物学 [M]. 北京：中国农业出版社.

郑湘如，王丽，2001. 植物学 [M]. 北京：中国农业出版社.

附录　植物显微结构

1. 洋葱根尖细胞的有丝分裂过程

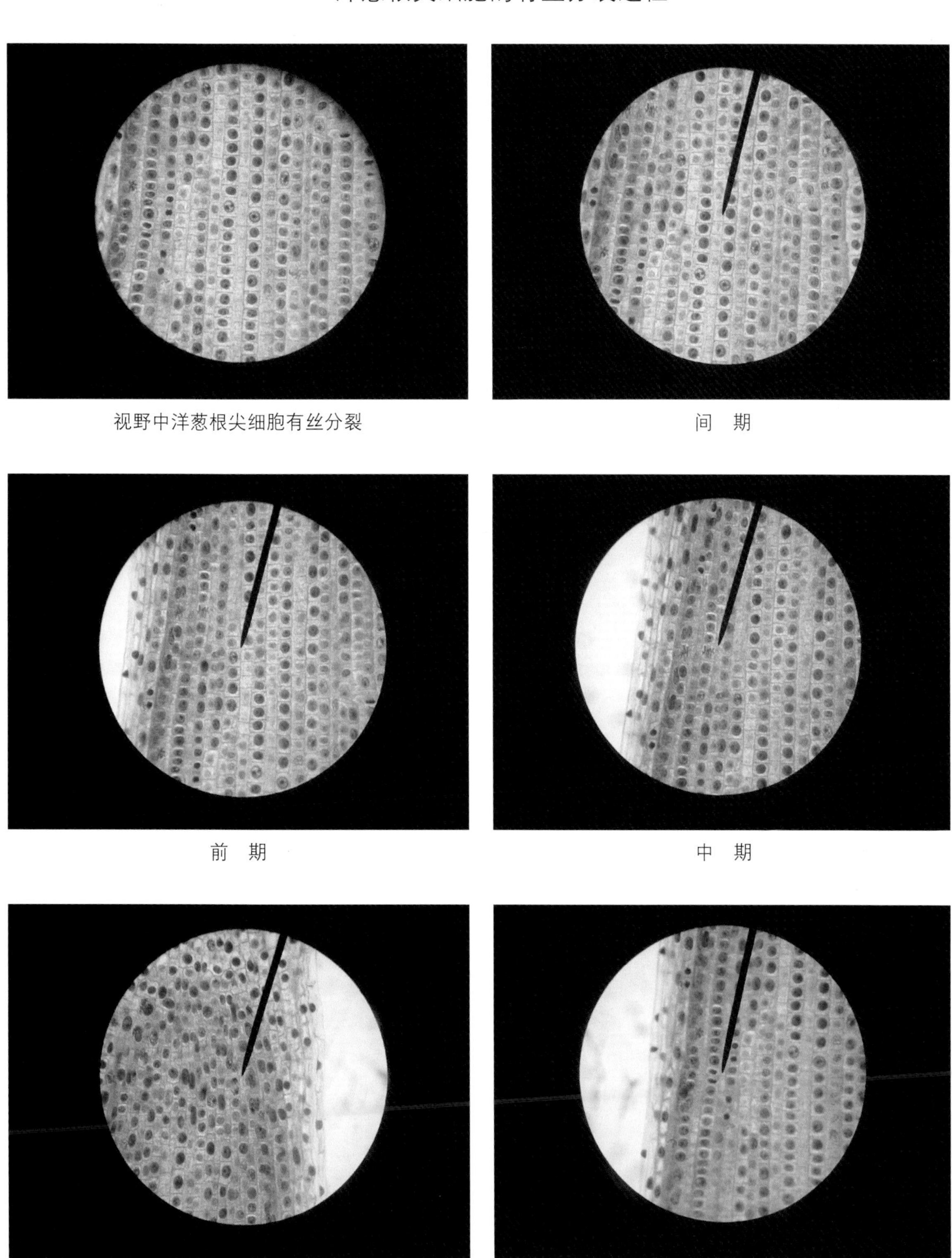

视野中洋葱根尖细胞有丝分裂

间　期

前　期

中　期

后　期

末　期

2. 洋葱鳞叶的表皮细胞

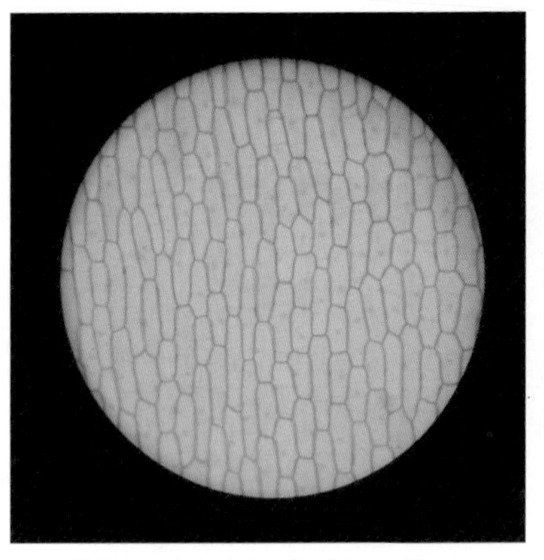

洋葱鳞叶表皮细胞（低倍镜下）

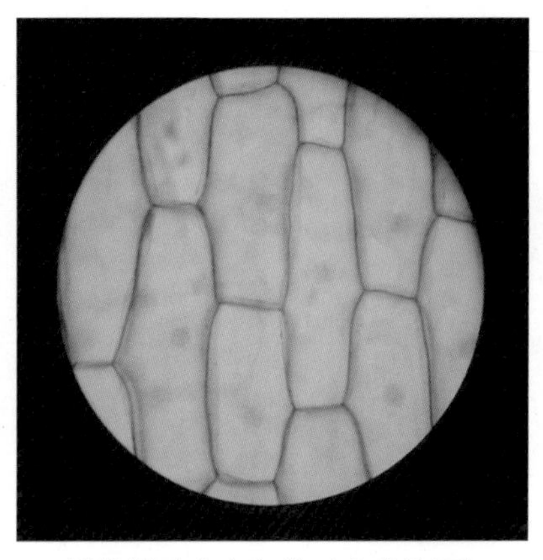

洋葱鳞叶表皮细胞（高倍镜下）

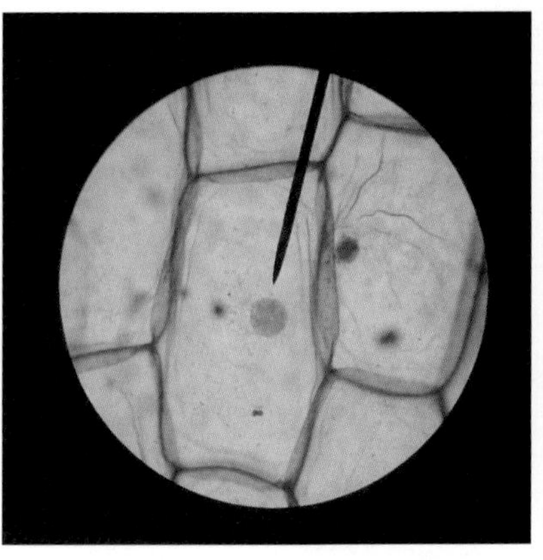

洋葱鳞叶表皮细胞示细胞核

3. 百合花药的横切面结构

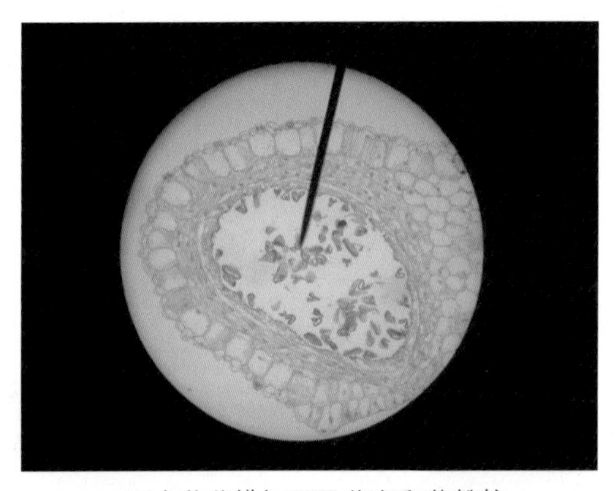

百合花药横切面示药室和花粉粒

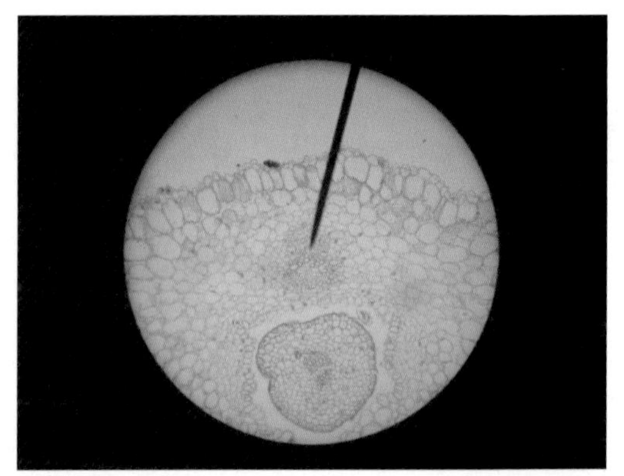

百合花药横切面示药隔维管束

4. 百合子房的横切面结构

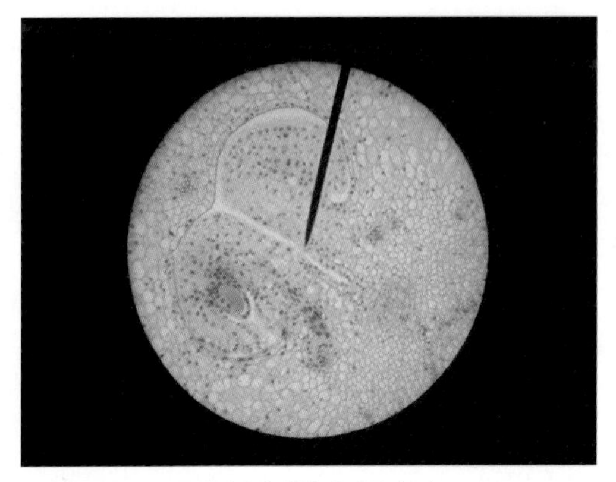

百合子房横切面示心皮

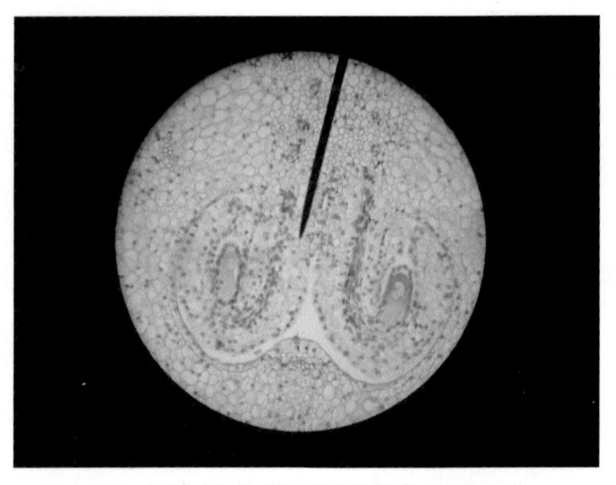

百合子房横切面示倒生胚珠

5. 根的横切面结构

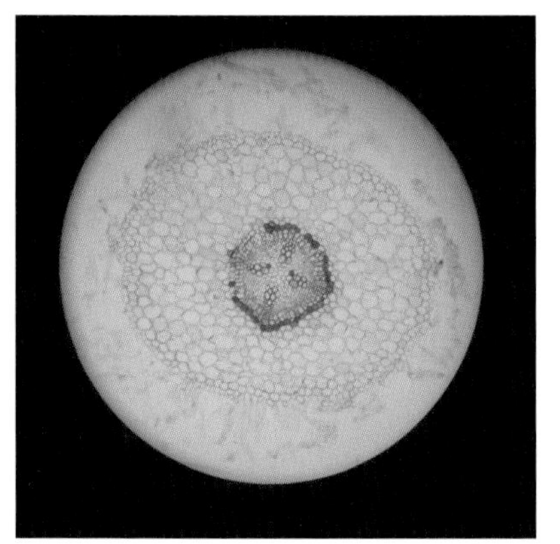
棉幼根横切面初生结构

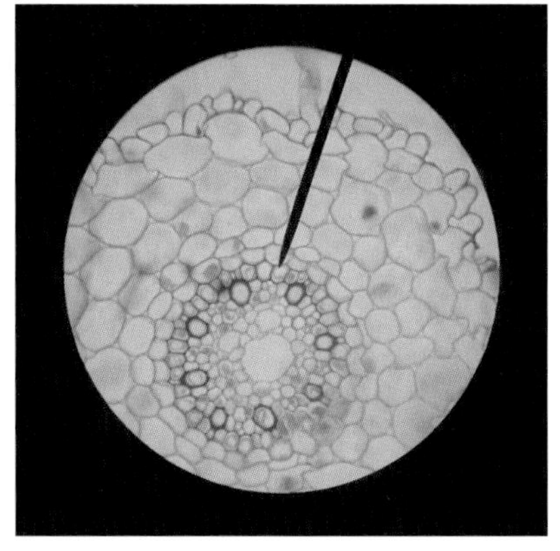
小麦根横切面凯氏带

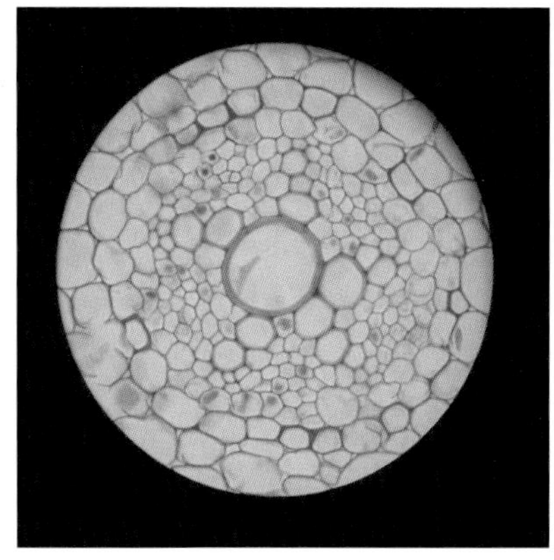
韭菜根横切面示维管束

6. 植物的组织

南瓜茎纵切示植物的组织

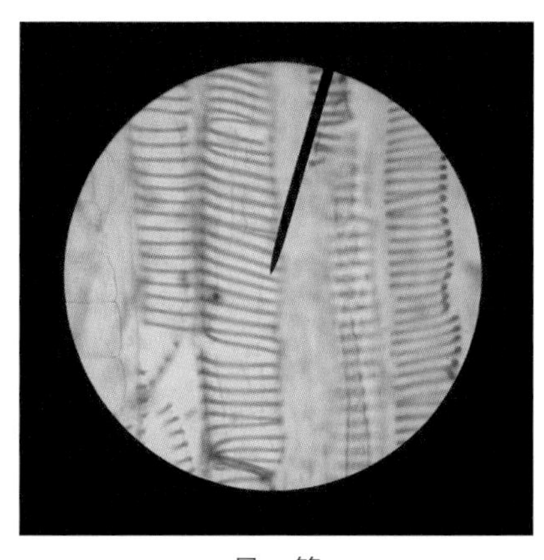
导　管

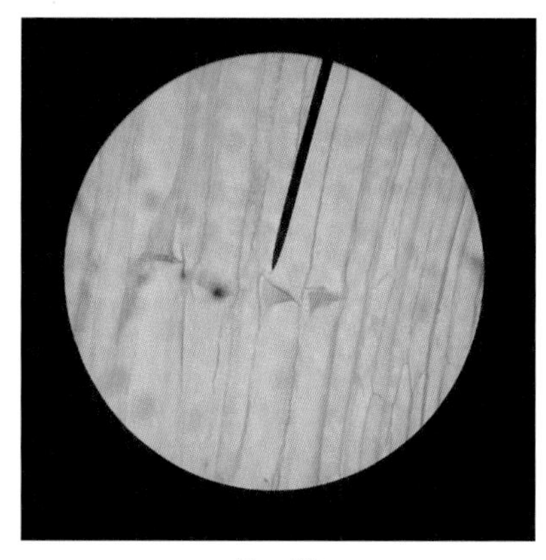
筛　管

7. 茎的横切面结构

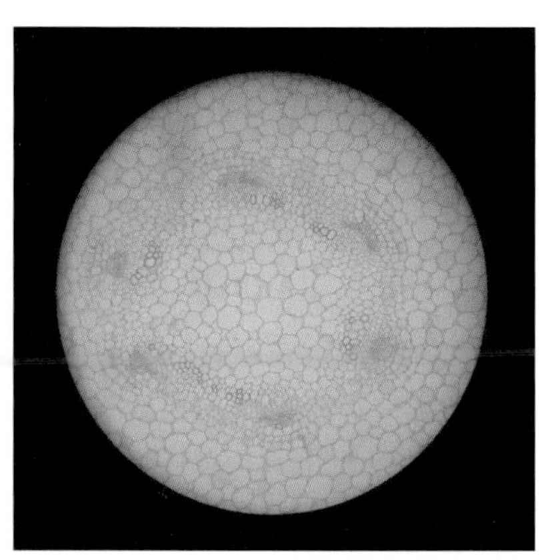
棉幼茎横切面示初生结构

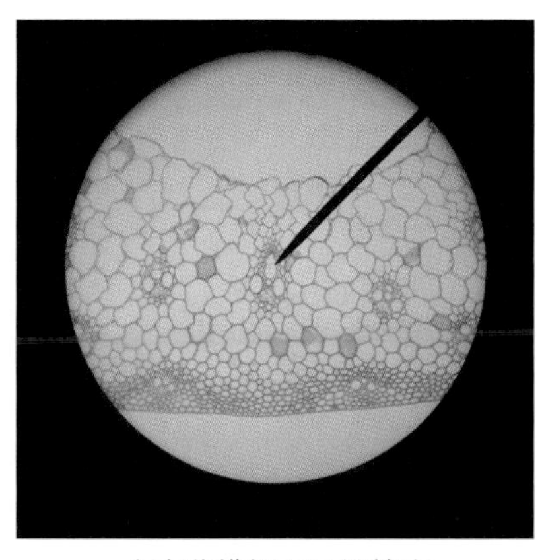
小麦茎横切面示维管束

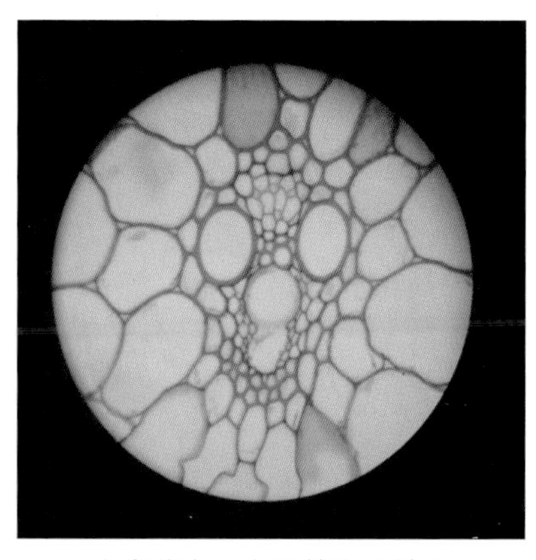
小麦茎中一个维管束的放大

8. 叶的横切面结构

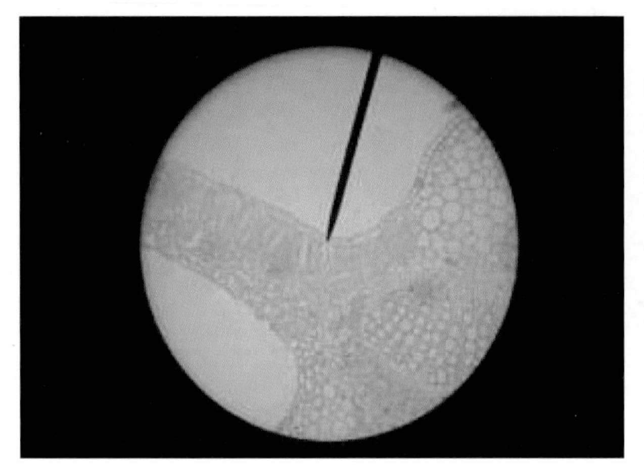

棉叶横切面过主脉部分结构

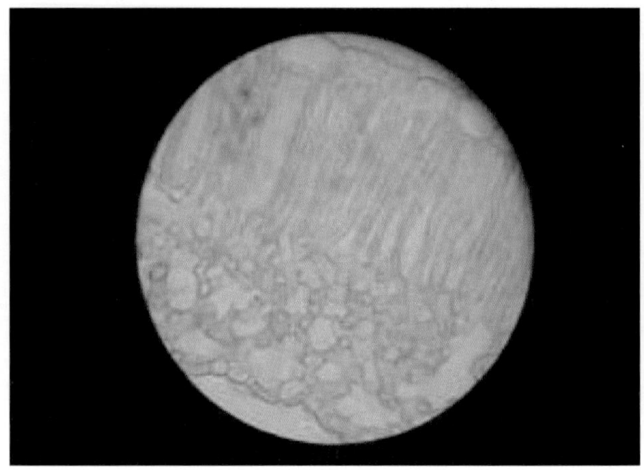

棉叶横切面示栅栏组织和海绵组织

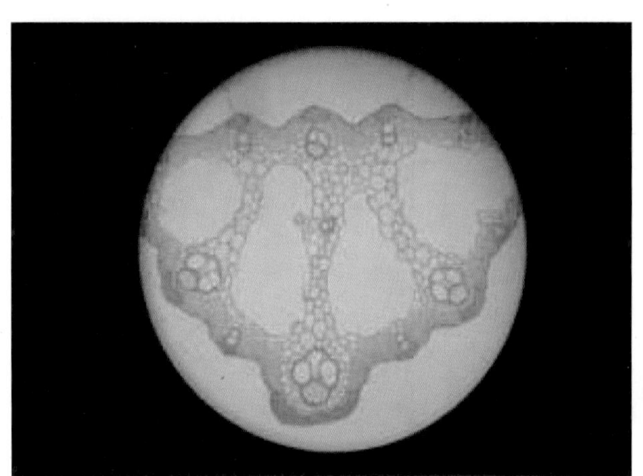

水稻叶横切面过主脉部分结构

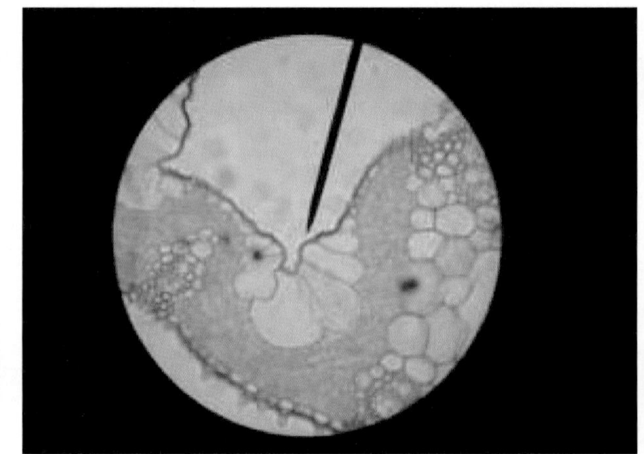

水稻叶横切面示泡状细胞

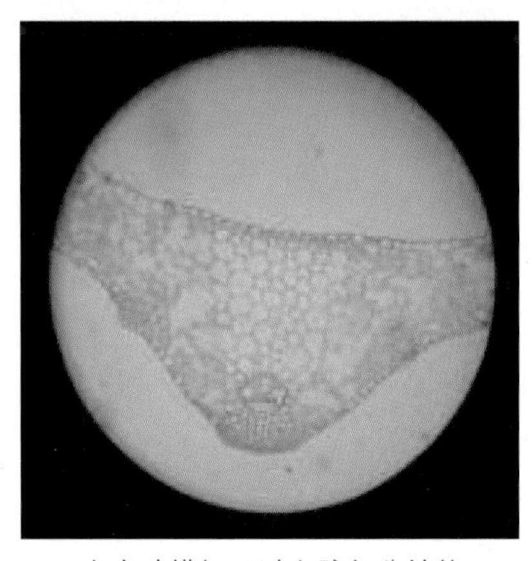

小麦叶横切面过主脉部分结构

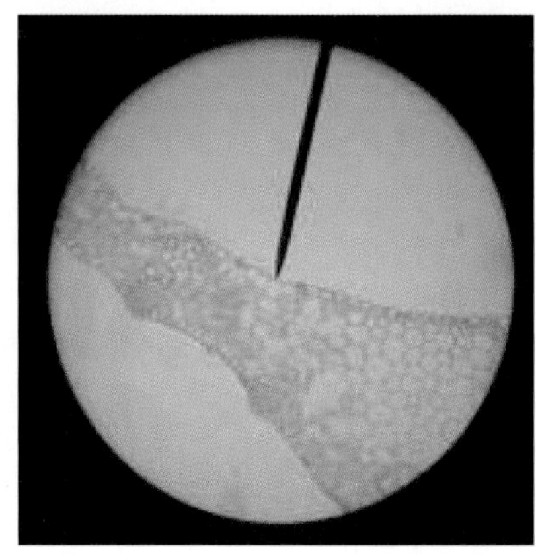

小麦叶横切面示泡状细胞

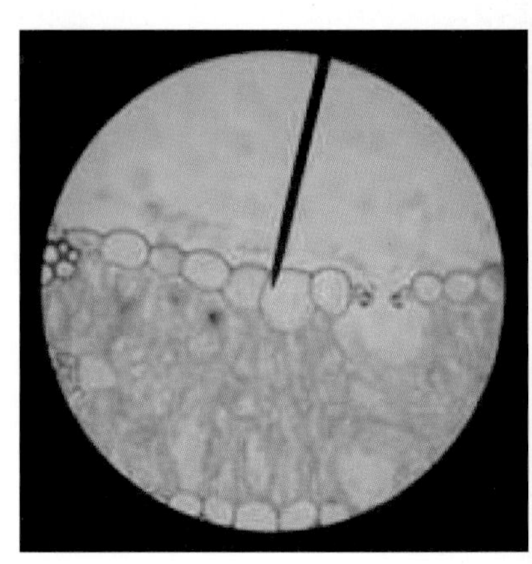

小麦叶横切面的泡状细胞放大